钣金工放样技术基础

第 2 版

梁绍华　梁继舟　编著

机 械 工 业 出 版 社

本书共分七章。第一、二章为钣金展开放样技术基础知识，较全面地介绍了平面几何作图法和正投影知识，点、线、面、体投影特性，求线段实长、面的实形和相贯线等。第三章到第六章为放样方法，较详细地阐述了三种作展开图的基本方法——平行线法、放射线法和三角形法，在对钣金展开技术有了较全面了解的基础上，按构件的不同形状，通过典型的施工图例的运用，掌握放样的步骤和方法。第七章为型钢构件下料方法，主要介绍各种型钢弯制形状的料长计算及切口下料的具体方法。

本书可供机械设备制造厂、金属结构厂、建筑行业的钣金工、铆工使用，也可供技工学校、职业技术学校师生参考。

图书在版编目（CIP）数据

钣金工放样技术基础/梁绍华，梁继舟编著. —2 版 . —北京：机械工业出版社，2010.6（2023.7 重印）

ISBN 978 – 7 – 111 – 31044 – 0

Ⅰ.①钣… Ⅱ.①梁… ②梁… Ⅲ.①钣金工 – 制图 Ⅳ.①TG38

中国版本图书馆 CIP 数据核字（2010）第 115110 号

机械工业出版社（北京市百万庄大街22 号 邮政编码100037）
策划编辑：王英杰 责任编辑：侯宪国
版式设计：霍永明 责任校对：任秀丽
封面设计：陈 沛 责任印制：单爱军
北京虎彩文化传播有限公司印刷
2023 年 7 月第 2 版 · 第 8 次印刷
184mm × 260mm · 19 印张 · 470 千字
标准书号：ISBN 978 – 7 – 111 – 31044 – 0
定价：45.00 元

凡购本书，如有缺页、倒页、脱页，由本社发行部调换
电话服务 网络服务
服务咨询热线：010 – 88361066 机工官网：www.cmpbook.com
读者购书热线：010 – 68326294 机工官博：weibo.com/cmp1952
010 – 88379203 金 书 网：www.golden-book.com
封面无防伪标均为盗版 教育服务网：www.cmpedu.com

前　　言

金属板材制品和构件在金属结构工程上已得到了广泛的采用。由于板材制品和构件形状万千，在制造时必须先在金属板上作出适于它们轮廓的全部或部分的平面展开图，然后才能裁剪制成。展开图形的正确与否，对制品和构件精确程度与质量都将起着很重要的作用。现场放样工作者若能熟练地掌握各种制品或构件表面展开图的画法，不仅能提高工效，而且可以节省材料，降低成本。

《钣金工放样技术基础》（第2版）是一本专门叙述板材制品或构件展开放样的图书。鉴于目前此类书籍较缺，现场青年工人渴望学习和提高放样技术，作者根据多年教学实践和过去已发表著作中提取其精华内容编成此书。全书分七章，第一、二章为放样基础，重点介绍平面几何作图和投影知识，如点线面体的特性、线段实长、面的实形和相贯线等。第三至七章为放样基本方法，按着构件的不同形状，通过典型图例运用投影原理，介绍三种钣金展开放样法，型钢用料和切口下料计算方法。为了便于读者掌握和应用放样方法，在编写过程中尽量按构件的可展性和不可展性特征来划分章节、前后顺序，本着由简入繁、循序渐进的原则进行讲解；在文字叙述上力求精练，所画视图清晰规范，所作展开图正确无误。某些章还留有少量习题，以供读者练习。

本书特点：

一、以普及为主，提高为辅，简明易懂，内容全面，实用性强。

二、重点突出。本书重点内容是基础理论知识和实用作图技能，故用一定篇幅重点介绍平面几何作图和投影知识，如点、线、面的投影特性，求线的实长、面的实形等，为展开放样奠定坚实基础。

三、在选材上，本着常用构件代表性和非常用构件典型性的原则入编。

四、板厚处理是保证构件质量的重要环节。本书对非同类厚板构件均有明确的处理实例。为使图面清晰便于识图，对同类厚板件展开可直接给出放样尺寸作图，不再画出构件外形尺寸投影图作板厚处理。

五、正确处理圆、方过渡连接管平、曲面过渡线的投影。圆、方过渡连接的过渡线，在上、下口平行的构件，过渡线为方角点与圆直径端的连线；当上、下口成一定角度倾斜或直角时，其平、曲面过渡点不在斜口线的直径端，须通过辅助投影求出切点（过渡点）确定过渡线。否则，作出的展开图，因平、曲面窜位影响制件质量，严重者难以加工成形。

六、在讲述作图原理时，如求相贯构件相贯线的原理，通常画有直观逼真的立体图，以加深理解作图原理和方法。

由于编者水平所限，书中难免有不妥或错误之处，欢迎读者批评指正。

编　者

目 录

第一章

实用几何作图

在金属结构制作中，操作者应首先阅读施工图样，依据正投影原理和视图投影规律进行视图分析，认清结构的形状、尺寸和各部分之间的相对位置，并在头脑中形成实物的立体概念。通过几何作图，求出相贯线、实长线或断面实形等，最后作出展开图。展开图形正确与否将直接影响构件的质量。因此，掌握投影原理和正确的作图方法，是提高产品质量的重要环节。本章将对几何作图内容着重介绍线、角、圆的等分法，圆弧的连接及画法，椭圆、蛋圆的画法等。

第一节　线的几何画法

一、垂直平分线的画法

已知定直线 AB，试作其垂直平分线（见图1-1）。

1）以 A 为圆心，以 R 为半径画弧 $\left(R > \dfrac{1}{2}AB\right)$。

2）以 B 为圆心，R 为半径画另一圆弧，两弧相交于 C、D 两点。

3）以直线连接 CD，即为所求。

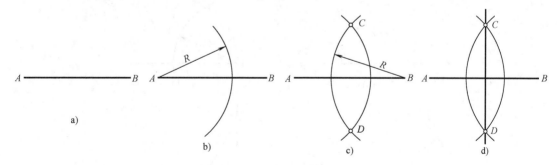

图1-1　垂直平分线的画法

（a、b、c、d 为作图顺序）

二、由直线上的定点作该线的垂线

已知直线 AB 及线上定点 C，试从 C 点作 AB 线的垂线（见图1-2）。

1）以 C 为圆心，适宜长为半径画弧交 AB 于 1、2 两点。

2）以 1、2 两点为圆心，适宜长 R 为半径分别画圆弧相交于 D 点。

3）连接 CD，即为所求。

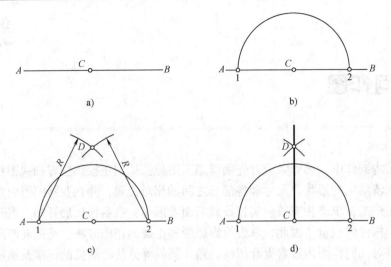

图1-2　由直线上的定点作该线的垂线
（a、b、c、d 为作图顺序）

三、过线段端点作垂线

过线段端点作垂线又称为三规垂线法，其具体画法如下（见图1-3）：

1）画线段 AB，试过 A 作 AB 垂线。

2）以 A 为圆心，适宜长 R 为半径画圆弧交 AB 于 1 点。

3）以 1 为圆心，同上半径画弧，交前弧于 2 点。连接 1—2 并延长。

4）以点 2 为圆心，R 为半径画弧交 1—2 延长线于 D 点。

5）连接 AD 即为所求。

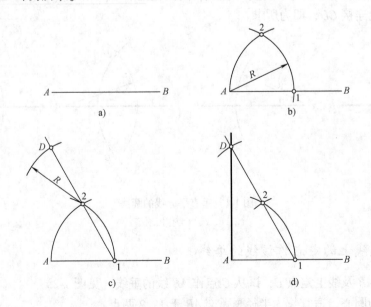

图1-3　过线端点作垂线法
（a、b、c、d 为作图顺序）

四、作一与已知线段成定距离的平行线

已知线段 AB，定距离 h。试作一与线段 AB 距离为 h 的平行线（见图1-4）。

1）在 AB 两端任取两点1、2，以1、2为圆心，h 为半径分别画两圆弧。

2）作两圆弧公切线 CD、则 $CD /\!/ AB$。

图1-4d 所示为用直尺和画针作定距离平行线的画法。

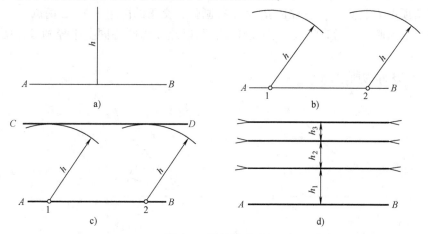

图1-4 平行线画法
（a、b、c、d 为作图顺序）

五、等分直线段的画法

作线段 AB，试作五等分（见图1-5）。

1）由点 A 任引一斜线 AC（使 $\angle BAC$ 成锐角为宜）。

2）以适宜长为半径，在 AC 上顺次截取5等分得点 $5'$，连接 $B-5'$。

3）过 $4'$、$3'$、$2'$、$1'$各点分别引与 $B-5'$平行线，交 AB 于4、3、2、1点，则分 AB 为五等分。

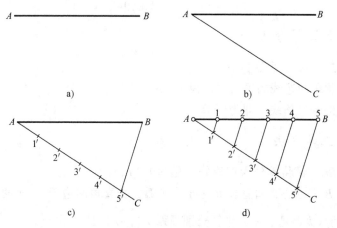

图1-5 线段五等分法
（a、b、c、d 为作图顺序）

第二节　角的等分及作任意角

一、任意角的二等分法

已知锐角∠ABC，试将其二等分（见图1-6）。

1）以角顶点 B 为圆心，适宜长 R_1 为半径画弧，交角的两边于 1、2 两点。

2）以点 1 为圆心，适宜长 R 为半径画弧，与以点 2 为圆心同上半径画弧，两弧相交于 D 点。

3）连接 BD 即为所求。

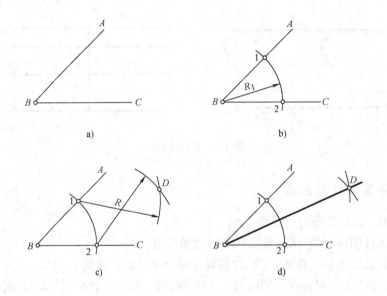

图1-6　任意角的二等分法
（a、b、c、d 为作图顺序）

二、无顶角的二等分法

1）作无顶角二边线（见图1-7）。

2）分别作无顶角两边线的平行线，得∠ABC。

3）作∠ABC 的等分角线，即为所求。

三、直角的三等分法

已知直角∠ABC，试将其分为三等分（见图1-8）。

1）以角顶点 B 为圆心，适宜长 R 为半径画弧，交直角两边于 1、4 两点。

2）以 1、4 两点为圆心，R 为半径分别画弧交$\overparen{1—4}$于 2、3 两点。

3）连接 B—2、B—3，即为所求。

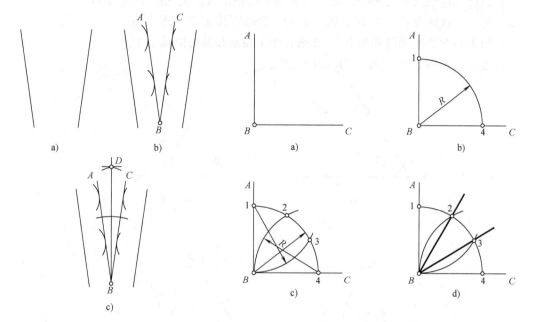

图 1-7　无顶角的二等分法

（a、b、c 为作图顺序）

图 1-8　直角的三等分法

（a、b、c、d 为作图顺序）

四、任意角度的作法

依据圆周角 $\beta = 360°$，圆周长 $s = 2\pi R$，若以半径 $R = \dfrac{360°}{2\pi} = 57.3\text{mm}$ 作圆，则该圆周单位周长所对圆周角为 $1°$，即在 57.3mm 为半径所画圆弧内可作出任意角度。

如作 $50°$ 角（见图 1-9），取 $\overset{\frown}{BC} = 50\text{mm}$，则 $\angle CAB = 50°$。

这里说明一点，为使所画角度的误差小，可用 n 倍的 57.3mm 为半径（$R = 57.3n$）画圆，这时该圆周上 $n\text{mm}$ 弧长所对圆心角为 $1°$。

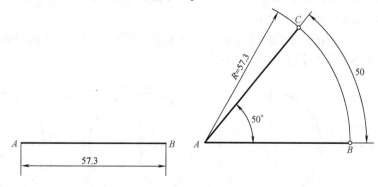

图 1-9　任意角度的作法

五、作一角等于已知角

已知角 $\angle ABC$，试作一角等于已知角（见图 1-10）。

1) 以已知角顶点 B 为圆心，适宜长 R 为半径画圆弧，交两边于 1、2 点。

2) 另作一直线 $B'C'$，以 B' 为圆心 R 为半径画圆弧交 $B'C'$ 于 1′ 点。

3) 以 1′ 点为圆心用已知角上 1—2 弦长作半径画圆弧交前弧于 2′ 点。

4) 过点 2′ 连接 $A'B'$，则 $\angle A'B'C'$ 即为所求。

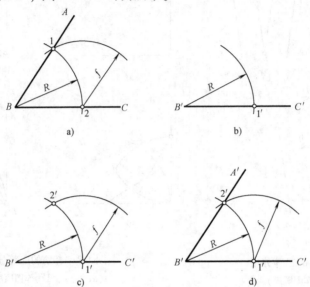

图 1-10　作一角等于已知角

（a、b、c、d 为作图顺序）

第三节　圆的等分法

一、圆的四、八等分法

如图 1-11 所示，作图步骤如下：

1) 作圆的互垂中心线交于 O 点。

2) 以 O 为圆心，用已知圆的半径画圆，交互垂中心线于 1、3、5、7 点分圆为四等分。

3) 再二等分各直角，即得圆周八等分。

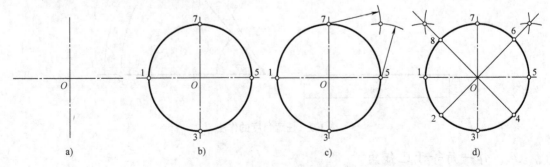

图 1-11　圆的四、八等分法

（a、b、c、d 为作图顺序）

二、圆的三、六、十二等分法

如图 1-12 所示，作图步骤如下：

1）过圆心 O 作直径 1—7 与 4—10 互成直角。

2）以点 7 为圆心，圆的半径为半径画弧交圆周于 5、9 两点。则点 1、5、9 分圆周为三等分。

3）以点 1 为圆心，圆的半径为半径画弧交圆周于 3、11 两点。则 1、3、5、7、9、11 分圆为六等分。

4）再以点 4、10 为圆心，圆的半径为半径画弧交圆周于 2、6、8、12 四点。则点 1、2、3、…、12 分圆周为十二等分。

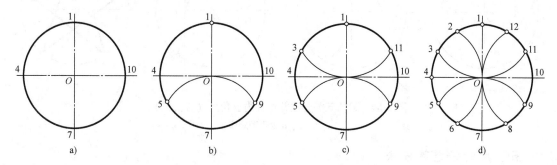

图 1-12　圆的三、六、十二等分法
（a、b、c、d 为作图顺序）

三、圆的五等分法并作内接正五边形（方法一）

已知一圆及其中心 O，试将该圆分为五等分，并作内接正五边形（见图 1-13）。

1）作互垂中心线相交于 O 点。以 O 为圆心用已知半径画圆 O。

2）以点 A、点 B 为圆心，圆的直径为半径分别画圆弧相交于 C 点。OC 即为圆内接正五边形的近似弦长。

3）由点 1 为起点以 OC 为半径顺次截取五等分得 2、3、4、5 点。

4）以直线顺次连接各点得圆内接正五边形。

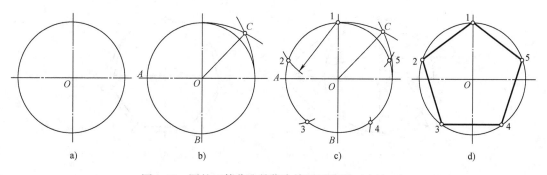

图 1-13　圆的五等分法并作内接正五边形（方法一）
（a、b、c、d 为作图顺序）

四、圆的五等分法并作圆内五角星（方法二）

1）画互垂中心线及圆 O（见图1-14）。

2）以半径中点 A 为圆心，$A—1$ 为半径画圆弧交水平中心线于 B 点，则 $B—1$ 即为分圆为五等分的弦长。

3）以1为起点 $B—1$ 为半径顺次截取五等分，得2、3、4、5点分圆为五等分。

4）以直线隔点连接得圆内五角星。

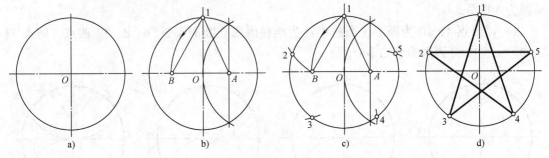

图1-14　圆的五等分法并作圆内五角星（方法二）

（a、b、c、d 为作图顺序）

五、圆的任意等分法

设分已知圆为七等分，并作内接正七边形（见图1-15）。

1）画圆 O。

2）将竖直直径七等分，得 $2'$ 点。

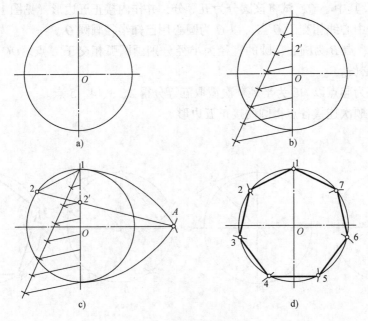

图1-15　圆的任意等分法

（a、b、c、d 为作图顺序）

3）以 1 为圆心，直径为半径画圆弧交水平中心线于 A 点。

4）连接 A—2′并延长交圆周于 2 点。则 1—2 即为圆内接正七边形弦长。

5）以点 1 为圆心，弦长 1—2 为半径在圆周上依次截取七等分，以直线连接各点即为所求。

六、用弦长系数表等分圆周法

圆的任意等分除作图法外，还可用查圆周等分系数法求出弦长把圆等分。弦长计算式：

$$a = kD$$

式中　k——圆周等分弦长系数（见表 1-1）；

　　　D——圆直径（mm）。

表 1-1　圆周等分弦长系数表

等分数 n	系数 k	等分数 n	系数 k	等分数 n	系数 k	等分数 n	系数 k	等分数 n	系数 k
3	0.8660	13	0.2393	23	0.1362	33	0.0951	43	0.0730
4	0.7071	14	0.2225	24	0.1305	34	0.0923	44	0.0713
5	0.5878	15	0.2079	25	0.1253	35	0.0896	45	0.0698
6	0.5	16	0.1951	26	0.1205	36	0.0872	46	0.0682
7	0.4339	17	0.1838	27	0.1161	37	0.0848	47	0.0668
8	0.3827	18	0.1737	28	0.1120	38	0.0826	48	0.0654
9	0.3420	19	0.1646	29	0.1081	39	0.0805	49	0.0641
10	0.3090	20	0.1564	30	0.1045	40	0.0785	50	0.0628
11	0.2817	21	0.1490	31	0.1012	41	0.0766	51	0.0616
12	0.2588	22	0.1423	32	0.0980	42	0.0747	52	0.0604

注：小数点后保留四位，第五位 4 舍 5 入。

【例 1】　试在直径为 420mm 的圆内作内接正七边形。

【解】　查表 1-1，当 $n = 7$ 时，$k = 0.4339$，则

$$a = 0.4339 \times 420\text{mm} = 182.2\text{mm}$$

即在直径为 420mm 圆内接正七边形弦长 $a = 182.2$mm，如图 1-16 所示。

七、已知边长 a 作正五边形

作图步骤如图 1-17 所示。

1）画 AB 等于边长 a。

2）在 AB 中垂线上取 0—1 等于 a，连接 A—1 并延长。取 1—2 等于 $a/2$。

3）以 A 为圆心 A—2 为半径画弧交 AB 中垂线于 D 点。

4）以 D 为圆心 a 为半径画弧，与以 A、B 为圆心 a 为半径所画的圆弧分别交于 C、E。以直线顺次连接各点，即为所求。

八、已知边长 a 作正多边形

如图 1-18 所示，作图步骤如下：

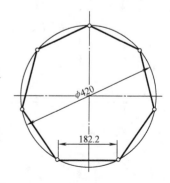

图 1-16　用弦长系数
等分圆周

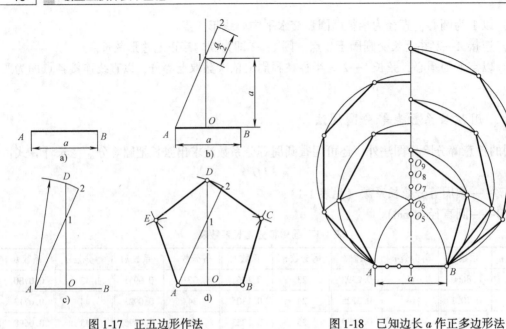

图 1-17　正五边形作法
（a、b、c、d 为作图顺序）

图 1-18　已知边长 a 作正多边形法

1）画 AB 等于边长 a。

2）以 A、B 为圆心 a 为半径分别画圆弧交 AB 中垂线于 O_6 点。

3）以 O_6 为圆心取 $a/6$ 长度向下截取得 O_5；再依次向上截取得 O_7、O_8、O_9 各点。则 O_5、O_6、O_7、O_8、O_9 即为正多边形的外接圆心。

4）以 O_5、O_6、$\cdots O_9$ 为圆心到 A 距离作半径分别画圆。

5）用边长 a 等分各圆周，再依次连接各等分点，即得所求正多边形。

第四节　圆弧画法及曲线连接

一、小圆弧的画法

已知 A、B、C 三点，试过三点作一圆弧（三点不在一直线上），如图 1-19 所示。

1）以直线连接 AB、BC 和 AC。

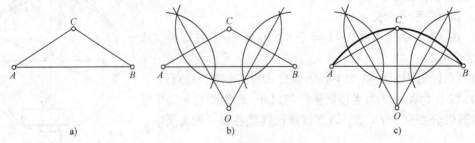

图 1-19　小圆弧的画法
（a、b、c 为作图顺序）

2）作 *AC* 和 *BC* 的垂直平分线，两线延长相交于 *O* 点。

3）以 *O* 为圆心 *OA* 为半径画圆弧，此弧同时通过 *B*、*C* 点，即得所求圆弧。

二、特大圆弧的画法

特大圆弧是指直径在数十米以上，很难用地规画出，这里仅介绍两种实用作图法。

（一）图解法

已知弦长 *AB* 及弧弦距 *h*，试画大圆弧（见图1-20）。

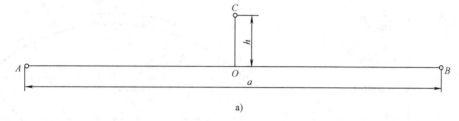

a)

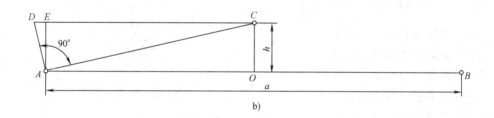

b)

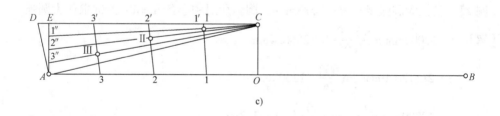

c)

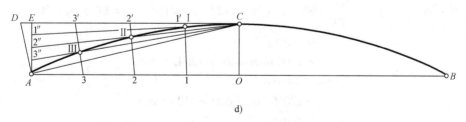

d)

图1-20　特大圆弧的画法

（a、b、c、d 为作图顺序）

1）画弦长 *AB*，作 *AB* 垂直平分线 *OC* 等于弧弦距 *h*。

2）连接 *AC*，作 *CD∥AB*，*AD⊥AC*，*AE⊥CD*。

3）四等分 *AO*、*CD* 和 *AE*，得出 1、2、3、4、1′、2′、3′、4′、1″、2″、3″、4″点。连接

1—1′、2—2′、3—3′同 AE 等分点 1″、2″、3″与 C 的连线相交，交点为Ⅰ、Ⅱ、Ⅲ。

4）以光滑曲线连接 A、Ⅲ、Ⅱ、Ⅰ、C 各点。同样画出右侧对称曲线即为所求。

（二）计算法

已知圆弧半径 R 及圆弧中心角 α，试求作大圆弧（见图1-21）。

用计算法首先求出弦长 a 及弧弦距 h，然后用坐标法求出分角弦长及弧弦距。即将圆弧中心角 α 分成若干等分，再依次求出各分角弦长及其对应的弧弦距，便可得出圆弧若干纵横坐标点，将各点连成曲线即可得所求大圆弧。

计算公式

$$l = \frac{\pi\alpha}{180°}R$$

$$a = 2R\sin\frac{\alpha}{2}$$

$$a_n = R\sin\alpha_n$$

$$h = R\left(1 - \cos\frac{\alpha}{2}\right)$$

$$h_n = R\left(\cos\alpha_n - \cos\frac{\alpha}{2}\right)$$

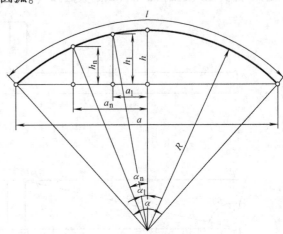

图1-21 圆弧参数图

式中　l——大圆弧长度（mm）；

a——α 角所对弦长（mm）；

h——弧弦距（mm）；

a_n——分角弦长（mm）；

h_n——分角弧弦距（mm）；

α_n——等分角（°）。

【例2】 已知大圆弧半径 $R = 12000$mm，圆弧所对中心角 $\alpha = 60°$，试求作大圆弧。

【解】 $l = 12000\text{mm} \times \dfrac{\pi \times 60°}{180°} = 12566.4\text{mm}$

$a = 2 \times 12000\text{mm} \sin\dfrac{60°}{2} = 12000\text{mm}$

$h = 12000\text{mm} \times \left(1 - \cos\dfrac{60°}{2}\right) = 1607.7\text{mm}$

设10等分 α，则 $\alpha_1 = \dfrac{60°}{10} = 6°$，$\alpha_2 = 2\alpha_1 = 12°$，$\alpha_3 = 18°$，$\alpha_4 = 24°$，$\alpha_5 = 30°$。

$$
\begin{aligned}
a_1 &= R\sin\alpha_1 \\
&= 12000\text{mm} \sin6° = 1254.3\text{mm} \\
a_2 &= R\sin\alpha_2 \\
&= 12000\text{mm} \sin12° = 2494.9\text{mm} \\
a_3 &= R\sin\alpha_3 \\
&= 12000\text{mm} \sin18° = 3708.2\text{mm} \\
a_4 &= R\sin\alpha_4 \\
&= 12000\text{mm} \sin24° = 4880.8\text{mm} \\
a_5 &= R\sin\alpha_5 \\
&= 12000\text{mm} \sin30° = 6000\text{mm}
\end{aligned}
$$

$$h_1 = R\left(\cos\alpha_1 - \cos\frac{\alpha}{2}\right)$$

$$= 12000\text{mm} \times \left(\cos6° - \cos\frac{60°}{2}\right) = 1541.9\text{mm}$$

$$h_2 = 12000\text{mm} \times (\cos12° - 0.866) = 1345.8\text{mm}$$

$$h_3 = 12000\text{mm} \times (\cos18° - 0.866) = 1020.7\text{mm}$$

$$h_4 = 12000\text{mm} \times (\cos24° - 0.866) = 570.5\text{mm}$$

$$h_5 = 12000\text{mm} \times (\cos30° - 0.866) = 0$$

按以上所求得的圆弧纵横坐标值即可画出特大圆弧，如图 1-22 所示。

若给出的条件是弦长和弧弦距，半径与弧弦距的关系式如下：

$$R = \frac{a^2}{8h} + \frac{h}{2}$$

三、桥式起重机腹板曲线画法

桥式起重机腹板曲线为抛物线，本例实际上就是根据已知跨度 l 及挠度 H 画抛物线。

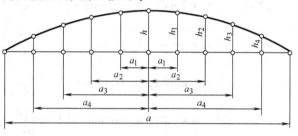

图 1-22　计算法画特大圆弧

（一） 图解法

1）画 $AB = l$，作 AB 的垂直平分线 $OC = H$（见图 1-23a）。

2）以 O 为圆心，OC 为半径画 1/4 圆周 $\overset{\frown}{C{-}4}$。4 等分 $\overset{\frown}{C{-}4}$ 及 $O{-}4$ 得 1′、2′、3′、1、2、3、4 点，连接 1—1′、2—2′、3—3′，并分别以 h_1、h_2、h_3 表示其长度（见图 1-23b）。

3）4 等分 AO，由等分点引上垂线，取各线长对应等于 h_1、h_2、h_3 得出 Ⅰ、Ⅱ、Ⅲ点，过三点连成光滑曲线。再对称画出右侧曲线即得所求近似抛物线，如图 1-23 所示。

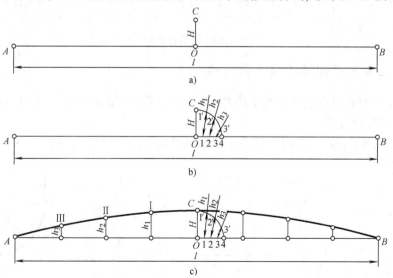

图 1-23　起重机腹板曲线画法

（a、b、c 为作图顺序）

（二）计算法

计算公式　　$h_n = H\left(1 - \dfrac{4x_n^2}{l^2}\right)$

式中　　h_n——抛物线上任意点之挠度（mm）；

　　　　x_n——任意点之横坐标（mm）；

　　　　H——挠度（mm）；

　　　　l——跨度（mm）。

【例3】　设一跨度为 24000mm 的起重机，腹板挠度为 60mm，试求距中点 2m、4m、6m、8m、10m、12m 处的挠度，并作图。

【解】　当 $x_1 = 2\text{m}$ 时，$h_1 = 60\text{mm} \times \left(1 - \dfrac{4 \times 2^2}{24^2}\right) = 58.33\text{mm}$

　　　　当 $x_2 = 4\text{m}$ 时，$h_2 = 60\text{mm} \times \left(1 - \dfrac{4 \times 4^2}{24^2}\right) = 53.33\text{mm}$

　　　　当 $x_3 = 6\text{m}$ 时，$h_3 = 60\text{mm} \times \left(1 - \dfrac{4 \times 6^2}{24^2}\right) = 45\text{mm}$

　　　　当 $x_4 = 8\text{m}$ 时，$h_4 = 60\text{mm} \times \left(1 - \dfrac{4 \times 8^2}{24^2}\right) = 33.33\text{mm}$

　　　　当 $x_5 = 10\text{m}$ 时，$h_5 = 60\text{mm} \times \left(1 - \dfrac{4 \times 10^2}{24^2}\right) = 18.33\text{mm}$

　　　　当 $x_6 = 12\text{m}$ 时，$h_6 = 60\text{mm} \times \left(1 - \dfrac{4 \times 12^2}{24^2}\right) = 0$

根据以上各式计算值即可画出腹板曲线，如图1-24所示。

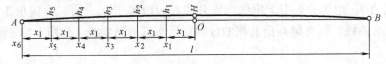

图1-24　计算作图法

四、用已知半径圆弧连接直角两边

已知直角 $\angle ABC$ 及连接圆弧的半径 R，试作此直角二边的连接弧（见图1-25）。

1）作 $\angle ABC$ 等于直角。

2）以角顶点 B 为圆心，用已知半径 R 画圆弧交直角两边于1、2两点。

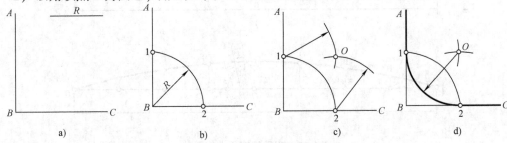

图1-25　圆弧连接直角两边

（a、b、c、d 为作图顺序）

3）以 1、2 为圆心，R 为半径分别画圆弧相交于 O 点。

4）以 O 为圆心 R 为半径画圆弧$\overgroup{1—2}$，即为所求。

五、用已知半径圆弧连接任意角两边

已知任意角$\angle ABC$（锐角）及连接圆弧的半径 R，试作此角两边线的连接弧（见图1-26）。

1）在 $\angle ABC$ 内，作两边线距离为 R 的两条平行线，相交于 O 点。

2）由 O 点分别引对角两边垂线，交 AB 于 1 点，交 BC 于 2 点。

3）以 O 为圆心 R 为半径画弧 $\overgroup{1—2}$，即为所求。

六、用已知半径圆弧外切 O_1、O_2 两圆

已知 O_1、O_2 两圆，试用 R 为半径的圆弧外切于两圆（见图1-27）。

1）以 O_1 为圆心，$R+R_1$ 为半径画弧，再以 O_2 为圆心，$R+R_2$ 为半径画弧，两弧相交于 O 点。

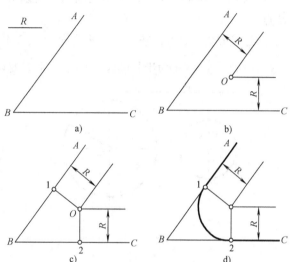

图 1-26　圆弧连接任意角两边
（a、b、c、d 为作图顺序）

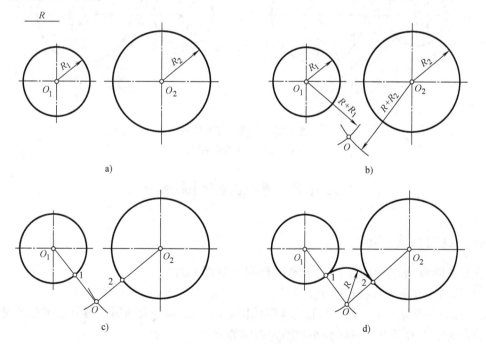

图 1-27　圆弧外切两圆法
（a、b、c、d 为作图顺序）

2）连接 OO_1、OO_2，交两圆于 1、2 两点。

3）以 O 为圆心 R 为半径画圆弧$\overgroup{1\text{—}2}$，完成外切两圆的连接。

七、用已知半径圆弧内切 O_1、O_2 两圆

已知 O_1、O_2 两圆，试用 R 为半径的圆弧内切于两圆（见图 1-28）。

1）以 O_1 为圆心，$R-R_1$ 为半径画弧，与以 O_2 为圆心，$R-R_2$ 为半径画弧，两弧相交于 O 点。

2）连接 OO_1、OO_2，并延长交两圆周于 1、2 两点。

3）以 O 为圆心 R 为半径画圆弧$\overgroup{1\text{—}2}$，完成内切两圆的连接。

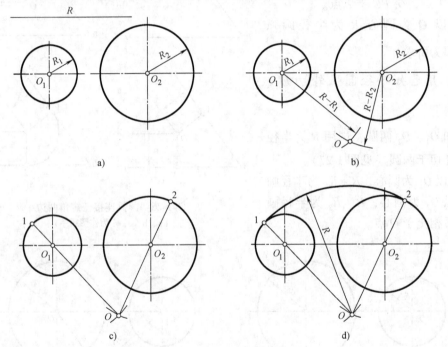

图 1-28　圆弧内切两圆法

（a、b、c、d 为作图顺序）

第五节　椭圆及蛋圆画法

一、椭圆画法（其一）

已知长轴为 AB、短轴为 CD，试作一椭圆（见图 1-29）。

1）作两轴互垂平分线相交于 O 点。

2）以 O 为圆心，1/2 长、短轴为半径画同心圆。12 等分大圆周（等分点越多越准确），由等分点向中心 O 连线，同时分小圆周为相同等分。

3）由大圆周等分点上下引垂线，与由小圆周等分点所引水平线对应交点为 2、3、…、12。

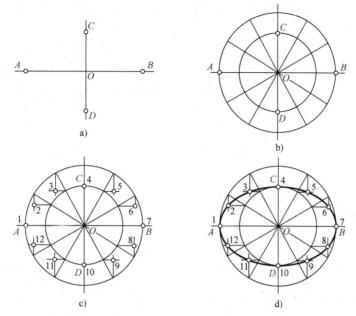

图 1-29 椭圆画法 (其一)
(a、b、c、d 为作图顺序)

4) 通过 1、2、3、…、12 各点连成光滑曲线,即为所求椭圆。

二、椭圆画法 (其二)

已知长轴为 AB,短轴为 CD,试作一椭圆 (见图 1-30)。

1) 作长短两轴互垂平分线相交于 O 点。

2) 以 O 为圆心 AO 为半径画圆弧交短轴延长线于 E 点。

3) 连接 AC,以 C 为圆心 CE 为半径画弧交 AC 于 F 点。

4) 作 AF 的垂直平分线交长短轴于 1、2 两点。以 O 为圆心,到点 1、2 的距离为半径画弧得对称点 3、4。

5) 连接 2—1、2—3、4—1、4—3 并延长之。

6) 以 2、4 两点为圆心,R (等于 2—C 或 4—D) 为半径分别画圆弧。

7) 以点 1、3 为圆心,r (等于 A—1 或 B—3) 为半径分别画圆弧与前圆弧相接,即得所求椭圆。

三、蛋圆画法

已知宽度作蛋圆 (见图 1-31)。

1) 以 O 为圆心,宽度 AB 为直径画圆与竖直中心线交于 C 点,连接 AC、BC 并延长之。

2) 分别以 A、B 为圆心,AB 为半径分别画圆弧交延长线于 1、2 两点。

3) 以 C 为圆心 C—1 为半径画弧1—2,即得所求蛋圆。

对于上述各种图线或图形的几何画法,我们可把它当作钣金展开下料的入门向导,掌握了基本几何作图方法,才能为学习各种钣金构件展开图法奠定良好基础。

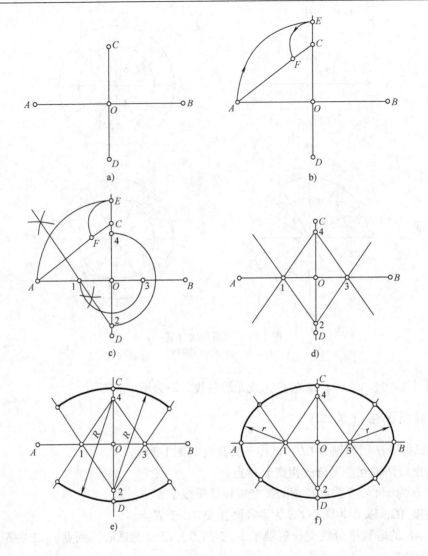

图 1-30　椭圆画法（其二）
（a、b、c、d 为作图顺序）

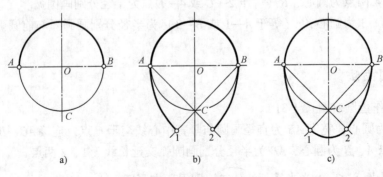

图 1-31　蛋圆画法
（a、b、c 为作图顺序）

第二章

正 投 影

第一节　投影的基本知识

在日常生活中，物体在阳光或灯光照射下，就会在地面或墙壁上产生影子，这种现象叫做投影。我们称光源（阳光或灯光）中心叫投影中心，光线叫投影线，平面叫投影面，墙壁上的阴影叫物体的投影。这个影子在某些方面反映出物体的形状特征，人们根据这种现象，总结出物体和影子的几何规律，提出了形成物体图形的方法——投影法。投影法就是一组射线通过物体射向预定平面上而得到图形的方法。由于光源的不同，可以得到两种不同的投影法。

一、中心投影法

投影线汇交于一点的投影称为中心投影法。按中心投影法得到的投影称为中心投影（见图 2-1）。

从图 2-1 中可知，投影的四边形 abcd 比空间的 ABCD 轮廓要大。所以，中心投影法所得投影不反映物体原来的真实大小。因此，它不适用于机械图样。但是，根据中心投影法绘制的图形立体感强，建筑物的外形图、美术画、照像等均属于中心投影。

二、平行投影法

如果光源在无限远处，这时所有的投影线互相平行，这种投影方法叫做平行投影，如图 2-2 所示。

在平行投影中，根据投影线与投影面的角度不同，又可分为直角投影和斜投影两种（见图 2-3）。当投影线垂直于投影面时的投影称为正投影（直角投影）。正投影的优点是能够表达物体的真实形状，同时绘制方法也比较简便。所以获得工程上的普遍应用，已成为绘制机械图样的基本原理与方法。

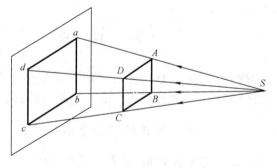

图 2-1　中心投影

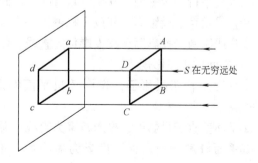

图 2-2　平行投影

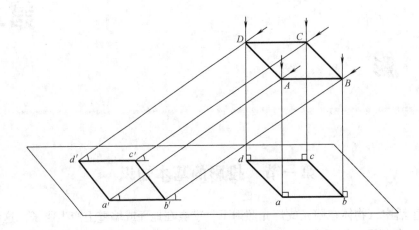

图 2-3 正投影与斜投影

工厂中的图样都是按照正投影的概念绘制的。在绘制图样时，通常以人的视线作为投影线，在投影面上所得到的投影又称为视图。

正投影法的特点是：

1）物体的位置规定在观察者与投影面之间，即人——物体——投影面。

2）投影线相互平行，且垂直于投影面。

3）人与物体以及物体与投影面之间的距离，不影响物体的投影。

第二节　点、线、面的投影规律

各种物体（机件或构件），都可以看成是由点、线、面组合而成的形体。为了便于说明物体的正投影，首先分析点、线、面的正投影的基本规律。

一、点、线、面正投影的基本规律

1）点的正投影规律仍是点（见图 2-4）。

2）直线的正投影规律：

①直线平行于投影面，其投影是直线，反映实长（见图 2-5a）。

②直线垂直于投影面，其投影积聚为一点（见图 2-5b）。

③直线倾斜于投影面，其投影仍为直线、但长度缩短（见图 2-5c）。

3）平面的正投影规律：

①平面平行于投影面，投影反映平面实形，即形状大小不变（见图 2-6a）。

②平面垂直于投影面，投影积聚为直线（见图 2-6b）。

③平面倾斜于投影面，投影为缩小面，不反映实形（见图 2-6c）。

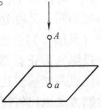

图 2-4　点的投影

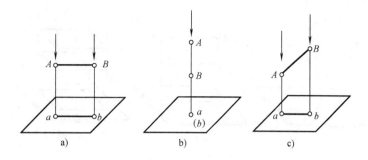

图 2-5　直线的投影

a) 平行线　b) 垂直线　c) 倾斜线

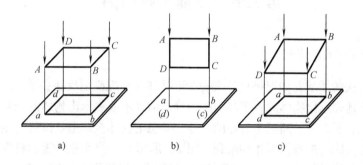

图 2-6　平面的投影

a) 平行面　b) 垂直面　c) 倾斜面

二、投影的积聚与重合

1) 一条直线与投影面垂直，它的正投影为一点。在这条线上任意一点的投影，也都落在这一点上（见图2-7a）。一个平面与投影面垂直，其投影为一直线。这个面上的任意一点、线或其他图形的投影也都积聚在这一条线上（见图2-7b）。投影中这种特性称为积聚性。

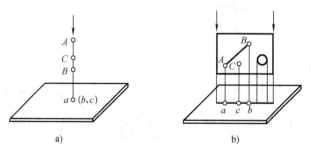

图 2-7　投影的积聚

a) 与投影面垂直的直线投影的积聚　b) 与投影面垂直的平面投影的积聚

2) 两个或两个以上的点、线或面的投影叠合在同一投影上，叫做重合（见图2-8）。

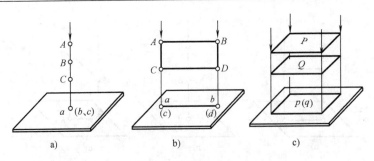

图 2-8 投影的重合

a) 点投影的重合   b) 直线投影的重合   c) 平面投影的重合

第三节   三面正投影图

一、三面正投影图的形成

制图首先要解决的矛盾是如何将立体实物的形状和尺寸准确地反映在平面的图纸上，一个正投影图能够准确地表示出物体的一个侧面的形状，但还不能表示出物体的全部形状。我们知道，一个物体一般有长、宽、高三个方面的尺寸，要想把物体全部形状准确地表示出来，就需要从物体的各个方面同时进行投影才能做到。图 2-9 所示为三个互相垂直的投影面，三个投影面中，正对着我们的叫做正投影面，下面平放着的叫做水平投影面，侧立着的叫做侧投影面。以下简称为正面、水平面和侧面。三个投影面的交线称为投影轴，正面与水平面的投影轴用 OX 表示、正面与侧面的投影轴用 OZ 表示，侧面与水平面的投影轴用 OY 表示。

图 2-10a 是一个三角块的立体图，为了表示出它的真实形状，把它放在三投影面中间进行投影，如图 2-10b 所示。当投影线垂直于正投影面时，就在正投影面上得到三角块的正投影图。这个投影图表示了实物前后两个三角形的长度和高度；当投影线垂直于水平面时，就得到三角块在水平面的正投影，此投影图表示实物斜、底两面的形状和长宽两个方向的尺寸；当投影线垂直于侧面时，就得到了三角块在侧面上的正投影，它表示了三角块的斜、侧两面的形状和高、宽两个方向的尺寸。这样就得到了三角块在三个方向的视图，它们分别称为主视图、俯视图和左视图，或通称三视图。

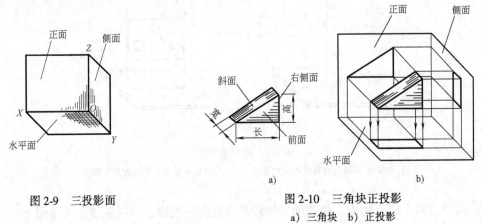

图 2-9   三投影面

图 2-10   三角块正投影

a) 三角块   b) 正投影

对上面三角块的三视图进行分析，可以看出：由于三角块三角形表面垂直于水平面及侧面，平行于正面，所以在俯视图和左视图上三角形面只能看见一条线，而主视图反映了三角形的真实形状；三角形的顶面由于垂直正面倾斜于水平面和侧面，所以在主视图中顶面投影为一条直线，顶面在俯、左视图投影形状和大小都发生了改变，不反映顶面的实形。其他表面在视图上的投影请读者自己分析。

二、三视图的投影规律

下面我们来谈谈三视图的投影规律问题。物体在三个相互垂直平面上的视图，也是有一定规律的。从图 2-10b 中可以看出，物体的长度在主视图和俯视图是相同的；物体的高度在主视图和左视图相同；物体的宽度在俯视图和左视图相同。

因物体的三视图分别在三个互相垂直的投影面上，不便于识读和绘制。为了把这三个视图画在同一平面上，我们设想保持正面不动而沿正面和水平面投影轴分开，使水平面向下旋转 90°，使侧面向右旋转 90° 和正面摊在同一平面上，如图 2-11 所示。这样便得到在一个平面上的三视图，如图 2-12 所示。

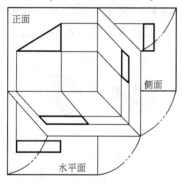

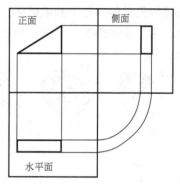

图 2-11 三视图的投影规律   图 2-12 三视图的形成

如上所述，三视图之间必然保持有下面的投影关系：

主视图和俯视图，长对正；

主视图和左视图，高平齐；

俯视图和左视图，宽相等。

也就是说：

主、俯两图长对正；

主、左两图高平齐；

俯、左两图宽相等。

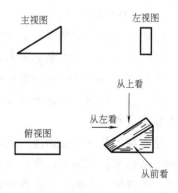

简单说就是三视图具有"长对正、高平齐，宽相等"的投影关系。这是我们绘制和识读图样时所遵循的最基本的投影规律，必须深刻理解。

三、三视图的位置关系

首先选定主视图，俯视图在它下方；

右边则是左视图，三图位置常不变。

图 2-13 三视图的位置

实际图样上，各视图名称并不注明，投影面的边框及投影轴线也不画出，但三视图之间必须保持"长对正、高平齐和宽相等"的规律，如图 2-13 所示。

第四节　简单体的投影

简单体一般指外形比较规则而又简单的立体，如长方体、棱柱体、锥体、圆柱体及球体等，如图 2-14 所示。

图 2-14　简单立体

因为机器中的零件一般都可以看成是由一些简单体截割或组合而成（见图 2-15）。在绘图时常将零件先分解为若干基本形体，然后组合起来画出零件的整个视图，这种方法称为形体分析法。为了正确作图，下面先对各种基本形体的视图，以及组成基本形体的线、面进行投影分析。

图 2-15　组合体

一、六棱柱

六棱柱表面是由平面组成的，因此又叫平面立体。如果把组成平面体的平面或棱线的投影画出来，这个平面体的投影也就画出来了。所以，要画出平面体的投影，首先要搞清楚平面体上的平面和直线（棱线）的投影特性。如对六棱柱投影分析其各种位置的平面和棱线的投影特性。

（一）投影分析

组成六棱柱（见图 2-16）的平面，按与投影面的关系可分为两种：

第一种是与一个投影面平行与另两个投影面垂直的平面，与正面平行的平面称为正平面，与侧面平行的平面称为侧平面。显然，顶面、底面为水平面，该两面在俯视图中反映实形，在主、左视图中积聚为一直线。前面和后面为正平面在主视图中反映实形，在俯、左视图中积聚成直线。

第二种是与一个投影面垂直与另两个投影面倾斜的平面称为垂直面。在垂直面中，与水平面垂直的平面称为铅垂面；与正面垂直的平面叫正垂面。与侧面垂直的平面称为侧垂面。显然，六棱柱其他四个侧面均为铅垂面。因此，各侧面在俯视图中积聚成直线；而在主、左视图中的投影成较原平面为狭的长方形。

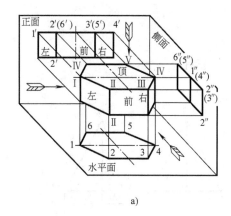 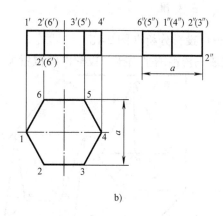

图 2-16　六棱柱投影
a）正投影　b）三视图

再分析正六棱柱的棱线的投影：

棱线Ⅱ—Ⅱ垂直于水平面，平行于另两投影面，称之为铅垂线。因此，Ⅱ—Ⅱ线的水平投影积聚成点 2，而在主、左视图中的投影反映实长（2′—2′ = Ⅱ—Ⅱ = 2″—2″）。同理，棱线Ⅱ—Ⅲ垂直于侧面，平行于另两投影面称之为侧垂线。侧垂线的侧面投影积聚成点，另两面投影反映实长。棱线Ⅰ—Ⅱ平行于水平面，倾斜于另两面称之为水平线。水平线在俯视图中反映实长（1—2 = Ⅰ—Ⅱ），而在主、左视图中的投影是比原线短的线段。

正六棱柱三面视图的画法，可先按已知尺寸作出俯视图上的正六边形，再按已知高度根据"长对正、高平齐、宽相等"的投影规律画出主视图和左视图，如图 2-16b 所示。

（二）六棱柱表面点的投影

我们知道六棱柱是由六个侧面和上下两个端面组成。柱面的投影特性已在前面讨论过了，根据平面的投影规律可知：柱面上任一点的投影必然在该面的投影之上，即在过该点所引素线与面的投影交点，如图 2-17 所示。

【例1】　已知六棱柱左前面一点 A 的正面投影 a′，上端面一点 B 的水平投影 b，求该两点其余各面的投影。

【解】　1）由 a′ 点引下垂线交该面水平投影于 a。由 b 引上垂线交上端面的正面投影于 b′。

2）再根据 A、B 两点的两面投影 a′、a，b′、b 按"高平齐、宽相等"的规律求出 A、B 点的侧面投影 a″、b″。

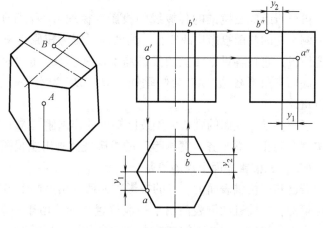

图 2-17　体表面点的投影

二、三棱锥

(一) 投影分析 (图2-18)

组成三棱锥的平面按与投影面的位置关系可分为三种。

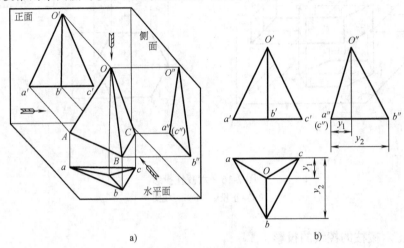

图 2-18 三棱锥投影

a) 正投影 b) 三视图

第一种是水平面，如底面。因此，底面三角形 ABC 的水平投影 abc 反映实形，而在主、左视图中的投影积聚成直线。

第二种是侧垂面，如后面 OAC。由于后面垂直于侧面而倾斜于正面和水平面，因此，该面的侧面投影积聚成直线 $O''a''$ (c'')，其正面投影和水平投影为较原平面三角形缩小的三角形。

第三种为一般位置平面，如左、右两侧面属于一般位置平面。一般位置平面倾斜于所有投影面，因此它在各投影面上的投影既无积聚性也不反映实形，而是较原实形为小的类似形。

再分析组成三棱锥的各棱线的投影。棱线 OB 平行于侧面倾斜于另两面，称之为侧平线。侧平线的侧面投影反映实长，另两面投影为较原实长为短的线段。棱线 OA、OC 为一般位置线段，它在各投影面上的投影均不反映实长，也不积聚成点，而是小于原线实长的线段。底面三角形各边：AC 为侧垂线，AB、BC 为水平线，各线投影特性前面已讨论过了，不再重述。

正三棱锥三视图的画法可先按已知尺寸作出俯视图上底面的正三角形，再根据棱锥的高度按"长对正、高平齐，宽相等"的投影规律画出主视图和左视图。

(二) 三棱锥表面上点的投影

若已知三棱锥表面上一点的投影，如何求出另两个投影 (见图2-19)？从三棱锥的投影特性可知，三棱锥的侧表面属于一般位置平面，由于一般位置平面的三个投影都不反映实形，也无积聚性，因此不能直接求出已知点的另两面投影。

设想过 A 点引一条辅助直线，如能求出此直线的三面投影，A 点的投影必在各直线的投影之上，A 点的三面投影便可求出来了。

过 A 点可以引出许多条辅助线，但在应用上通常选用其中两种：其一是由锥顶引辅助线（见图 2-20），这种方法从广义上说可简称为素线法；其二是过 A 点作一辅助截平面求出截交线，A 点投影必在截交线上，故称此法称为截平面法。

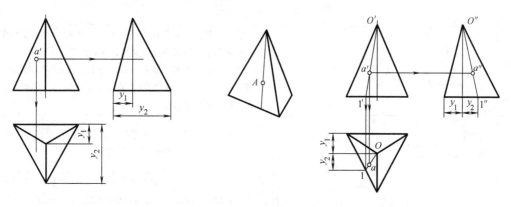

图 2-19　已知点的正面投影　　　　　图 2-20　素线法求点的投影

【例2】　已知三棱锥左侧面一点 A 的正面投影 a'，求 A 点的其余两面投影 a、a''（见图2-20）。

【解】　1）过 a' 点引素线 O'—$1'$。

2）画出该素线的水平投影 O—1 及侧面投影 O''—$1''$。

3）由 a' 引下垂线交 O—1 于 a，得 A 点的水平投影；再由 a' 向右引水平线交 O''—$1''$于 a''点，即为 A 点的侧面投影。

用辅助平面法求形体截交线以确定点的投影，将在本章第九节中论述，这里不再举例。

小结：

1）求平面立体表面上点的投影时须先弄清该点所在平面的性质，若该点在平行面或垂直面上，可直接作出点的其余两面投影。

2）若点在一般位置平面上，求点的方法可用辅助线法或辅助截平面法。

3）一点在平面上，则它一定在过该点所引的辅助线上或辅助截平面的截交线上。

4）求一点的投影，要先求出它所在的辅助线或截交线的投影。

5）求平面上直线的投影可先求出该线两端点的投影。以直线连接两端点的同面投影，即是该线段的投影。

通过以上两例，可以看出画平面立体的视图时需要很好的熟悉各种平面和棱线的投影特性。为了便于掌握，下面以表格形式将前面平面与直线的投影特性归纳于表 2-1 及表 2-2。

综上所述，各种不同位置平面的投影特性是：

1）若平面平行于投影面（平行面），则在该面上的投影反映实形，另两面投影积聚成直线。

表2-1 平面与直线（棱线）投影特性

名称	图 例	名称	投 影 特 性
水平面		平面	顶面 I II III IV V VI 为水平面，其水平投影 123456 反映实形 顶面的正面投影积聚成 1'—4'，侧面投影积聚成 6"—2" (5"—3")
		直线（棱线）	线段 II III、V VI 平行于正平面和水平面。因此该两线在正面和水平面投影反映实长，在侧面投影积聚成点 线段 I II、I VI、III IV、IV V 平行于水平面，倾斜于另两面，因此上述各线的水平投影反映实长、在其余各面上的投影比原长短
正平面		平面	前平面 II III III 平行于正平面，其正面投影 2'2'3'3'，反映实形，其余两面投影积聚成直线
		直线（棱线）	线段 II III 平行于正平面和水平面，垂直于侧面，因此该线在正面和水平面上的投影反映实长，侧面投影积聚成点 线段 II II、III III 平行于正平面和侧面，垂直于水平面，因此该两线的正面投影和侧面投影反映实长，水平投影积聚成点
铅垂面		平面	左平面 I II II I 垂直于水平面倾斜于另两面，因此该面的水平投影积聚成直线 1—2，另两面投影既无积聚性也不反映实形，而是小于原平面的类似形
		直线（棱线）	线段 I II 平行于水平面，倾斜于另两面，其水平投影 1—2 反映实长，另两面投影比原长短

表2-2 平面与直线（棱线）投影特性

名称	图 例	名称	投 影 特 性
水平面		平面	底平面 ABC 为水平面，水平投影 abc 反映实形，其余两面投影积聚成直线
		直线	直线段 AC 为侧垂线，侧面投影成点，其余两面投影反映实长 AB、BC 为水平线，其水平投影 ab、bc 反映实长，其余两面投影缩短

（续）

名称	图　例	名称	投　影　特　性
侧垂面		平面	后平面 AOC 为侧垂面，侧面投影积聚成直线，另两面投影是比原平面实形小的三角形平面
		直线	OA、OC 为一般位置线段，各面投影为较原实长为短的线段
一般位置平面		平面	左侧面 OAB 为一般位置平面，该面在各面投影既不反映实形也无积聚性，而是小于原平面实形的三角形
		直线	OB 为侧平线，其侧面投影 O″b″ 反映实长，其余两面投影较实长为短

　　2）若平面垂直于投影面（垂直面），则在该面上的投影积聚成直线，另两面投影变小为原平面实形的类似形。

　　3）若平面倾斜于各投影面（一般位置平面），则它在各投影面上的投影，均不反映实形也不积聚成直线。

　　为了便于记忆，可简述如下：

　　平面平行于投影面，该面投影实形现。

　　平面垂直于投影面，该面投影成直线。

　　平面倾斜于投影面，该面投影原形变（变小）。

　　各种不同位置直线的投影特性是：

　　1）若直线平行于投影面（平行线），则在该面上的投影反映实长，另两面投影变短。

　　2）若直线垂直于投影面（垂直线），则在该面上的投影积聚成点，另两面投影反映实长。

3）若直线倾斜于各投影面（一般位置直线），则在各面投影均不反映实长也不积聚成点。

为便于记忆简述如下：

直线平行投影面，该线投影实长现。

直线垂直投影面，该线投影成一点。

直线倾斜投影面，该线投影长变短。

三、圆柱

圆柱表面是由圆柱面和两个端面所围成，可看成是一条母线 *AB* 围绕和它平行的轴线旋转而成（见图2-21a）。这种由一条母线绕定轴旋转形成的立体叫做回转体。回转体曲面上任意位置的母线叫素线（*CD*）。

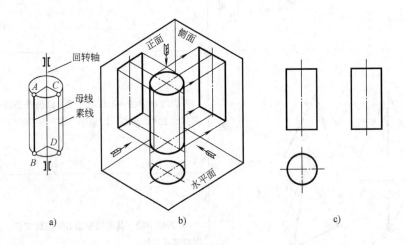

图 2-21　圆柱投影

a）圆柱面形成　b）正投影　c）三视图

（一）投影分析

在图2-21中，圆柱轴线垂直于水平面，圆柱面和平面一样，在所垂直的投影面上的投影具有积聚性。因此，圆柱面的水平投影为一圆；圆柱上下两端的平面平行于水平面，其水平投影反映实形。因此，俯视图的圆还同时是两端的视图。从主视图分析，因为两端面与正面垂直，投影是两水平线，而圆柱面向正面投影时其轮廓为平行二直线。因此，整个主视图就是一个长方形的线框。同理，可知左视图与主视图完全一样。

在画俯视图时，要画出垂直相交的两条中心线表示圆心的位置；在画主、左视图时，要画出圆柱的轴线。轴线和中心线均用点画线（见图2-21c）。

（二）圆柱表面点、线的投影

我们知道圆柱面是一直线曲面，当轴线垂直于水平面时，柱面上所有的素线都垂直于水平面，因此整个柱面也都垂直于水平面，其投影与上下端面视图重合积聚成圆。因此，柱面上任何点、线或其他图线也都积聚在圆周上（见图2-22），了解这一点很重要。

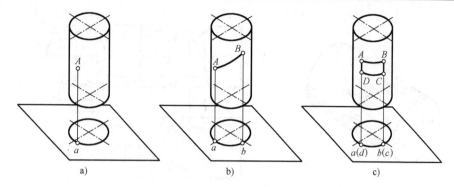

图 2-22　圆柱表面点、线、面的投影

a）点的投影　b）线的投影　c）面的投影

【例 3】　若已知圆柱面上 A 点的正面投影 a'，求水平投影 a 及侧面投影 a''（见图 2-23）。

【解】　1）过 a' 点作素线得于俯视图圆周交点为 a，即为 A 点的水平投影。

2）再根据"高平齐、宽相等"的投影关系求出 A 点的侧面投影 a''。

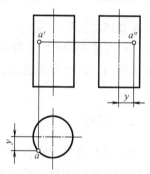

【例 4】　求圆柱螺旋线的正面投影。

圆柱螺旋线可看做是一个贴于圆柱表面的直角三角形的斜边，底边等于圆柱周长。若将底边分成若干等分（本例为 12 等分），每段高度为 h_2、h_3、…、h_{12}、h_1。各段高度投到相应的正面投影中与俯视图圆周等分点所引素线对应交点连成光滑曲线，即为螺旋线的正面投影（见图 2-24）。

图 2-23　圆柱表面点的投影

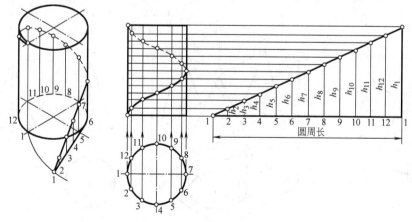

图 2-24　螺旋线的投影

【例 5】　求圆柱钻孔的正面投影

如图 2-25 所示，圆柱钻一通孔，孔的左、右和前、后轮廓在主视图和左视图中不可见为虚线。孔与柱面的交线为空间曲线，其水平投影积聚成圆，侧面投影与柱面部分圆周重合。

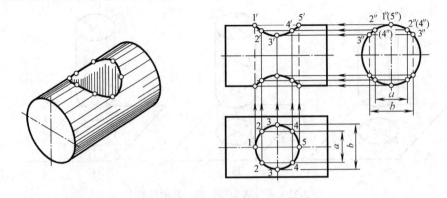

图 2-25　圆柱钻通孔的投影

【解】　求交线的正面投影可用点的投影法，即用该线上若干点的投影来代替线的投影。交线的最左点 1′和最右点 5′按"长对正"可直接确定；线的最前点和最后点 3′可根据水平投影 3 和侧面投影 3″求出。为了画出 1′—3′—5′曲线还须求出线上一般位置若干点的投影。如 2′、4′点是由俯视图圆周等分点 2、4 引上垂线与该两点的侧面投影 2″、4″向左引水平线对应交点而定。然后通过各点连成光滑曲线，即为圆柱钻通孔后的正面投影，如图 2-25 所示。

四、圆锥

圆锥可看成是由定直线一端固定，而另一端绕定轴作等距离旋转而成（见图 2-26）。圆锥体的侧面是圆锥面，底面是平面，圆锥的轴线垂直于水平面，它的主、左两视图相同为等腰三角形，俯视图是圆，如图 2-27 所示。

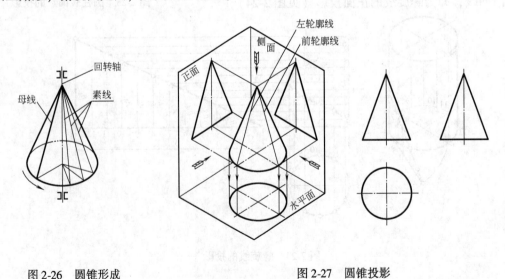

图 2-26　圆锥形成

图 2-27　圆锥投影

（一）投影分析

圆锥主视图为一等腰三角形，三角形左、右两边是圆锥左、右两轮廓线的投影，这两条轮廓线的侧面投影和圆锥轴线左视图重合，俯视图和圆的水平中心线重合，三角形另一边是圆锥底面的投影。

圆锥的左视图是一个与主视图大小相同的三角形。此三角形的两边是圆锥前后两轮廓线的投影，该两轮廓线的正面投影与圆锥轴线的主视图重合，其水平投影与圆的垂直中心线重合。

圆锥俯视图的圆是圆锥底平面的投影，同时也是圆锥面的水平投影，它没有积聚性。

（二）求圆锥表面上点、线的投影

从圆锥的投影特性可知，当圆锥轴线垂直于水平面时，圆锥面的水平投影为一与底平面相重合的圆，但它没有积聚性。因此，一般不能从圆锥面上任意已知点或线的一个投影，求出另两面投影，须通过辅助线法或辅助面法方可解决，举例如下：

【例6】 已知圆锥面上左前面一点 A 的正面投影 a'，求水平投影 a 和侧面投影 a''（见图 2-28）

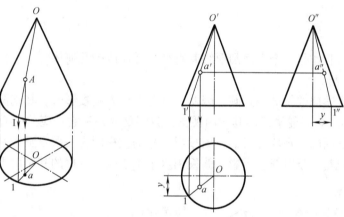

图 2-28　用素线法求点的投影

本例可通过已知点引素线，求出素线的投影，则该点的投影必然在素线投影之上。

【解】 1）过 A 点的正面投影 a' 向锥顶引素线 O'—$1'$；

2）根据"长对正、宽相等"的投影规律，求出素线的水平投影 O—1 和侧面投影 O''—$1''$。

3）由 a' 点引下垂线交 O—1 于 a，引水平线交 O''—$1''$ 于 a''，得出 a、a'' 两点。

【例7】 求圆锥被正平面切割后的投影

圆锥被正平面切割，截交线的正面投影为双曲线反映实形（待求），如图 2-29 所示；侧面投影和水平投影为直线。

【解】 1）正面投影中截交线的最低点 $1'$、$5'$ 通过水平投影 1、5 两点按"长对正"直接作出；最高点 $3'$ 由左视图 $3''$ 点按"高平齐"确定，或以俯视图 O—3 为半径画纬圆作出。

2）为了画出 $1'$—$3'$—$5'$ 曲线，还必须求出一般位置若干点。以 O 为圆心适宜长为半径画 1/2 纬圆，与 1—5 交点为 2、4。由 2、4 两点引上垂线与纬圆的正面投影纬线交点为 $2'$、$4'$。通过各点连成光滑曲线，即为所求截交线的正面投影。

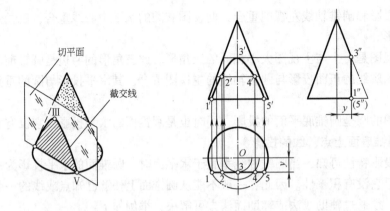

图 2-29　求截交线的投影

五、球

圆球的表面可看作是一个平面圆形绕其直径旋转而成的几何体。

(一) 投影分析

从任何方向观察球的轮廓都是圆。因此，球向三个方向投影时，其视图为三个相同直径的圆（见图 2-30）。每条轮廓线的其他两视图，分别重合在和它对应的中心线上。例如，球的主视图，是球表面的主视轮廓线的正面投影，它的左视图为一条重影于左视图垂直中心线上；它的俯视图也是一条直线，重影于俯视图水平中心线上。球的其余两视图的投影，请读者自己分析。

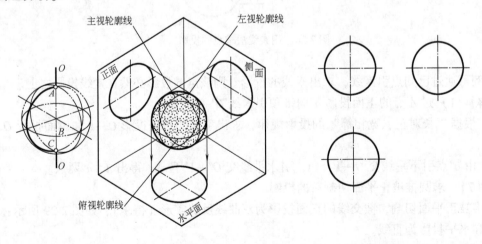

图 2-30　球的投影

(二) 球面上点的投影

设想将球面沿水平方向切成许多圆——纬圆，球面上任一点必然在与其高度相同的某一纬圆上（见图 2-31a）。因此，只要求出过该点的纬圆投影，即可求出该点的投影。下面举两例：

【例 8】 已知球面上 A 点的正面投影 a'，求其水平投影 a 及侧面投影 a''（见图 2-31）

【解】 1）过 a' 点引纬线 $1'—2'$。

2）以 $1'—2'$ 为直径在俯视图中画纬圆。

3）由 a' 点引下垂线得与纬圆交点为 a，即为 A 点的水平投影。

4）根据 a、a' 两点，按"高平齐、宽相等"的投影关系，求出 A 点的侧面投影 a''。

【例 9】 求球体封头的正面投影

球体封头多用于冶金、石油、化工企业中。由于直径较大，一般用多块板料拼接而成。图 2-32 所示为大小相同六块板料和球帽组成的球体封头。各板料结合线的水平投影为直线视为已知，位于竖直中心线的结合线的正面投影重合于轴线乃为直线，其余各结合线的正面投影为曲线（前后重合，左右对称），可用纬圆法求出。

【解】 1）适当划分主视图 $1—5$ 圆弧为若干等分（本例为 4 等分），由等分点 1、2、3、4 引纬线 $1—1$、$2—2$、$3—3$、$4—4$。

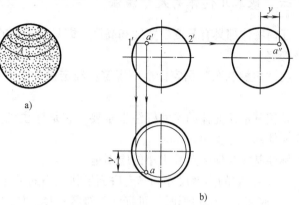

图 2-31　球面上点的投影
a）直观图　b）投影图

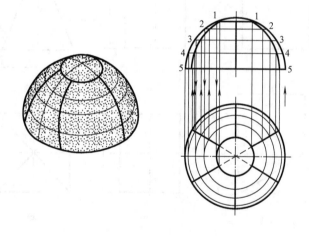

图 2-32　球体封头的投影

2）以各纬线为直径在俯视图分别画同心纬圆，得与各结合线交点。

3）由俯视图各交点引上垂线，与主视图各纬线对应交点分别连成曲线，即为各板结合线的正面投影。

小结：

求曲面上点的投影方法主要有素线法和纬线法两种，在采用这两种方法时，应着重弄清以下概念：

1）一点在曲面上，则它一定在该曲面的素线或纬圆上。

2）求一点投影时，要先求出它所在素线或纬圆的投影。

3）求曲面上直线或曲线的投影时，可分线段为若干点，以点的投影取代线的投影，然后用线（直线或曲线）连接各点的投影，即为所求线的投影。

4）为了熟练地掌握在各种曲面上作素线或纬圆的投影，必须了解各种曲面的形成规律和投影特性。

六、基本几何体的尺寸注法

任何物体都具有长度、宽度和高度，即具有一定的形状和大小，在图中它们都需要用尺寸来确定。

在"机械制图"国家标准中规定：确定机件的大小，必须以图中所注的尺寸数字为依据。

掌握基本几何体的尺寸标注很重要，它是标注机件尺寸的基础。图 2-33 表示出了各基本几何体的尺寸注法。

标注基本几何体尺寸大小的原则是：

1）注出它的高度尺寸和确定底面形状大小的尺寸。

2）底面为正多边形时，可标注外接圆直径，如图 2-33 所示。

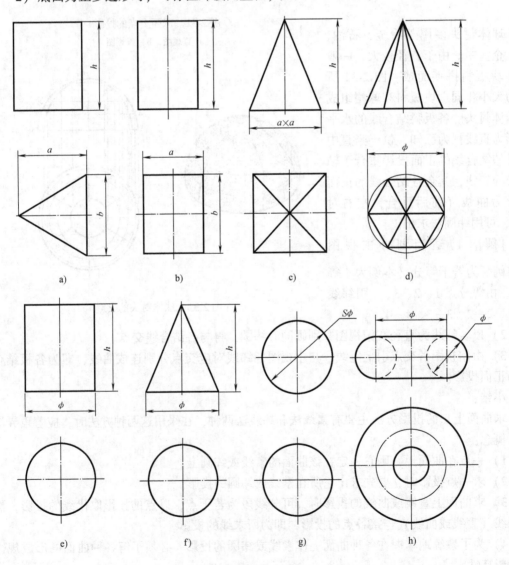

图 2-33　基本几何体的尺寸标注

3）圆球只需标注一直径尺寸，但在直径代号 ϕ 前必须写上 $S\phi$ "球"字，如图 2-33g 所示。

4）配置适当，明显易读。

第五节　组合体投影

任何复杂的机件，从形体的角度来看，都可以看成是由一些简单的基本形体所组成，所以都把它们称为组合体。组合体的分类，按组合体的形体特征，一般可分为叠加、切割、相切、相贯等组合形式。下面分别说明它们组合形式的视图画法。

一、叠加画法

图 2-34 所示为一顶尖，它是由圆柱 1、截头圆锥 2、圆柱 3 和圆锥 4 组成的。它是一典型叠加式零件，画法比较简单，只要掌握基本形体的投影特性和画法，这类零件的视图便很容易作出。

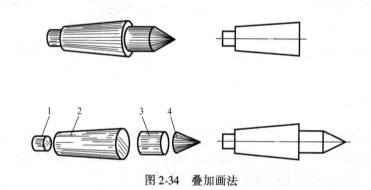

图 2-34　叠加画法

二、切割画法

工厂中不少零件是由简单立体铣削、镗刨而成，这样的零件，可当作是由平面切割立体来分析。平面切割立体切出的图形称为断面，其四周轮廓称为截交线。画这类零件图时，一般先画出完整的立体，再画出切口。

【例 10】　平面切割圆柱

图 2-35 所示为正平面截切圆柱的画法，由于正平面平行于正投影面，其截交线的主视图——长方形反映实形，另两视图为直线，截断面大小与截平面的位置有关，越靠近轴线断面长方形就越大，反之相反。所以画图时先画好俯视图，并按"长对正、宽相等"投影关系画出主视图和左视图。

图 2-36 所示为一镗刀杆头部，它由圆柱体和长方形穿孔组成，穿孔由上、下两水平面和左右

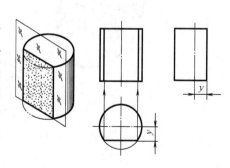

图 2-35　平面切割圆柱

两侧平面切割而成。请读者自行分析投影特性和作图步骤。

【例11】 平面切割球

图 2-37 所示为螺钉头部，它是由左右两侧平面和一水平面切割半球体组成。截交线的水平投影为两竖直线与 $1'$—$2'$ 为直径的纬圆弧组成。切口水平面在俯视图反映实形，切口两侧面的左视图为圆弧，其半径 R' 小于球半径 R。切口宽度与左视图圆弧半径 R' 成反比，即宽度越大 R' 越小，反之宽度越小 R' 越大；切口深度与俯视图纬圆直径成正比，即切口越深纬圆直径越大。所以画图时要先画好主视图，然后按投影关系画出俯视图和左视图。

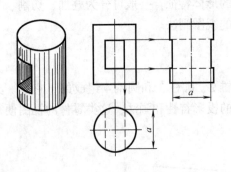

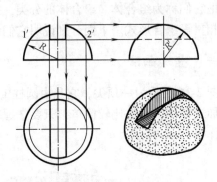

图 2-36 镗刀杆投影   图 2-37 平面切割球

三、相切画法

在图 2-38 所示的构件中，耳朵部分的侧面与圆筒面圆滑连接起来，这种组合形式就是相切。

由于圆筒轴是铅垂线、耳朵的侧面是铅垂面，它与圆筒在俯视图中的投影特点是直线与圆弧相切。切点处在主视图与左视图中为光滑过渡无交线。

组合体的相贯线画法，将在本章末专门讨论。

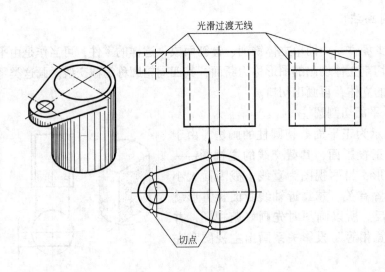

图 2-38 相切画法

第六节 看图的基本方法

看图和画图是解决空间物体与视图相互转化这样一对矛盾的两个方面。前面我们运用投影规律把物体画成视图，同样我们也可以运用投影规律来分析视图，从而想象出物体的形状。

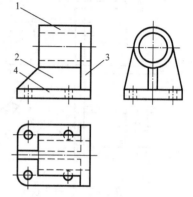

这里应当指出的是：对于比较复杂或不规则的物体，初学看图时常会感到一定的困难，但是只要我们不断地实践，就能逐步掌握看图方法和提高识图能力。

看图的基本方法与画图的基本方法一样，主要是形体分析法和线面分析法。首先，粗略地看看各个视图，弄清楚几个视图的投影关系和物体的大致形状。然后，按投影关系（可用三角板、直尺或分规等）分析形体，看清楚各部分的形状。最后，综合各部分的形状和相互位置关系，想象出物体的整体形状。下面以轴承座三视图（见图2-39）来具体说明。

图2-39 轴承座

一、形体分析法

由于主视图反映零件结构特征，一般从主视图着手分析。按线框可分为1、2、3、4四个部分。

二、线面分析法

从主视图划分的线框（先从较大的线框），用对线条的方法分别找出和它对应的投影图进行分析，便可知道各线框的具体形状。

如"1"部分（见图2-40）的主视图和俯视图相同为长方形，长方形内有两条对称的平行虚线，左视图有两个圆和它对应，就知道它是圆筒。

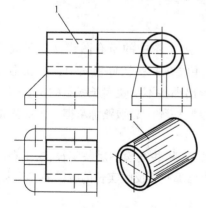

图2-40 圆筒

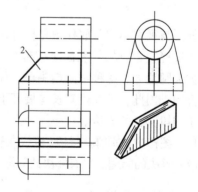

图2-41 托板2投影

线框"2"与"3"（见图2-41和图2-42）是丁字形的托板。托板上方和圆筒相接，是圆柱面，下方和底板相接是平面。从俯视图和主视图中可以看出托板"2"平行于正面，垂直于侧面和水平面，在主视图中反映实形；托板"3"则垂直于正面和水平面，平行侧面，在左视图中反映实形。它的左、右两边线与圆筒相切光滑过渡。因此，切点位置的正面投影与水平投影无线。

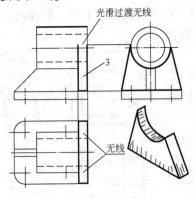

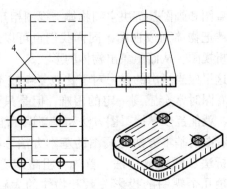

图 2-42　托板 3 投影　　　　　　　　　　图 2-43　底板投影

同样用对线条方法找出底板"4"为长方板（见图 2-43）。该板左面前后两角为圆角，底板上还钻了四个圆孔。由于底板平行于水平面，它的俯视图反映实形。

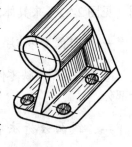

当我们用线、面分析法看懂各个部分的形状后，再根据它们之间的位置结合起来，便对轴承座的整体形状有了一个完整的认识。图 2-44 是它的立体图。

形体分析法是看图或绘图的基本方法、要很好的运用它来提高我们的识图能力。现将看图的步骤和方法归纳如下：

抓主视、看大致、分部分、想形状；

对线条、找关系、合起来、想整体。

图 2-44　轴承座立体图

第七节　求线段实长

放样图与视图不同。放样图是构件表面的展开图，展开图中的所有图线（轮廓线、棱线及辅助线等）都是构件表面对应部分的实长线。这些线在一些构件视图中，往往不反映实长，如天圆地方、各种过渡接头等。放样时必须先求出那些不反映实长线条的实长来，才能作展开图。因此，求线段实长是展开下料工作中的重要一环，必须熟练掌握。下面先来讨论一下求线段实长的方法。

如何在图样中识别哪些线段（棱线或辅助线）反映实长，哪些线段不反映实长，这是在求实长线前应先解决的问题。只有解决此问题后，才可着手求出那些不反映实长的线段的实长来。

一、线段实长鉴别

线段是否反映实长，可依据线段的投影特性来识别。为了说明问题，我们再单独把空间各种位置线段的投影特性简述如下。

（一）垂直线

在三视图中，当直线垂直于某一投影面时，则它必然平行于另两投影面。因此，该线在另两投影面上的投影反映实长，图2-45为垂直线的三视图。图2-45a为铅垂线，水平投影成点，正面投影和侧面投影反映实长；图2-45b为正垂线，正面投影成点，水平投影和侧面投影反映实长；图2-45c为侧垂线，侧面投影成点，正面投影和水平投影反映实长。

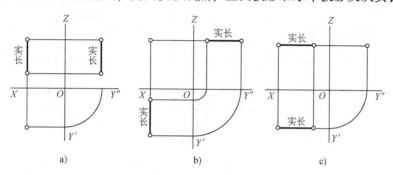

图2-45　垂直线投影
a）铅垂线　b）正垂线　c）侧垂线

（二）平行线

当直线平行于某一投影面而倾斜于另两个投影面时，则该线在所平行的投影面上的投影反映实长，在另两个投影面上的投影较原实长为短。图2-46a所示为水平线，水平投影反映实长，正面投影和侧面投影缩短；图2-46b所示为正平行，正面投影反映实长，水平投影和侧面投影缩短；图2-46c所示为侧平线，侧面投影反映实长，正面投影和水平投影均平行于OZ轴。

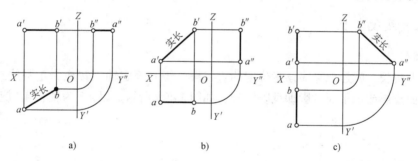

图2-46　平行线投影
a）水平线　b）正平线　c）侧平线

（三）一般位置直线

一般位置直线倾斜于各投影面。因此，它在各投影面上的投影均不反映实长，且较原实长为短，如图2-47所示。

（四）曲线

曲线有平面曲线和空间曲线两种。

（1）平面曲线　平面曲线在视图中反映实长与否，视该曲线所在平面位置而定。若曲线在平行面上，则该线在与它平行的面上投影反映实长，另面投影为平行于轴线的直线（见图2-48a）；

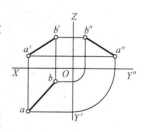

图2-47　一般位置线投影

若曲线在垂直面上时，则该线在其所垂直的面上投影积聚成直线，另面投影较原线实长为短（见图2-48b）。

（2）空间曲线 空间曲线又称为翘曲线，这种曲线不在一个平面上，它在各视图中均不反映实长，图2-48c为翘曲线的两面视图。

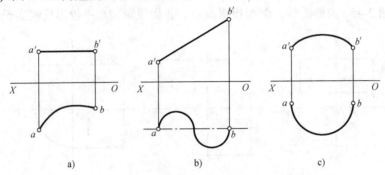

图 2-48　曲线投影

a）、b）平面曲线　c）空间曲线

对实长线的鉴别归纳如下：

1）若线段的两面投影，都平行于同一投影轴，则该线的两面投影均反映实长（见图2-45）。

2）若线段的一面投影平行于投影轴，则另一面投影反映实长（见图2-46）。

3）当线段各面投影均倾斜于投影轴时，则它的各面投影均不反映实长（见图2-47）。

以上就是辨别实长线的简便方法。

二、求直线段实长

（一）旋转法

旋转法求实长，就是把空间任意位置的直线段，绕一固定轴旋转成为正平线或水平线，则该线在正面投影或水平面投影即反映实长，如图2-49a所示。以 AO 为轴将 AB 旋至与正面

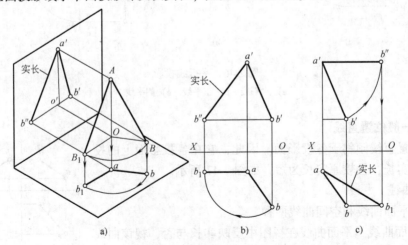

图 2-49　旋转法求实长

a）旋转成正平线　b）正平线　c）水平线

平行的 AB_1 位置。此时 AB 便变成一条正平线 AB_1，其正面投影 $a'b''$ 即为 AB 的实长。图 2-46b 表示将 AB 旋转成正平线的位置求实长；图 2-49c 表示将 AB 旋转成水平线求实长。

应用举例：

【例 12】 求四棱锥棱线实长（见图 2-50）

作四棱锥侧面展开图需先求出棱线实长，四棱锥棱线在主、俯视图中均不反映实长，其求法如下：

以 O 为中心，Oa 为半径画圆弧交水平中心线，由水平中心线交点引上垂线交主视图锥底延长线于 a''，则 $O'a''$ 即为棱线 OA 的实长。

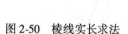

图 2-50 棱线实长求法

【例 13】 求斜圆锥表面各素线实长

为了作出斜圆锥表面展开图，需先求出底圆周等分点与锥顶连线（以下简称素线）的实长。具体作法：

1）先用已知尺寸画出主视图和俯视图（见图 2-51），8 等分俯视图圆周，等分点为 1、2、3、4、5、4、…、1。由等分点向锥顶 O 引素线并作出各素线的正面投影，这些素线除主视图左右两边线（$O'—1'$、$O'—5'$）外，在两视图中均不反映实长。

2）以 O 为圆心，O 到 2、3、4 各点的距离为半径画同心圆弧，得与水平中心线 $O—5$ 交点。

3）由 $O—5$ 各交点引上垂线交主视图 $1'—5'$ 于 $2'$、$3'$、$4'$。连接 $2'O'$、$3'O'$、$4'O'$，则 $O'—2'$、$O'—3'$、$O'—4'$ 即为所求各素线实长。

为使图面清晰，现场多用图 2-52 的简化画法求各素线实长，而不画出各素线的正面投影。

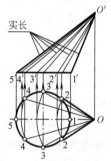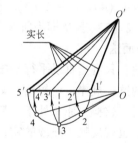

图 2-51 斜圆锥素线实长求法　　　　图 2-52 素线实长简化图画法

（二）直角三角形法

为了说明直角三角形法（以下简称三角形法）求直线实长的原理，再将图 2-49 中 b、c 两图照录重出，如图 2-53 所示。从图中可以看出 AB 线经旋转所求出的实长线 $a'b''$，是以 AB 的正面投影 $a'O$ 作对边，而以该线的水平投影 ab 作底边的直角三角形的斜边。因此，对一般位置直线段，不必用旋转法求实长，可直接用三角形法。

三角形法求直线实长，既可作在主视图中，也可作在俯视图中。在俯视图中是以 ab 的直高为对边，以直线的正面投影 $a'b'$ 为底边的直角三角的斜边 ab_1 即为实长，如图 2-53b 所示。用三角形法求直线实长，在实际放样工作中应用极广，必须加深理解，熟练掌握。

应用举例

【例14】 求天圆地方各辅助线实长

视图分析：图2-54表示天圆地方的立体图和主、俯两视图，它是由平面和曲面组合而成。俯视图中四个全等的等腰三角形表示平面部分，各等腰线表示方、圆过渡线，是平面与曲面的分界线。这些线在视图中都不反映实长，作展开时，除须求出实长外还须在曲面投影部分作出适当数量的辅助线。同样，各辅助线也不反映实长。各线实长具体求法如下：

1）适当划分俯视图1/4圆周为3等分，等分点为1、2、3、4，连接各点于B。

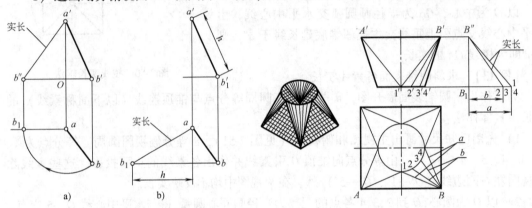

图2-53 三角形法求实长
a）旋转法 b）三角形法

图2-54 实长线求法

2）为使图面清晰将所求实长线画在主视图右侧。即在$A'B'$、$1'$—$4'$延长线上作垂线$B''B_1$，取B_1—1（4）、B_1—2（3）等于俯视图B—1、B—2（B—1 = B—4，B—2 = B—3），连接1（4）、2（3）于B''即为所求各线实长。

（三）换面法

如前所述，只有当直线平行于投影面时才能在该投影面上投影反映实长。换面法就是根据直线投影的这一规律，设想用一新的投影面替换原来的某一投影面，使新设的投影面与空间直线相平行。这样，原来处于一般位置的直线也就成了这个新设投影面的平行线，它在该面上的投影，也就反映了线段的实长。这个新的投影面称为辅助投影面，在辅助投影面上的投影，称为辅助投影，用辅助投影面法求直线实长，因其作图特征，也称为直角梯形法。

辅助投影面的选择，用得最普遍的有两种：一是垂直于水平面，倾斜于正投影面叫做正立辅助投影面；二是垂直于正投影面而倾斜于水平投影面，叫做水平辅助投影面。

图2-55a所示便是另设一与直线AB平行而垂直于水平面的正立辅助投影面，则AB在该面上的投影$a_1'b_1'$反映实长。

投影面的翻转情况：将辅助投影面以O_1X_1为轴向外旋转90°，使与原水平投影面重合，然后再一起向下旋转90°，所求实长线反映在俯视图中，如图2-55b所示。

从图中得出：

1）直线的两端点，投影到正面和正立辅助投影面的对应高度相等（$a'a_x = a_1a_{x1}$，$b'b_x = b_1'b_{x1}$）。

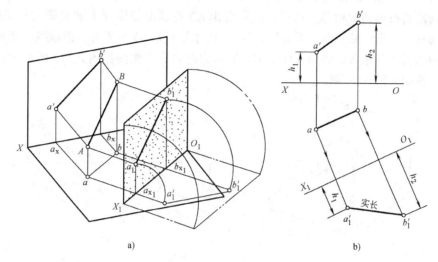

a)　　　　　　　　　　　b)

图 2-55　换面法求实长

a）直线平行于辅助平面　b）求实长

2）辅助投影面与直线 AB 距离无关，但其轴线必须平行与该线的原水平投影（O_1X_1 ∥ ab）。

3）a_1 与 a，b_1 与 b 位于投影轴 O_1X_1 的同一垂线上。

若 AB 在辅助投影面上（见图 2-56a），这时辅助投影轴 O_1X_1 必然与 AB 原水平投影 ab 相重合（见图 2-56b）；

图 2-56c 中的实长线 $a''b''$ 是 AB 在水平辅助投影面投影的结果，它反映在主视图中。

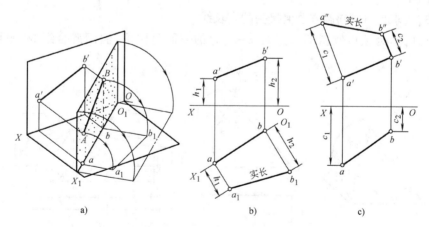

a)　　　　　　　　　　b)　　　　　　　　　c)

图 2-56　直线在辅助平面上的投影

a）直线在辅助平面上　b）、c）求实长

（四）支线法

支线法求直线段实长是换面法求直线实长的一个特殊情况，当直线端点 A 落在水平投影面上时（见图 2-57a），A 点的高度为零。A 点的水平投影 a 必然重合于辅助投影轴 O_1X_1

上，正面投影 a' 则在 OX 轴上。同样，B 点的水平投影 b 也重影于 O_1X_1 轴上，B 点的正面投影高度与辅助面投影高度相等。这样，就可看出 AB 在辅助投影面上的投影实长 ab_1，与该线两视图间有勾、股、弦关系。即 ab_1 是以 AB 的水平投影 ab 为底边，以该线的正面投影高度 h 为对边的直角三角形的斜边。图 2-57b 所示为翻转后的视图；图 2-57c 所示为在主视图中求实长，称此方法为支线法。

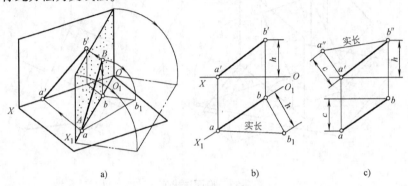

图 2-57 支线法求直线段实长

a) 线端在水平投影面上 b)、c) 支线法求实长

从支线法求实长中可以得出如下结论：

一般位置直线的实长，是以该线的某一投影长度作底边，而以另一视图中的直高作对边所构成的直角三角形的斜边，即为该线的实长。

用支线法求直线实长，可在直线的任意视图中的任意端点引出支线求实长，不必分析所引支线是否符合该线空间的实际位置。

应用举例：

【例 15】 求顶口倾斜圆方过渡接头的实长线

图 2-58 所示为顶口倾斜圆方过渡接头，它的表面是由平、曲面混合组成。平面与曲面

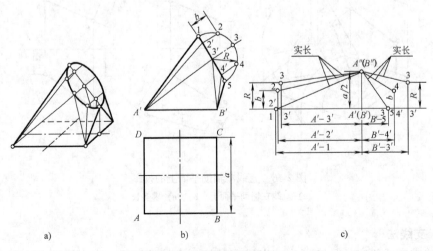

图 2-58 直角梯形法求实长

a) 直观图 b) 视图 c) 实长图

过渡线及辅助线都不反映实长，求其实长的步骤如下：

1）首先用已知尺寸画出圆方过渡接头的主视图和顶底断面图。

2）4 等分顶断面半圆周，由等分点 2、3、4 引对 1—5 直角线得与 1—5 交点为 2′、3′、4′。连接 2′、3′ 与 A，3′、4′ 与 B。

3）用直角梯形法求各实长。为使图面清晰，将主视图左右轮廓线及各辅助线分别叠画在同一水平线上，如图 2-58c 所示。由 A′(B′) 向左截取主视图 A′—1、A′—2′、A′—3′ 得 1、2′、3′点；向右截取 B′—3′、B′—4′、B′—5 得 3′、4′、5 点。由 2′、3′、4′、A′(B′) 引上垂线，取 2′—2、3′—3、4′—4 等于顶断面 2′—2、3′—3、4′—4，取 A′A″(B′B″) 等于底断面 a/2。连接 1、2、3 于 A″，3、4、5 与 B″，即得所求各线实长。

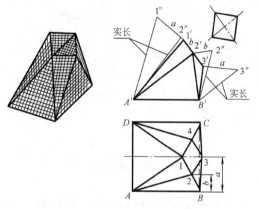

【例 16】 求方漏斗的实长线

图 2-59 所示为一倒置的方漏斗，顶底断面为大小口正方形互错 45° 角，顶口与水平成任意角度倾斜。各棱线在两视图中均不反映实长，本例用支线法求其实长。

1）用已知尺寸画出方漏斗的主视图和俯视图。

2）由主视图 1′点引对 A′—1′直角线 1′—1″等于俯视图 a，连接 A′—1″即为 A′—1′的实长。

图 2-59 支线法求线实长

由 2′点引对 A′—2′直角线 2′—2″等于俯视图 b，连接 A′—2″得 A′—2′线的实长。同理求出 B′—2′、B′—3′的实长 B′—2″、B′—3″，说明从略。

三、求曲线实长

求曲线实长方法，一般有两种：一是辅助投影面法，二是展开法。辅助投影面法，是另增设一个与曲线平面平行的辅助投影面，则曲线在该面上的投影反映实长（图 2-60）。这种方法仅适用于平面曲线；展开法是将曲线一个视图中的投影长度伸直，而保持另一视图中的对应高度不变所展开的图线。用此方法求实长适用于所有曲线。下面举例：

【例 17】 求平面曲线实长

从图 2-60 的两面视图中可以看出曲线位于正垂面上，曲线的正面投影积聚成直线，水平投影为半圆，不反映实长。下面用辅助投影面法求实长，步骤如下：

1）先用已知尺寸画出主视图和俯视图。

2）6 等分俯视图半圆周，等分点为 1、2、3、…、7。由等分点引上垂线得与 1′—7′交点。

3）画 1″—7″平行于 1′—7′，与由 1′—7′各点引对 1″—7″直角线得出交点。由各交点向上对应截取俯视图圆周等分点至 1—7

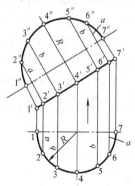

图 2-60 换面法求实长

距离得2″、3″、…、6″。

4）通过各点连成1″—4″—7″曲线，即为所求平面曲线的实长。

图2-61所示是用展开法求平面曲线实长，说明从略。

【例18】 求翘曲线实长

翘曲线为空间曲线，其实长仍为曲线，只能用展开法求得（见图2-62）。作图步骤如下：

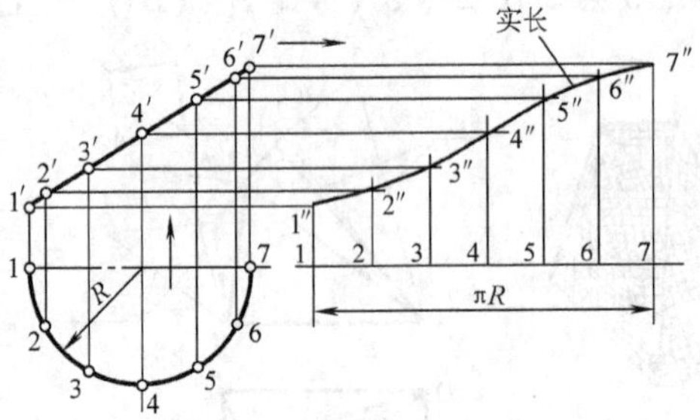

图2-61 展开法求实长

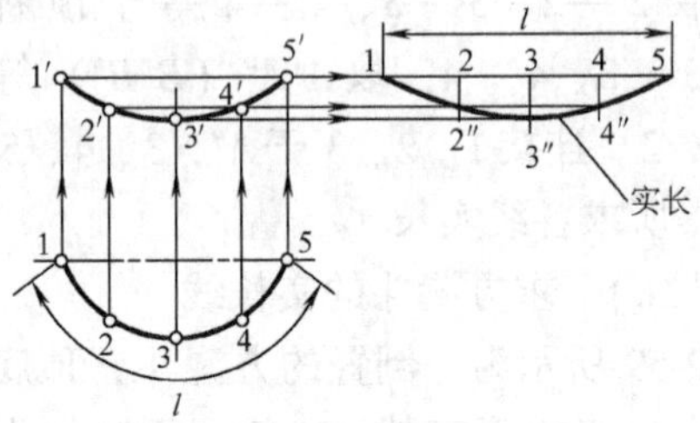

图2-62 翘曲线实长求法

1）适当划分俯视图曲线为任意等分（本例为4等分），由等分点引上垂线与主视图曲线相交，交点为1′、2′、3′、4′、5′。

2）在1′—5′延长线上截取1—5等于俯视图曲线伸直并照录2、3、4点。由2、3、4引下垂线，与由主视图曲线各点向右所引水平线相交并得对应交点，连成光滑曲线，即为所求翘曲线的实长。

小结：

1）视图中反映实长的线段，至少有一个投影平行于轴线。

2）求构件棱线或辅助线实长方法的选择：

①旋转法适用于角锥、斜圆锥及其组成件。

②三角形法多用于上、下底平行的构件。如各种台罩类，变径、变向连接管及方圆过渡接头等，应用极广。用三角形法求实长至少须画出构件的两面视图。

③直角梯形法除同三角形法适用范围外，尤其适于上、下底不平行的各种构件。用此法求实长，仅须画出构件的主视图和顶、底断面图，不必画出俯视图。

④支线法适用于上下底不平行的构件。用支线法求实长，须画出所求线段的正面投影，同时还须找出所求线段在另一视图中的投影高度。

3）求曲线实长，用换面法求曲线实长仅适用于平面曲线，用展开法求实长适用于各种曲线，一般多用分段求之。

第八节 求平面图形的实形

一、辅助投影面法

根据平面投影特性可知，只有当平面平行于投影面时，平面在该投影面上的投影才反映实形。但平面在空间位置不一定都处于平行面位置，如垂直面和一般位置平面。这两种平面在三视图中都不反映实形。求平面实形一般多用辅助投影面法（以下简称换面法）。举例如下：

【例 19】 求铅垂面的实形

图 2-63 中主、俯两视图表示长方形垂直于水平面，倾斜于正投影面的铅垂面。实形求法：

在俯视图中，由点 1（4）、2（3）分别引对 1—2 直角线，即 1—4″、2—3″等于主视图 h，再截取 1″—4″、2″—3″等于 a。以直线连接各点，得铅垂面实形 1″—2″—3″—4″—1″。

【例 20】 求正垂面的实形

图 2-64 所示正垂面的主视图积聚成 1′—5′直线，俯视图不反映实形，为小于原平面的封闭圆。实形求法：

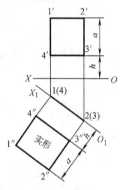

图 2-63 铅垂面实形求法

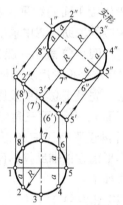

图 2-64 正垂面实形求法

1）将俯视图圆周 8 等分，等分点为 1、2、3、…、8，由等分点引上垂线得与主视图 1′—5′交点。

2）在主视图引直线 1″—5″∥1′—5′，由 1′—5′各点分别引对 1″—5″直角线得出交点。以 1″—5″为对称轴，在各线上左右对称截取俯视图圆周等分点至 1—5 距离得 2″、3″、…、8″。通过各点连成椭圆曲线，该曲线表示俯视图中圆的实长，椭圆平面则为正垂面的实形。

图 2-65 表示侧垂面及其实形，作图步骤阅图便知。

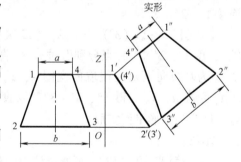

图 2-65 侧垂面实形求法

二、展开法

【例 21】 求正垂翘曲椭圆面实形

正垂翘曲椭圆面的主视图积聚成 1′—4′—7′曲线，俯视图无积聚性也不反映实形，而是小于原平面实形的椭圆（见图 2-66）。由于这种曲面不平行于任何平面，不能用变换投影面法求其实形，而用曲面展开法。

1）分俯视图半椭圆周为 6 等分，等分点为 1、2、3、…、7。由等分点引上垂线得与主视图曲线交点为 1′、2′、3′、…、7′。

2）在向右延长俯视图中心线上，截取 1′—7″等于主视图1′—7′曲线伸直并照录 2′、3′、4′、5′、6′点，通过各点引垂线，与由俯视图椭圆周等分点向右所引水平线对应交点连成1′—4″—7″曲线，再按对称画出下部曲线，即为翘曲椭圆面实形。

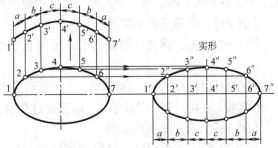

【例 22】 求一般位置的平面实形

求一般位置平面实形比较麻烦，往往须要连续用二次或三次变换投影面法方能解决，虽然麻烦也有一定规律性。就是首先要求出一般位置平面的积聚投影，然后才能在其相对应的辅助视图中求出该面实形。

图 2-66 正垂翘曲椭圆面实形求法

视图分析 图 2-67 表示一般位置三角形平面的两面视图，主视图三角形底边 2′—3′平行于 OX 轴，其水平投影反映实长，另两边都不反映实长。

实形求法 先设正立辅助投影面（垂直于水平面，倾斜于正面），使平面三角形在该面投影积聚成直线。然后再设平行于三角形平面的辅助投影面，则三角形平面在该辅助投影面上的投影反映实形。具体作法如下：

1）在俯视图 2—3 延长线上作垂线 O_1X_1（一次换面投影轴线），与由点 1 引与 2—3 平行线相交，以 O_1X_1 为基线由各交点向右对应截取主视图 1′、2′、3′点至 OX 高度 h_1、h_2 得 1″、2″（3″）点，连接 1″—2″。

2）引 1″—2″（3″）∥ O_2X_2（二次换面投影轴），由 1″、2″（3″）点分别引对 O_2X_2 直角线，以 O_2X_2 为基线向下对应截取俯视图 1、2、3 三点至 O_1X_1 距离 a、b、c 得 1°、2°、3°。以直线连接各点，即为三角形平面实形。

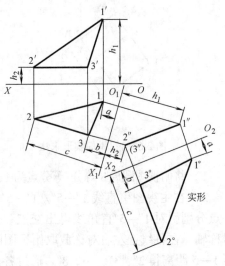

图 2-67 二次换面法求实形

小结：

1）求垂直面实形时，可通过该面的积聚投影视图进行一次换面投影求得。

2）求一般位置平面实形时，须用二次或三次换面投影。一次换面投影可沿与平面上的正平线垂直方向或水平线垂直方向换面投影求出积聚投影图，再进行一次换面投影即可求出实形。

3）求翘曲面实形时须用展开法，可分段求之。

第九节 截 交 线

平面切割立体，表面产生的交线称为截交线，如图 2-68（Ⅰ Ⅱ、Ⅱ Ⅲ、Ⅲ Ⅳ、Ⅳ Ⅰ）所示，切割立体的平面 P 称为截平面，截交线所围成的平面图形 Ⅰ Ⅱ Ⅲ Ⅳ 称为截断面。下面分别就平面切割立体表面产生交线的求法介绍如下：

一、平面与平面立体相切

平面切割平面立体，其截交线是由折线组成的平面封闭多边形。折线各边是平面立体各棱线与截平面的交线；折线折点是各棱线与截平面的交点。

【例23】 平面斜切六棱柱

图2-69表示正垂面 P 过上端面斜切六棱柱。主视图 $A—A$ 表示截切迹线，截交线的正面投影为 $1'—3'$，其水平投影与六棱柱的俯视图部分重合。$A—A$ 断面实形为六边形，其求法如下：

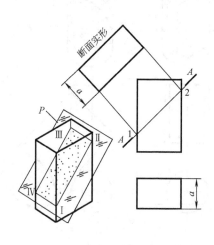

图2-68 平面斜切长方柱

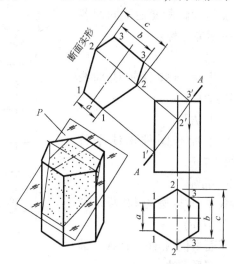

图2-69 平面斜切六棱柱断面实形画法

1）用已知尺寸画出六棱柱的主、俯视图及截切迹线 $A—A$，得 $1'$、$2'$、$3'$ 三点。由 $3'$ 引下垂线得与俯视图交点为 3、3。

2）由主视图 $1'$、$2'$、$3'$ 点引对 $1'—3'$ 直角线上作垂线得各交点，由各交点左右对称截取俯视图 1、2、3 点至水平中心线距离得出各点，顺次连成直线，即得 $A—A$ 断面实形。

【例24】 平面斜切四棱锥

1）图2-70所示为正垂面 P 斜切正四棱锥，$Ⅰ—Ⅰ$ 为截切迹线，$1'—3'$ 为截交线的正面投影，截交线的水平投影为一四边形。

2）用已知尺寸画出主视图和俯视图。在主视图连接迹线 $Ⅰ—Ⅰ$ 得与棱线交点 $1'$、$2'$ $(4')$、$3'$。

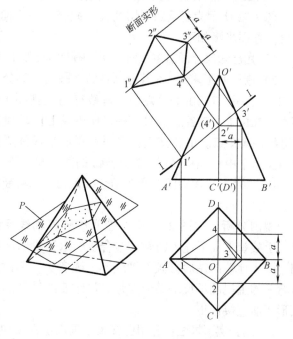

图2-70 平面斜切四棱锥断面实形画法

3) 在主视图过点2′用水平面截切正四棱锥体得截交线水平投影2、4两点，再按"长对正"求出1、3点。以直线顺次连接各点为截交线的水平投影。

4) 断面实形求法。由主视图截交线1′—3′各点引对1′—3′直角线上作垂线1″—3″得各交点，取2″—4″=2a得2″、4″点。以直线顺次连接各点，即得所求断面实形。

二、平面与曲面立体相切

(一) 圆柱

圆柱截断面随着截平面切割位置与倾斜角度的不同而各异，一般有三种：

1. 圆

截平面与圆柱轴线垂线（见图2-71a）。

2. 长方形

截平面与圆柱轴线平行（见图2-71b）。

3. 椭圆

截平面与圆柱轴线倾斜（见图2-71c）。

下面举例说明平面截切圆柱断面实形求法。

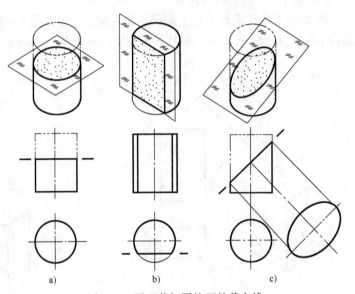

图 2-71 平面截切圆柱面的截交线
a) 圆 b) 长方形 c) 椭圆

【例25】 平面斜切圆柱，求其断面实形。

图2-72所示为正垂面斜切圆柱，截交线的正面投影为1′—7′，其水平投影与圆柱断面重合。作图步骤如下：

1) 用已知尺寸画出主视图、断面图及截交线1′—7′。

2) 断面实形求法。6等分圆柱断面圆周，等分点为1、2、3、…、7。由等分点引上垂线得与主视图1′—7′交点，在由1′—7′各点引对1′—7′直角线上作垂线1″—7″得与各线交点。由各交点左右对称截取断面圆周各等分点至水平中心线距离得出各点连成椭圆，即为所求。

【例26】 平面沿两节弯头结合线截切，求截断面实形。

视图分析：在图2-73中，管Ⅱ成竖直轴线反映实长，上接管Ⅰ，下连大圆管，结合线的水平投影积聚成圆。管Ⅰ顶端向左后方倾斜轴线不反映实长。因此，两节弯头的主视图不反映结合实形，沿结合线截切的断面实形不能直接作出。

1) 结合实形求法：先用已知尺寸画出主视图和俯视图（结合线大致画）。在俯视图 O_1、O_2（O_3）引对 O_1O_2

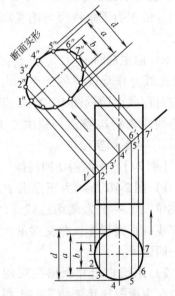

图 2-72 平面斜切圆柱断面实形求法

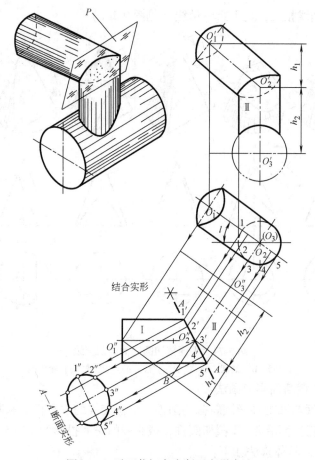

图 2-73　平面截切弯头断面实形求法

直角线上截取 $O_3''O_2''$、$O_2''B$ 等于主视图 h_2、h_1 得 O_3''、O_2''、B，再由 O_1 引对 O_1O_2 直角线与由 B 点引与该线平行线交于 O_1''，连接 $O_1''O_2''$ 为管 I 轴线实长。$\angle O_1''O_2''O_3''$ 为两节弯头结合实角。

2）2 等分 $\angle O_1''O_2''O_3''$，分角线 A—A（迹线）与两节弯头轮廓线交于 $1'$、$5'$ 点。$1'$—$5'$ 即为结合线，得弯头结合实形。

3）A—A 断面实形为椭圆，求法与前例同，说明省略。

（二）圆锥

圆锥截断面随着截平面切割角度不同而不同一般有五种：

1. 圆

截平面与圆锥轴线垂直（见图 2-74a）。

2. 椭圆

截平面与圆锥轴线倾斜与所有素线相交（见图 2-74b）。

3. 相交二直线

截平面过锥顶（见图 2-74c）。

4. 双曲线

截平面与圆锥轴线平行（见图 2-74d）。

5. 抛物线

截平面与圆锥轴线相交，且平行一母线（见图2-74e）。

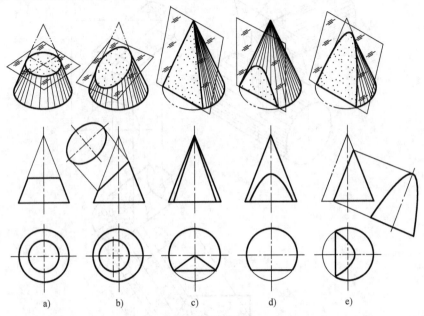

图 2-74　平面截切圆锥面的截交线

a）圆　b）椭圆　c）相交二直线　d）双曲线　e）抛物线

下面举例求圆锥截断面实形画法：

【例 27】　截平面与圆锥轴线倾斜截切圆锥，求截交线的水平投影和断面实形

图 2-75 所示为正垂面沿 A—A 截切圆锥，截交线的正面投影为 $1'$—$5'$，水平投影和断面实形为椭圆（待求）。具体求法如下：

1）先用已知尺寸画出主视图和俯视图，在主视图连接截切迹线 A—A，交圆锥母线于 $1'$、$5'$ 两点。

2）求截交线的水平投影，先找出特殊点，即长、短轴两端点的投影。$1'$、$5'$ 两点为长轴两端点的正面投影，按"长对正"投影关系可直接画出其水平投影 1、5 两点。短轴为正垂线垂直于正投影面在 $1'$—$5'$ 线中点，2 等分 $1'$—$5'$ 得 $3'$ 点。由 $3'$ 向锥顶引素线，并画出该素线的水平投影，$3'$ 点的水平投影必在该素线水平投影之上，即由 $3'$ 引下垂线得与素线水平投影交点为 3、3 得短轴两端点的水平投影。为了画出截交线的水平投影——椭圆，还须求出一般位置若干点的投影。即在主视图 $1'$—$5'$ 线以 $3'$ 为中心左右对称划分 $2'$、$4'$ 两点（不是各段线的中点），过 $2'$、$4'$ 向锥顶引素线至锥底，同理求出 $2'$、$4'$ 两点的水平投影 2、4。通过各点连成椭圆曲线得截交线的水平投影。

3）断面实形求法。在由主视图 $1'$—$5'$ 线各点引对 $1'$—$5'$ 直角线上作垂线 $1''$—$5''$ 得于各线交点，由各交点左右对称截取俯视图 2、3、4 点至 1—5 的距离，得出各点，连成椭圆即为所求断面实形。

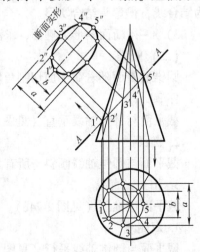

图 2-75　平面斜切圆锥断面实形画法

三、平面与平面、曲面立体相切

平面与平面、曲面立体相切，其截交线一般为直线和曲线组成。下面举例说明具体求法。

【例28】 平面截切圆顶细长圆底台，求其断面实形

此台顶断面为圆，圆半径 R 与底断面细长圆半径相等。切割迹线 $A—A$ 过底断面左半圆中心垂直于台的右边线（见图2-76）。

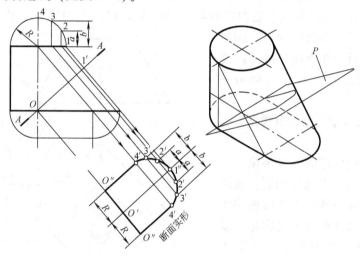

图2-76 断面实形画法

1）先用已知尺寸画出主视图和顶底1/2断面图。连接切面迹线 $A—A$ 交台底于 O，右边线于 $1'$ 点。

2）断面实形画法。3等分顶断面1/4圆周等分点为1、2、3、4。由等分点引下垂线得与顶口线交点，由各交点分别引与右边线平行线并延长至主视图外得与 $O'—1''$ 交点（ $O'—1'' /\!/ O—1'$ ），由各交点左右对称截取顶断面 a、b、R 得出各点，连成直线和曲线，即得所求 $A—A$ 断面实形。

四、截交线应用举例

为使钣金构件符合质量要求，在制作过程中须用样板检验构件的断面尺寸或角钢劈并角度。制作样板或确定角钢劈并角度，都需要求出构件的断面实形或两面夹角实形。因此，这里仅就截交线在钣金构件中的应用举例。

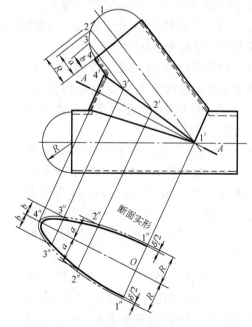

图2-77 断面实形画法

【例 29】 求作等径三通补料带的检验样板

等径斜交三通补料带的检验样板为沿该带中线 A—A 断面的里口实形，如图 2-77 所示。

1) 先用已知尺寸画出主视图 1/2 断面图（按平均直径）和截切迹线 A—A。

2) 3 等分支管 1/4 断面，等分点为 1、2、3、4。由等分点引支管素线得与结合线 1′—4′交点 2′和 3′。

3) 断面实形画法。在由结合线 1′—4′各点分别引对 A—A 直角线上作垂线 O—4″得与各线交点。在断面图上由各交点左右对称截取 R、a、b 得 1″、2″、3″、4″、3″、2″、1″。通过各点连成光滑曲线，再由曲线各点向内截取 1/2 板厚，画与外曲线平行的内曲线，得 A—A 断面的里口实形（样板外形）。

【例 30】 求方锥台内四角角钢劈并角度

为了增加钣金构件的连接强度，常以方锥台四角内衬角钢用以加固。这就必须要求角钢两面与连接件两面密接无间，而要求出连接件两面夹角实形，以确定角钢劈或并的角度大小（见图 2-78）。

1) 先用已知尺寸画出主视图和俯视图（图中虚线表示内衬角钢）。

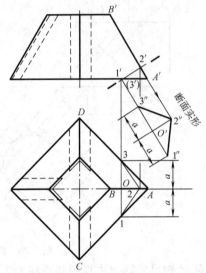

图 2-78　角钢劈角求法

2) 从视图分析知，两面交线（棱）A′B′为正平线主视图反映实长。因此，只要沿棱线方向进行换面投影或沿与棱线直角任意位置的断面实形即为两面夹角实形。

3) 由主视图 A′B′线任意点 2′引对 A′B′直角线 1′—2′，可视为截交线的正面投影。按"长对正"的关系可求出截交线的水平投影为三角形 1—2—3—1。

4) 断面实形求法。在 B′A′延长线上作垂线 O′—2″，与由点 1′（3′）引与 B′A′平行线交点为 O′。由 O′取 O′—1″、O′—3″等于俯视图 a，连接 1″—2″、2″—3″，得沿主视图 1′—2′切断面的实形。∠1″—2″—3″为角钢应劈的角度。

5) 从俯视图三角形 1—2—3 与断面实形 1″—2″—3″两者对比可以看出，若取 O—2 等于断面实形 O′—2″则俯视图 1—2—3 与断面实形 1″—2″—3″完全一致。为了简化作图

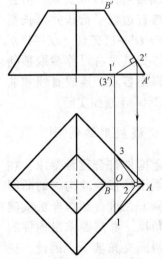

图 2-79　角钢劈角简化画法

手续，现场多用图 2-79 方法将断面实形直接画在俯视图中，说明从略。

【例 31】　求矩形台内四角角劈并角度

本例与前例不同之处在于此台两侧面交线（棱）的正面投影不反映实长，不能用一次换面投影求出两面夹角实形，须用二次换面法。即先求出棱线实长，在棱线实长视图中沿棱线方向进行二次换面投影，即可求得两面夹角实形，如图 2-80 所示。

1）先用已知尺寸画出主视图和俯视图。

2）由于矩形台两面夹角可用两面局部投影表示，不须用两面的完整投影求实形（实际没必要）。若由俯视图任意点 2 垂直切割矩形台前右角，截交线的水平投影为 1—3，按"长对正"关系求出截交线的正面投影 1′—2′—A′（3′）。

3）在俯视图 1—3 延长线上取 1″—2″等于主视图 h，由 1″（3″）点引对 1″—2″直角线，与由 A 引对 AB 直角线交点为 A″。连接 A″—2″为棱线部分实长。

4）夹角实形画法　在 2″—A″延长线上作垂线 2—2°，与由 1″（3″）引与 2″—A″平行线交点为 2，由 2 点左、右截取俯视 1—2、2—3，得 1°、3°。连接 1°—2°、2°—3°，即得矩形台两面夹角∠1°—2°—3°。也就是角钢应劈的角度。

5）若在俯视图中取 2—2″等于夹角实形图 2—2°，则∠1—2″—3 与∠1°—2°—3°全等。为了简化作图手续，现场中只通过一次换面投影图便可在俯视图中直接求出两面夹角实形图，如图 2-81 所示，说明从略。

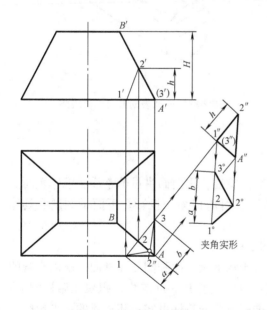

图 2-80　角钢劈角求法

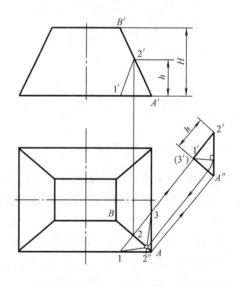

图 2-81　角钢劈角简化画法

第十节　相　贯　线

在机件或钣金构件的表面上，经常会遇到交线，绘图时为了清晰地表达出机件各部分的形状和相对位置必须画出交线。尤其是钣金构件和制品，只有先准确地画出其表面交线，然后才能正确地画出其展开图，使材料剪裁正确，制造无误。

当两个或两个以上的形体相互贯穿交接时，称这种形体为相贯体。相贯体表面上所产生的交线称为相贯线（也称为结合线），由于组成相贯体的各基本形体的几何形状及其相互位置的不同，相贯线的形状也就各异。但是任何相贯体都具有以下两个特性：

1）相贯线是两形体表面共有线，也是相交两形体的分界线；

2）由于形体具有一定的范围，所以相贯线都是封闭的。

由于相贯线是相交两形体表面的共有线和分界线，一但相贯线被确定下来，相贯体便被划分为若干基本形体的截体了。例如，图2-82的三通管，以相贯线为界分成了支管和带孔的主管两个基本形体的截体。于是便可一一将其展开。反之，如果相贯线尚没确定，或确定有误，其各形体的截体形状也就不能确定，是不能作出展开图的。因此，对于相贯体来说，正确画出相贯线是作展开图的先决条件。

根据相贯线的特性可知，求相贯体表面的交线，实质上就是在两形体表面上找出必要的共有点，将这些共有点依次连接起来便是相贯线（见图2-83）。

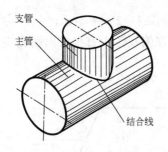

图 2-82 三通立体图

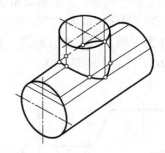

图 2-83 三通表面共有点直观图

一、素线法求相贯线

根据相贯线是相交两形体表面共有线和分界线的特性，用前面讲过的素线法求体表面点的投影原理，通过相贯线的已知投影（积聚投影）便可求出另一投影。下面举例说明具体作法：

【例32】 求异径直交三通管的相贯线（见图2-84）

投影分析 由于支管轴线和主管轴线分别垂直于水平投影面和侧面投影面，所以支管的俯视图和主管的左视图都积聚成圆。也就是说支管表面上所有的点或线都积聚在俯视图上；主管表面上所有的点或线都积聚在左视图上。根据相贯线的特性可知：相贯线的水平投影与支管断面重合积聚成圆；相贯线的侧面投影与主管左视图重合也积聚成圆，并只在相交部分的圆弧范围内。由此得出相贯线的两个投影为已知，可用素线法通过相贯线的已知投影求出另一投影。具体求法如下：

1）先求出相贯线的特殊点——最高点（也是最左点和最右点）和最低点（也是最前点和最后点）。从图2-84中可知两管边线交点 1′、1′ 为相贯线的最高点，可直接画出。根据"长对正、高平齐、宽相等"的投影关系可求出相贯线最低点 3′。

2）求出若干一般点。8 等分俯视图支管断面圆周，等分点为 1、2、3、…1、…3、…1。取 2 为一般点（共 4 个），由 2、2 按"宽相等"的关系求出其左视图 2″、2″两点后，再根据 2、2″点求出主视图 2′、2′。通过各点连成光滑曲线，即为两管相贯线的正面投影。

从上述求相贯线的作图方法可以看出，是通过相贯线在俯、左视图中的积聚投影求得。为简化作图手续，现场中求异径三通相贯线并不画出俯视图和左视图，而是在主视图中画出支管断面半圆周并作若干等分取代俯视图，同时在主管轴线的任意端画出两管同心断面，再分支管断面为相同等分，将各等分点按主视图支管断面等分点掉转 90°，投至主管断面圆周上，取代"俯、左宽相等"的投影关系。从而简化了作图手续，如图 2-85 所示。

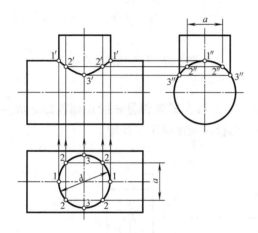

图 2-84　异径圆管相贯线求法

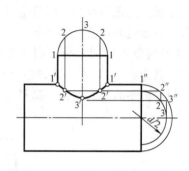

图 2-85　相贯线简化求法

求异径直交三通管相贯线法，也适用于异径斜交三通管，如图 2-86 所示。图 2-87 所示为其简化求法，说明从略。

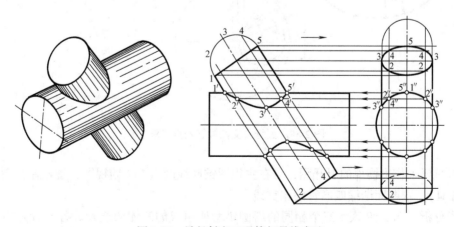

图 2-86　异径斜交三通管相贯线求法

【例33】 求圆管与圆锥管侧面直交的相贯线

投影分析 图2-88为两形体立体图和三视图，从图中可知相贯线为一空间封闭曲线，前后对称，相贯线的最高点 $1'$ 和最低点 $5'$ 为圆管两边线与圆锥母线的交点，画图时可直接作出；最前点 $3'$ 和一般位置若干点则须另求。

由于圆管和圆锥管轴线垂直于水平面，相贯线的水平投影积聚成圆为已知，可用素线法通过相贯线的已知投影求出其正面投影。

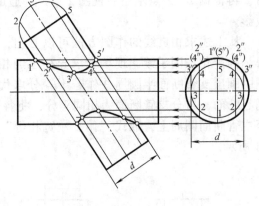

图2-87 相贯线简化求法

相贯线求法：

1）先用已知尺寸画出主视图和俯视图。

2）8等分圆管断面圆周，等分点为1、2、…、5、4、…、1。由各等分点向 O 连素线，同时作出各素线的正面投影。则各等分点的投影必在各对应素线的正面投影之上。

3）由圆管断面圆周等分点引上垂线与各素线对应交点为 $2'$、$3'$、$4'$。通过各点连成 $1'—3'—5'$ 曲线，即为相贯线的正面投影完成主视图。再根据视图的"长对正、高平齐、宽相等"的投影规律画出左视图。

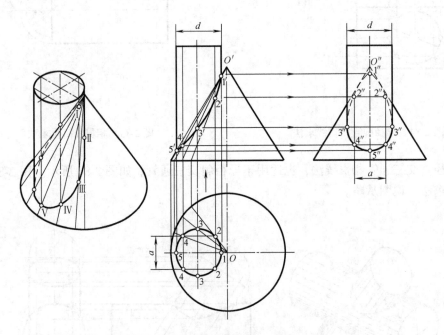

图2-88 圆管直交圆锥管相贯线求法

如果只要求作出构件的展开图，可在主视图锥底线画出1/2俯视图，省略左视图。

【例34】 求断面渐缩四通管的相贯线

投影分析 图2-89表示三个相同的斜圆锥管所组成的渐缩四通管。各支管是由相交两截平面截切斜圆锥的截体，三支管的高度相同，轴线互成120°角，底圆重合且平行于水平面，相贯线为空间曲线，其水平投影为三条会交于一点（圆心）的直线，为已知。相贯线的最低点在斜圆锥管的底圆周上，拐点为三线会交点，最高点待求。

由于三锥管相贯线的水平投影为已知，便可用素线法通过相贯线的水平投影求出其正面投影。

相贯线求法：

1）先用已知尺寸画出渐缩四通管的俯视图和主视图的轮廓线。

2）8 等分俯视图 2/3 圆周 $\overparen{1—1—1}$，由等分点向 O 连素线得与相贯线 1—5 交点为 2、3、4、5，同时画出各素线的正面投影。则各点的正面投影必在各素线的正面投影之上。

3）由俯视图右支管相贯线上 1、2、3、4、5 各点引上垂线得与各素线对应交点连成 $1'—5'$ 曲线，得右锥管与两左锥管相贯线的正面投影。

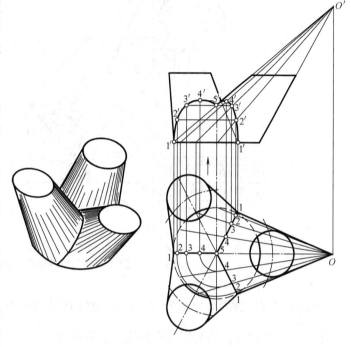

图 2-89　求断面渐缩四通管的相贯线

由于三锥管相贯线的水平投影对称和线上各对称点的正面投影高度相等，便可根据已求出相贯线的正面投影 $\overparen{1'—5'}$（右侧曲线），求出左侧两支管相贯线的正面投影 $\overparen{1'—5'}$（左侧曲线），此线为平面曲线，主视图反映实长，具体求法说明从略。

【例 35】　求圆管斜交四棱锥的相贯线

投影分析　圆管斜交四棱锥的相贯线为一封闭的平面曲线前后成对称形（见图 2-90）。相贯线的最左点 $1'$、$5'$ 为圆管两边线与四棱锥棱线的交点，绘图时可直接画出。相贯线的最前点、最低点和其他一般位置若干点的投影均需待求。

本例题求相贯线的方法很多，这里选用素线法。用素线法须通过相贯线的已知投影（积聚投影）求出另一投影。由于圆管与四棱锥斜交相贯线在各视图中均无积聚投影，因此不能通过俯视图或左视图求出相贯线，而须沿圆管轴线方向增画一斜视图，相贯线在斜视图中积聚成圆。于是，可用素线法求相贯线了。

斜视图的画法是按与主视图斜高平齐和俯视图宽相等的投影关系作出（见斜视图），说明从略。

相贯线求法：

1）在斜视图中 8 等分圆管断面圆周，等分点为 1、2、…、5、4、…、1。由等分点向 O'' 连素线并延至 $A''D''$，同时画出各素线的正面投影。则相贯线上各点的正面投影必在各素线的正面投影之上。

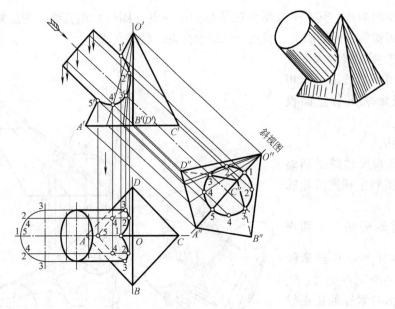

图 2-90　圆管斜交四棱锥相贯线的求法

2）由斜视图圆周等分点 2、3、4 向主视图引与圆管轴线平行线，得与各素线对应交点连成1′—3′—5′曲线，即为所求相贯线的正面投影。

3）由相贯线正面投影各点引下垂线，与由俯视图圆管断面圆周等分点所引水平线对应交点连成1—3—5对称曲线得相贯线的水平投影。

二、辅助平面法求相贯线

辅助平面法求相贯线的原理是根据相贯线是相交两形体表面共有线和分界线这一特性，设想以辅助平面 P 在相贯体交接区域内截切相贯体而得截交线，两形体截交线的交点，必然是相交两形体表面的共有点，也就是相贯线上的点。如图 2-91 所示，假设我们选用辅助平面 P 将圆管与方锥管切开，分别得出两管截交线（没画出壁厚）。圆管截交线为平行二直线；方管截交线为正方形。两截交线的交点 A、B 就是相贯线上的点。A、B 两点的水平投影 a、b 反映在俯视图中。用此方法即可求出相贯线上若干点（特殊点和一般点），而作出相

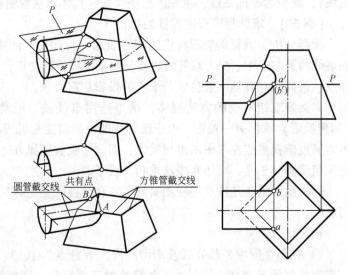

图 2-91　辅助平面法求共有点

贯线。下面举例：

【例36】 求长方管正交圆锥管的相贯线

投影分析 从图2-92可知，由于长方管正交圆锥管，相贯线的水平投影与长方管断面积聚重合为已知，只须求出正面投影。

首先找出特殊点——最高点、最低点、最左点和最右点。最高点和最低点为长方管前后面、四角点与圆锥面的交点；最左点与最右点为两形体左、右边线的交点，画图时可直接作出。如求相贯的最低点：设想用平面 P 从两管相贯的最低点水平截切相贯体（见图2-92b），截交线的水平投影为长方形及其外接圆。接点 2（共 4 个）即为相贯线上 II 点的水平投影。该点的正面投影 2′、2′ 为截交线圆的正面投影纬线与长方形两边线的交点。同理，用辅助平面 Q、R 截切相贯体（见图2-92c、a），可得相贯线上最高点IV和一般点III的水平投影 4、4、3、3 和正面投影 4′、3′点，之后即可作出相贯线的主视图。具体做法如下：

相贯线求法：

1）用已知尺寸画出主视图轮廓和俯视图。

2）以 O 为圆心画长方形断面外接圆和长短边的内切圆。三圆表示用截平面 P、Q、R 截切相贯体所得截交线的水平投影。同时画出三圆的正面投影——三条纬线。

3）由俯视图截交线上各点引上垂线，得于三纬线对应交点连成 2′—4′—2′曲线，即为所求相贯线。

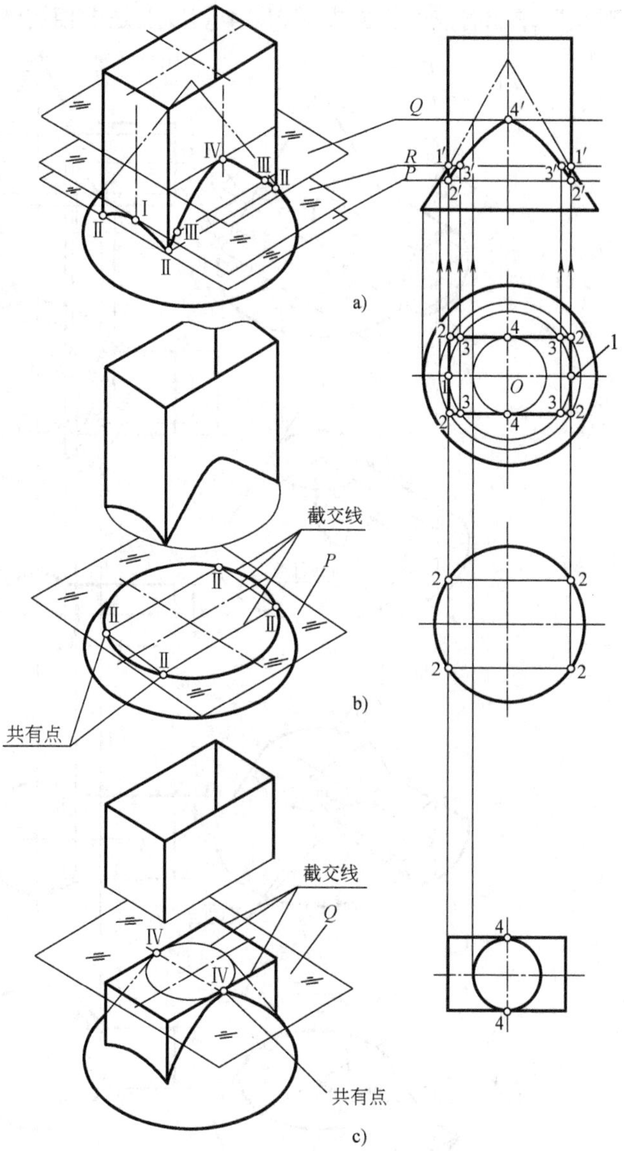

【例37】 求圆管平交圆锥管的相贯线

投影分析 圆管与圆锥管相交的相贯线为一封闭的空间曲线，如图2-93a所示。由于圆管轴线为侧垂线，相贯线的侧面投影积聚成圆为已知，其余两视图待求。

相贯线上最高点和最低点的正面投影 1′、5′ 为圆管边线与圆锥母线的交点，画图时可直

图 2-92 长方管正交圆锥管相贯线的求法
a）直观图及视图 b）、c）求共有点

接作出。相贯线最前点的侧面投影 3″、3″在圆管断面水平直径上，它的水平投影 3、3 两点可用截平面 Q 沿圆管轴线水平截切相贯体获得。再按"长对正"的投影关系求出该点的正面投影 3′点。此外还须求出一般位置若干点的投影。如用 P、R 平面沿圆管断面圆周等分点截切相贯体（见图 2-93b、d），分别得出一般位置共有点的水平投影 2、2、4、4。再按"长对正"求出各点的正面投影 2′、4′。以上是求相贯体共有点的基本原理。具体作法如下：

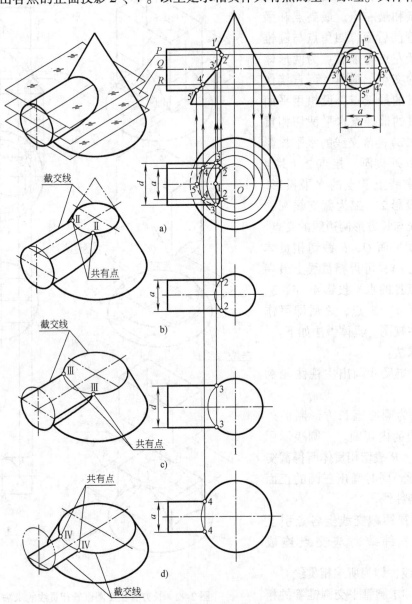

图 2-93　圆管平交圆锥管相贯线的求法
a) 直观图及视图　b)、c)、d) 求共有点

相贯线求法：

（1）先用已知尺寸画出三视图，8 等分左视图圆管断面圆周，等分点为 1″、2″、…、5″、4″、…、1″。由等分点向左引水平线得与主视图轮廓线交点。

（2）由圆锥母线交点引下垂线得与俯视图水平中心线交点，以 O 为中心到各交点作半径分别画三个同心纬圆得与圆管断面圆周等分点所引素线的水平投影交点为2、3、4。

（3）由俯视图2、3、4点引上垂线与前所引各水平线对应交点为2′、3′、4′。通过各点连成1′—5′曲线即为相贯线的正面投影。相贯线的水平投影3—1—3为可见曲线：3—5—3为不可见曲线。

为简化作图手续，在现场实际展开放样中多在主视图和俯视图中通过圆管断面图求其相贯线，省略左视图。

【例38】 求圆管与球侧面相交的相贯线

投影分析 圆管与球侧面相交相贯线为空间封闭曲线（图2-94）。由于圆管轴线为铅垂线，相贯线的水平投影积聚成圆为已知。相贯线的最高点和最低点的正面投影1′、5′为圆管轮廓线与球面的交点，画图时可直接作出。最前点和一般位置点，须作图待求。

如用辅助平面 R，在形体相贯区域内水平截切相贯体，截交线

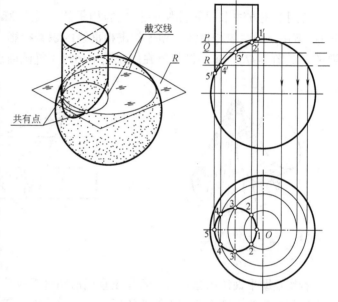

图 2-94　圆管侧交球面相贯线的求法

为相交两圆，反映在俯视图中两圆交点即为相贯线上点的水平投影。该点的正面投影必然在其截交线的正面投影之上。按"长对正"的投影关系即可作出点的正面投影。若选适当数目的辅助截平面在形体相贯区域内的不同位置水平截切相贯体，就可在主视图中获得足够多的共有点，而画出相贯线。

为便于作展开图，所选 P、Q、R 三个辅助截平面截切相贯体，使各截交线的水平投影通过圆管断面等分点。然后反求各截交线的正面投影，确定主视图三平面的截切位置（迹线）。

相贯线求法：

1）用已知尺寸画出主视图轮廓线和俯视图。8等分圆管断面圆周，等分点为1、2、3、4、5、4、3、2。

2）以 O 为中心到2、3、4作半径分别画三个同心纬圆，并在主视图中按"长对正"投影关系，画出各纬圆的正面投影

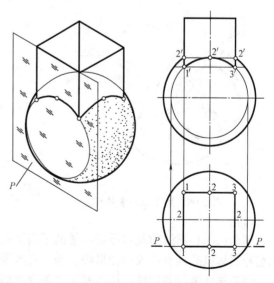

图 2-95　方管交球相贯线的求法

——三条纬线。

3）由俯视图圆周等分点引上垂线，与各纬线对应交点为 $2'$、$3'$、$4'$。通过各点连成 $1'—5'$ 曲线，即为所求相贯线。

图 2-95 为方管交球的立体图和视图，求相贯线原理和作法，阅图便知。

三、球面法求相贯线

若用上述方法求回转体倾斜相交的相贯线就比较麻烦，如圆管斜交圆锥管（见图 2-96）。若用素线法求相贯线，须先作出相贯线的积聚投影——斜视图，然后才能求出它的主视图（见图 2-97）。这时圆锥管在斜视图中出现了椭圆曲线，绘图麻烦。

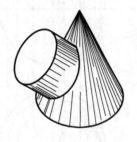

图 2-96　立体图

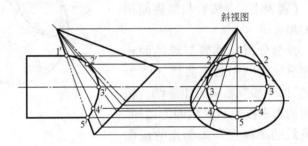

图 2-97　斜视图

若用辅助平面法求相贯线：若用正垂面沿圆管素线截切相贯体（见图 2-98），圆管截交线为平行二直线，圆锥管截交线为椭圆；若用水平面截切相贯体求共有点时，圆锥管截交线为圆，圆管截交线为椭圆（见图 2-99）。求一个共有点就要画一次复杂曲线，求足够多的共有点至少要画出三次复杂曲线，太麻烦了。因此，对两回转体斜交相贯时，不宜用上述两种方法求相贯线，而用球面法。

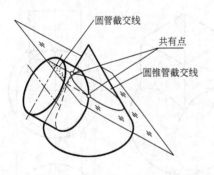

图 2-98　用正垂面求共有点

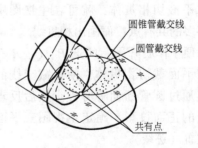

图 2-99　用水平面求共有点

球面法求相贯线的基本原理与辅助平面法基本相同，这种方法所用的截平面是通过球内截切相贯体以获共有点求出相贯线。为了说明原理，先谈谈回转体与球相贯的投影特性。

当回转体轴线通过球心相贯时，其截交线的正面投影为回转体轮廓线与球面交点的连线（见图 2-100）。该线垂直于轴线平行于水平面，截交线的水平投影为截平面沿 AB 切球的圆反映实形。球面截交线为球表面与回转体表面的共有线和分界线，线上所有的点也是两形体表面的共有点。这就是回转体与球相贯的投影特性。

依据上述原理，设想当两回转体相贯轴线相交且反映实长时，以两轴线交点为球心在相贯区域内画一辅助球面，然后分别求出回转体与球面的截交线——圆，如图 2-101 所示。两圆交线表示两组平面切球后所形成的棱线，棱线两端点 A、B，既在球面上同时又在两形体表面上（三面共点）。因此，该两点就是相交两形体表面的共有点，也就是相贯线上的点。它反映在视图上为两截交线正面投影的交点 a（b）。当我们作出必要多的辅助球面时，就能找出足够的共有点，作出相贯线。下面举两例说明具体作法。

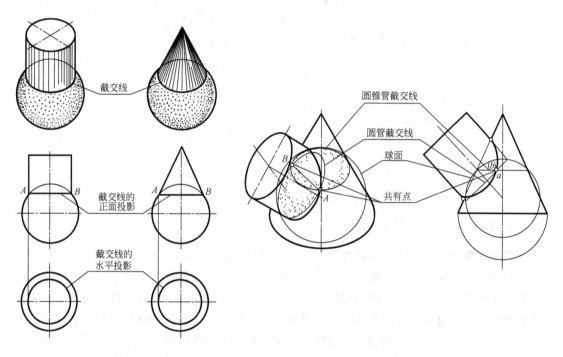

图 2-100　回转体交球的投影　　　　图 2-101　球面法求相贯线的原理

【例 39】 求圆管斜交圆锥管的相贯线

投影分析　圆管与圆锥管斜交其相贯线为一空间曲线，如图 2-102 所示。两管轴线相交且平行于正投影面，相贯线最高点 1 和最低点 5 为圆管轮廓线与圆锥母线的交点，绘图时可直接作出，其余各点用辅助球面法求之。

相贯线求法：

1）以两轴交点 O 为中心（球心），适宜长为半径画两个同心圆弧（球）得与两回转体轮廓线交点。

2）在各回转体内分别连接各弧的弦线对应交点为 2、3、4。

通过各点连成 1—3—5 曲线，即为所求相贯线。

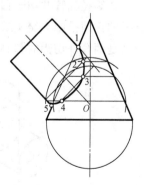

图 2-102　圆管斜交圆锥
管相贯线的求法

【例 40】 求圆锥管斜交圆管的相贯线

图 2-103 为求两形体相交结合点的直观图和视图，相贯线求法

与前例同。如以两管轴线交点 O 为中心（球心）适宜长为半径在相交区域内画三个同心圆弧（球面）得与两形体轮廓线及其延长线交点，在各形体内分别连接各弧的弦线对应交点为 2、3、4。通过各点连成1—5曲线，即为所求相贯线。

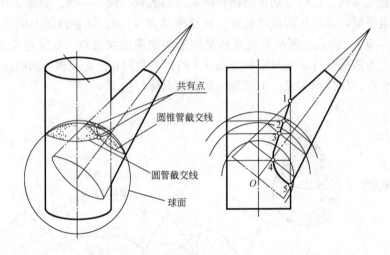

图 2-103　圆锥管斜交圆管相贯线的求法

四、相贯线的特殊情况

相贯线一般为空间曲线，在特殊情况下为平面曲线。

若相贯线为平面曲线，在两外切于同一球面的任意回转体相互贯穿时，若两回转体轴线相交且都平行于某一投影面，则其相贯线为二闭合的平面曲线——椭圆，椭圆在该面上的投影为相交二直线。这种投影为直线型的相贯线，是回转体相交的特殊情况。如果掌握了这一原理，不必求点作图就可直接画出相贯线。对迅速而又准确作出展开图十分方便。下面举几例：

【例41】　等径圆管相交

在等径圆管共切于圆（球面）的相贯中，若两管轴线同时平行于基本投影面，则其结合线的正面投影为交叉二直线（两管边线对应交点的连线），两线的交点即为两管轴线的交点又是两管外切圆的圆心，如图2-104所示。

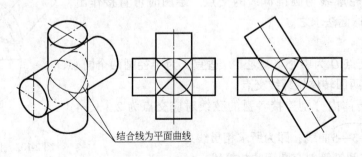

图 2-104　等径圆管相交四通管

若在视图中对结合线作不同的取舍，就会变成各种不同的构件，如图 2-105 所示。

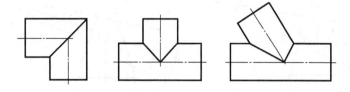

图 2-105 等径圆管构件

【例 42】 圆管交圆锥管

图 2-106 所示为圆管与圆锥管水平相交，同时两管共切于球面，轴线平行于正投影面。则其结合线的正面投影为交叉二直线（边线交点的连线）。

若对视图中结合线作不同取舍就会变成各种不同构件，如图 2-107 所示。

【例 43】 圆锥与圆锥相交

若两圆锥管轴线相交反映实长，且共切于球面时，则其结合线的正面投影为各锥管母线对应交点的连线（如图 2-108 所示）。

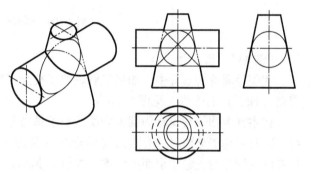

图 2-106 圆管平交圆锥管

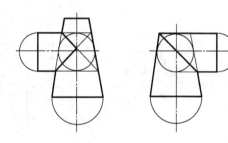

图 2-107 圆管交圆锥管构件

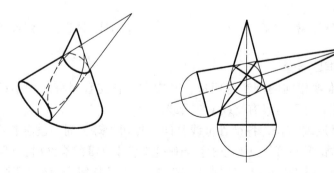

图 2-108 圆锥斜交圆锥管

如对视图中结合线作不同取舍就会变成各种不同构件（图 2-109）。

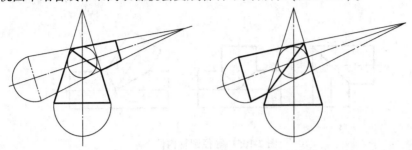

图 2-109　圆锥管构件

【例 44】　裤形管

在等径圆管裤形管中，如果三管轴线相交且反映实长，其结合线为各管边线交点与轴线交点（球心）的连线（见图 2-110）

在主管为圆管与支管为圆锥管所组成的裤形管中，若各管轴线相交且反映实长，各管边线又同时共切于球面时，有直线型结合线（见图 2-111）。其结合线可以这样来分析：如果只考虑主管与右支管相交而不考虑左支管，其结合线为 BE；同理，只考虑左支管与主管相交而不考虑右支管，其结合线为 AD。这两条结合线相交于 O 点。由于 OE 深入左支管内实际不存在。同理 OD 深入右支管内部实际也不存在。因此，裤形管的实际结合线为 OA、OB 和 OC。

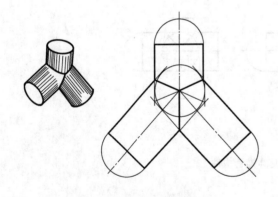

图 2-110　等径圆管裤形三通

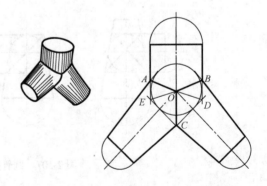

图 2-111　圆管、圆锥管裤形三通

【例 45】　支管渐缩四通管

四通管是由三个锥度相同的圆锥管组成，其中左、右支管对称、大小相同（见图 2-112）。这种构件在一定条件下也具有直线型结合线。

当各管轴线相交且反映实长，各锥管母线又同时外切于球面时，就存在有直线型结合线。三管结合线的具体情况，可作以下分析：当研究支管 I、II 结合线时，可不考虑支管 III 的存在。这时结合线为 1—1′ 和 2—2′（2′ 点为 AC 与 F—1 延长线交点），两线相交于 G。G 点也一定在两锥面与球面切点连线的交点。由于 1—1′ 线的一部分深入到支管 III 内部，所以

1—1′线中 G—1′部分实际不存在。因此，支管Ⅰ、Ⅱ的结合线为 G—1 和 G—2。同理支管Ⅱ、Ⅲ的结合线为 H—3 和 H—4。

【例46】 四节渐缩直角弯头

若用一般方法画多节渐缩弯头的视图时，须用三角形法作展开图。用三角形法不仅作图麻烦浪费时间，而且容易挪错线。因此作这种弯头的展开图应尽量避免用三角形法。

若多节弯头由截体圆锥管组成，根据回转体相交存在直线型结合线的原理作图，就能简化展开手续（用放射线法），提高工效。具体作法：

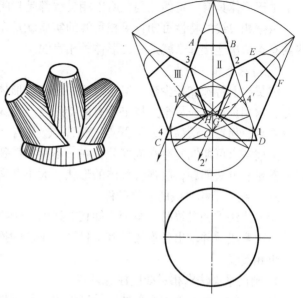

图 2-112 支管渐缩四通管结合线画法

1）如图 2-113，根据弯头大端直径 D、小端直径 d 和中心半径 R_0 作出两端节和两中节的主视图（端节为中间节的 1/2），即分 R_0 为半径的圆弧为 6 等分，得 O_1、O_2 和 O_3。

2）以 R_1、R_2、R_3 为半径，O_1、O_2、O_3 为中心分别画圆（球面）。

3）由大小头直径端点引近圆切线与各圆所引外公切线对应交点连线，即为弯头各节结合线。

图中： $R = \dfrac{D}{2}$ $\quad r = \dfrac{d}{2}$

$R_1 = R - \rho$ $\quad R_2 = R - 3\rho$

$R_3 = R - 5\rho$ 或 $R_3 = r + \rho$

其中 $\quad \rho = \dfrac{R - r}{2(n-1)}$

式中 $\quad R$——大端半径（mm）；

R_1、R_2、R_3——渐缩半径（mm）；

r——小端半径（mm）；

R_0——弯头中心半径（mm）；

ρ——渐缩率；

n——弯头节数。

本节小结

求相贯体相贯线的方法除以上介绍过的三种常用方法外，也还有其他方法，这里就不再介绍了。各种方法的理论基础都是依据相贯线的特性。因此，本节中应着重理解以下几个共性和个性问题。

1. 相贯线的特性

相贯线是相交两形体表面的共有线和分

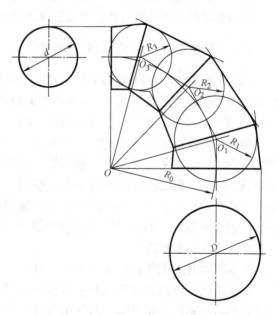

图 2-113 多节渐缩直角弯头结合线画法

界线。

由于形体具有一定的范围，所以相贯线都是封闭的。

依据相贯线的特性可知：求相贯线的实质就是在两形体表面上找出必要的共有点，将这些共有点依次连接起来就是相交形体的相贯线。

2. 特殊点和一般点

相贯线上特殊点是少数，但是对于决定相贯形体截体的形状所起的作用远比一般点大。因此，求相贯线时应尽全力找出所有的特殊点。特殊点是指：两形体边线交点、可见与不可见分界点、拐点、最高点、最低点、最左点、最右点、最前点和最后点等。在一个相贯体中，上述各点可能同时存在或部分存在，不存在特殊点的相贯线是很少见的。关于确定一般点的数量和方法问题，应视各形体的形状、大小及交接形式而定。

3. 素线法求相贯线的必要条件

用素线法求相贯线时，至少应知相贯线的一个投影图（积聚投影）。由相贯线的已知投影分点引素线，并求出各素线的其余投影，则点的投影必在各素线对应投影之上，而获共有点求出相贯线。

4. 辅助平面法求相贯线应注意两点

其一，辅助平面应选在形体交接区域内截切相贯体以获共有点。

其二，截交线应是最简单的几何图形（平行线、三角形、矩形、圆等）。如果出现复杂曲线（椭圆、抛物线等），不宜用此法。

5. 球面法求相贯线的必要条件

回转体相贯（圆管、圆锥管及球等相贯），轴线相交且反映实长。

6. 直线型相贯线的必要条件

在两回转体相贯轴线相交且反映实长，同时又共切于同一球面时，其相贯线为平面曲线——椭圆。相贯线在该面上的投影为交叉两直线。

如对相贯线作不同的取舍，就会变成各种不同的构件（见图2-104～图2-111）。

五、求相贯线方法的比较与选择

当一个相贯体的相贯线可用几种方法求出时，究竟用哪种方法好呢？这就有一个分析比较和选择的过程。选择的原则：应从作图简便迅速而又准确为依据。下面举几例具体分析。

1. 圆管与圆锥管水平相交（见图2-114）

圆管与圆锥管水平相交只少有三种方法求相贯线，即素线法、辅助平面法和球面法。如果不要求作展开图用球面法求相贯线最为简捷。因为球面法求相贯线只须画主视图即可，不必画其他视图。如果要求作展开图，用辅助平面法比素线法有利。截平面法需要画出两面视图，如用素线法还须画出相贯线的积聚投影——左视图，多画一面视图。

2. 圆管与圆锥管侧面竖交（见图2-115）

此例求相贯线的方法有两种：素线法和辅助平面法。两种方法虽然都需要画出两面视图，但从图2-115a中可以看出用素线法优于辅助平面法，它不需要在俯视图中画出若干纬圆。

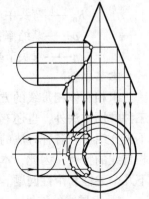

图2-114　圆管平交圆锥管

3. 管类与锥管类倾斜相交

求这一类形体相交的相贯线一般比较复杂，不是上述各种方法都能同时解决。如果是回转体相贯应用球面法求相贯线，而不用素线法或辅助平面法。在非回转体相贯中，若能用素线法求相贯线就不用辅助平面法，因为素线法比辅助平面法简便。若用其他方法难以解决或根本不能解决时，只有用辅助平面法了。

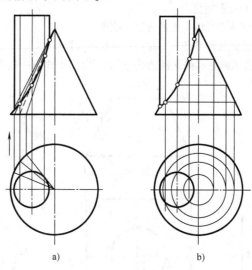

图 2-115 圆管竖交圆锥管

a）素线法 b）辅助平面法

下面把求相贯线方法选择列表如下供参考。

求相贯线方法选择

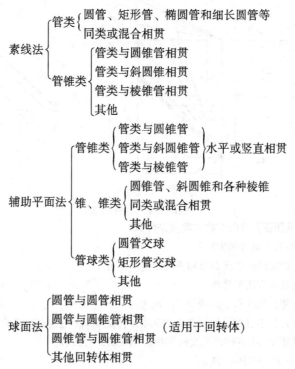

习　题

1. 试述点、线、面投影的基本规律。

2. 何谓投影的积聚与重合?

3. 举例说明如何求体表面点的投影?

4. 试述空间各种位置线段的投影特性。

5. 如何鉴别线段的实长?试述求线段实长的方法和原理。

6. 曲线分哪几种?它们的投影特性是什么?如何求曲线的实长?

7. 分析题图 2-1 所示各构件图的轮廓线和辅助线的空间位置,并求出一般位置线段的实长。

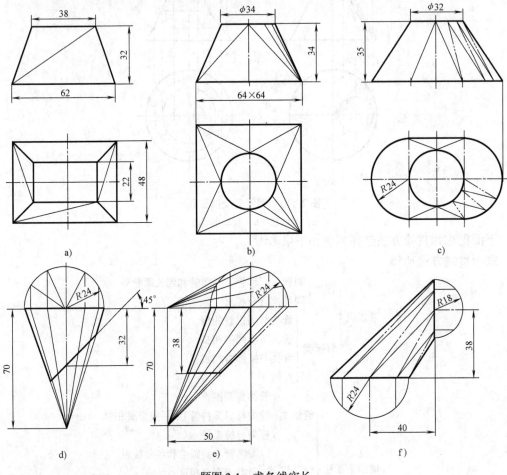

题图 2-1　求各线实长

8. 何谓截交线、截断面?求截交线的实质是什么?

9. 试述求截交线的基本原理和方法?

10. 何谓相贯线?相贯线的性质和求相贯线的实质是什么?

11. 试述求相贯线基本方法与选择。

12. 试述球面法求相贯线的基本原理和适用范围。

13. 试述在回转体相贯中有直线型相贯线的基本条件是什么?它与球面法有何不同?

14. 按指定位置求题图 2-2 各构件截交线的投影和截断面的实形。

15. 求题图 2-3 各构件相邻两面的夹角。

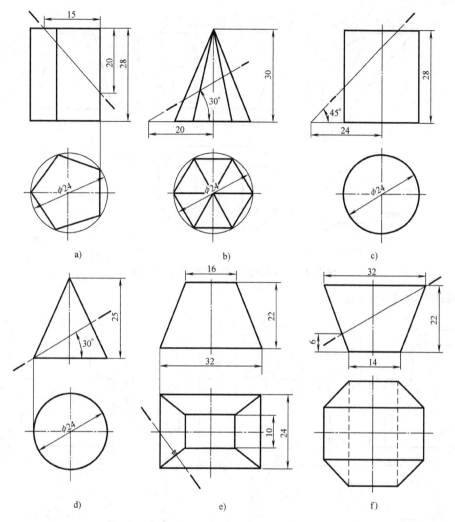

题图 2-2 按指定位置求截交线投影和截断面的实形

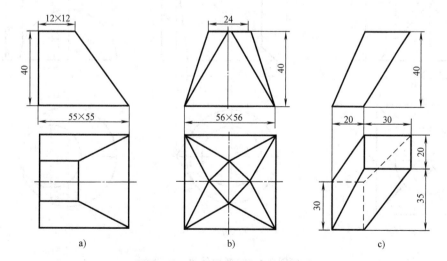

题图 2-3 求各构件相邻两面的夹角

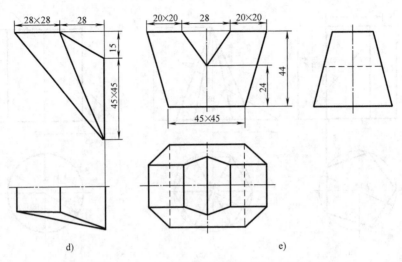

d)　　　　　　　　　　　　e)

题图 2-3　求各构件相邻两面的夹角（续）

16. 求题图 2-4 各构件的相贯线?

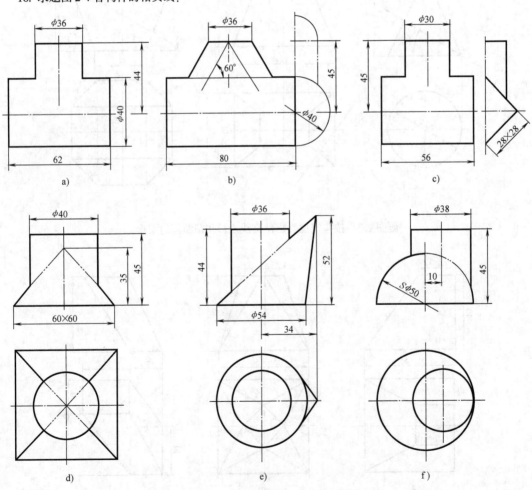

a)　　　　　　　　　　b)　　　　　　　　　　c)

d)　　　　　　　　　　e)　　　　　　　　　　f)

题图 2-4　求各构件的相贯线

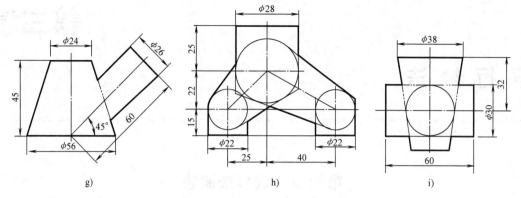

g)　　　　　　　h)　　　　　　　i)

题图 2-4　求各构件的相贯线（续）

第三章

平 行 线 法

第一节　放样法概述

钣金展开放样法有平行线法、放射线法和三角形法三种。在介绍平行线法之前，先要谈一谈什么是展开放样法？所谓展开放样法，就是将金属板材制品的表面全部或局部的形状，在纸面上或金属板上摊成平面图形的一种画图方法。如图 3-1a 所示是把一个圆管从接口截开放平成为一个长方图形。这个长方图形就是圆管的展开图。又如图 3-1b 所示，是把一个直圆锥从接口截开放平成一扇形，这个扇形图就是直圆锥的展开图。把这个长方形图或扇形图画在金属板上，按照图线留出必要的加工余量，再将其余部分剪去，就是现场放样的展开图。

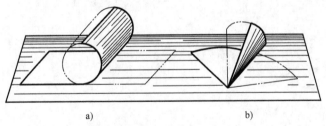

图 3-1　展开图
a）圆管　b）圆锥

一、平行线展开法

金属板制品或构件形状千变万化，不都像上述两例那样简单。绘制简单制品的展开图，一般需要画出制品的主视图、俯视图或左视图；绘制复杂制品的展开图时，还需画出制品的辅助视图和较多的断面图。无论制品的外形如何复杂，都可用作图展开法或计算展开法解决。在作图展开法中，按其作图的方法不同又可分为平行线法、放射线法和三角形法三种。本章为平行线法作展开。

当形体表面具有平行的边线或棱的构件，如圆管、矩形管、椭圆管以及由这类管所组成的各种构件，均可用平行线法作展开图。平行线法实际上就是把构件表面分成若干平行部分平面或用素线分成若干梯形小平面在平面上展开，如图 3-2 表示顶部切缺的矩形管的视图及展开图。图 3-3 表示斜切圆管的展开图。

平行线法是作展开图的基本方法，应用最为广泛。用平行线法作展开图的大体步骤如下：

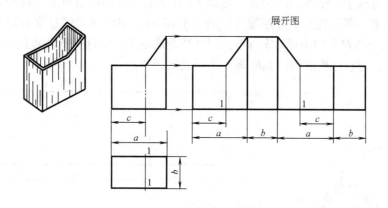

图 3-2　切缺矩形管的展开图

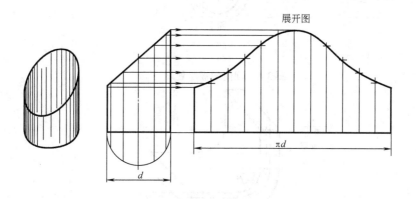

图 3-3　斜切圆管的展开图

1）画出制件的主视图和断面图。主视图表示制件的高度，断面图表示制件的周围长度。

2）将断面图分成若干等分（如为多边形以棱线交点），等分点越多展开图越精确，当制件断面或表面上遇折线时，须在折点处加画一条辅助平行线（见图 3-2 的 1 点）。

3）在平面上画一条水平线等于断面图周围伸直长度并照录各点。

4）由水平线上各点向上引垂线，取各线长对应等于主视图各素线高度。

5）用直线或光滑曲线连接各点，便得出了制件的展开图。

二、板厚处理

板厚处理与构件质量密切相关，不可忽视。当板厚 δ 大于 1.5mm，构件尺寸要求又精确时，作展开图就要考虑板厚的影响，否则会产生构件尺寸不准、质量差，甚至造成废品。为了消除这种影响，展开放样时必须对板厚进行处理，其处理方法如下：

1）断面形状为"曲线"形构件的板厚处理：当板料弯曲时，外层材料受拉而伸长，内层材料受压而缩短，在拉伸与缩短之间存在着一个长度保持不变的纤维层，称为中性层。断面为曲线形构件的展开长度，以中性层为准，如图 3-4 所示为圆筒展开周长的板厚处理。

在塑性弯曲过程中，中性层的位置与弯曲半径 r 和板厚 δ 的比值有关。当 $r/\delta > 0.5$ 时中性层近于板厚正中，即与板厚中心层重合。若 $r/\delta \leqslant 5$ 时，中性层的位置靠近弯曲中心的内侧（见图 3-5），而相对弯曲半径 r/δ 越小，则变形程度越大，中性层离弯板内侧越近，这是由于塑性弯曲时，弯板厚度变薄，其断面产生畸变的缘故。

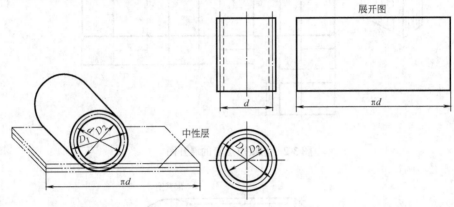

图 3-4　圆筒的板厚处理

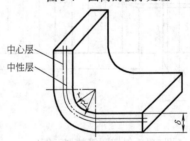

图 3-5　圆弧弯板的中性层

中性层的位置可由下式计算：

$$R = r + k\delta$$

式中　R——中性层半径（mm）；

　　　r——弯板内半径（mm）；

　　　δ——钢板厚度（mm）；

　　　k——中性层位置系数，其值见表 3-1。

表 3-1　中性层位置系数 k、k_1 的值

$\dfrac{r}{\delta}$	≤0.1	0.2	0.25	0.3	0.4	0.5	0.8	1.0	1.5	2.0	3.0	4.0	5.0	≥6.5
k	0.23	0.28	0.3	0.31	0.32	0.33	0.34	0.35	0.37	0.40	0.43	0.45	0.48	0.5
k_1	0.3	0.33	0.35			0.36	0.38	0.40	0.42	0.44	0.47	0.475	0.48	0.5

注：k——适于有压料情况的 V 形或 U 形压弯。

　　k_1——适于无压料情况的 V 形压弯。

2）断面形状为"折线"形状构件的板厚处理：图3-6所示为圆弧弯板，当弯板折成较轻直角件时（$r/\delta = 0.5 \sim 0.6$），如按 $r = 0.5\delta$ 计算，此时弯板料长 L：

$$L = a + b - 2r + \frac{\pi R}{2}$$

式中 $R = r + k\delta$。查表3-1，取 $k = k_1 = 0.36$，将 R、k 代入上式得：

$$L = a + b - 2 \times 0.5\delta + \frac{\pi}{2}(0.5\delta + 0.36\delta)$$

$$= a + b + 0.35\delta$$

设 $\Delta = 0.35\delta$，

则
$$L = a + b + \Delta$$

即按里口计算，折一个直角须加一个 Δ 值。

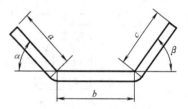

图3-6 直角弯板的板厚处理

上述理论也适用于钢板制成折线形构件的板厚处理，如图3-7所示为板材折成 $\sqcup$ 槽，其料长 L：

$$L = a + b + c + \frac{0.35\delta}{90°}\ (\alpha + \beta)$$

如果方管是由四块板料拼焊而成，则因拼接的情况不同而有不同的板厚处理。例如，相对两块板料夹住另两块料时，则相邻两板的下料宽度就有所不同，一块应按里皮下料，一应按外皮或板厚中心下料。这要在实际工作中根据具体情况作灵活恰当地板厚处理。

板厚处理除构件展开长度外，对不同的构件还有不同的处理要求，例如，圆方过渡接头的高度处理以及相贯构件的接口等。

图3-7 折板件的板厚处理

3）不同形状构件的板厚处理见表3-2。

表3-2 不同形状构件的板厚处理

类型名称	图 形		处 理 方 法
	零件图	放样图	
矩形管类			1. 断面为折线形状，其展开以里皮（a）为准计算，放样图画出里皮即可 2. 其高度 H 不变

（续）

类型名称	图　形		处 理 方 法
	零件图	放样图	
圆锥台类	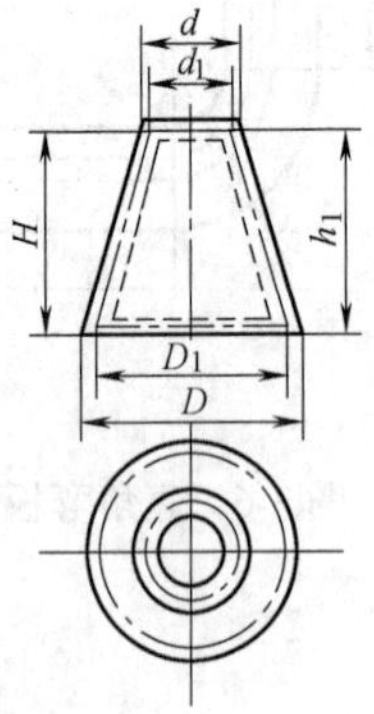	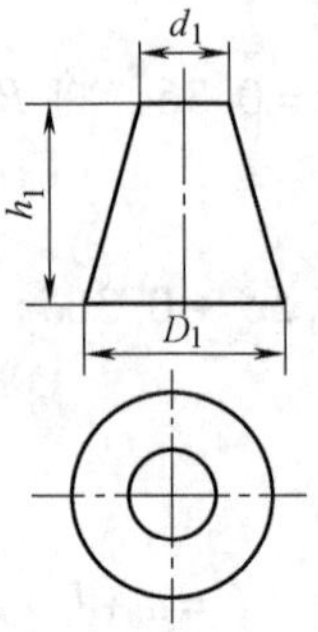	1. 上下口断面均为曲线状,其放样图上、下均以中径(d_1、D_1)为准 2. 因侧表面倾斜,其高度以h_1为准
棱锥台类	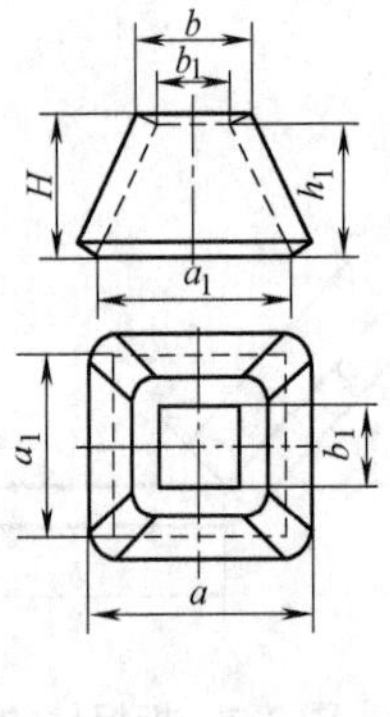	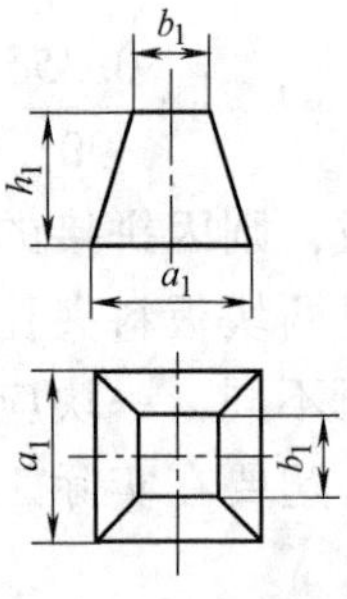	1. 上、下口断面均为折线状,其放样图上、下口均应以里皮(a_1、b_1)为准 2. 因侧表面倾斜,其高度以h_1作为放样基准线
上圆下方类	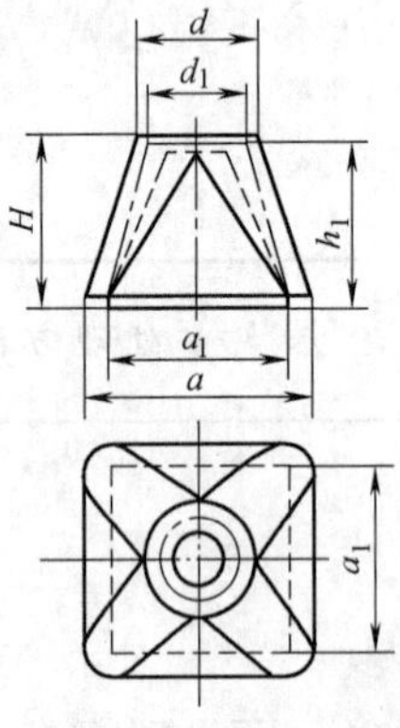	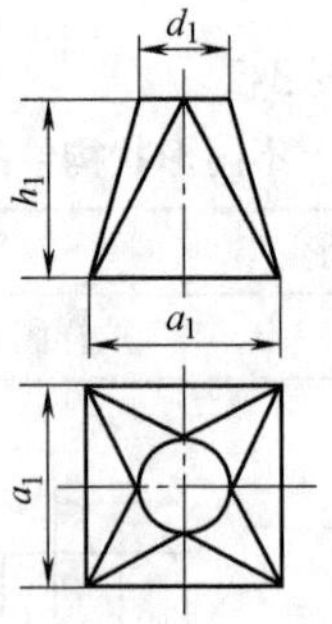	1. 上口断面为曲线状,放样图应取中径(d_1),下口断面为折线状,故放样图应以里皮(a_1)为准 2. 因侧表面倾斜,其高度应以h_1作为放样的基准线

　　4）相交构件的板厚处理：相交构件接合处为接口，接口处板厚处理可分为开坡口和不开坡口两种，本例为不开坡口处理。

　　图 3-8 所示为两节直角弯头，若弯头的接口处未进行相应的板厚处理，如图 3-8a 所示，则在外侧是内表面接触，而在内侧是外表面接触，接缝的中部有一定的缝隙（也称缺肉），

弯头的交角小于90°。

弯头放样图板厚处理原则是以接触表面为准作图,即外表面接触用外半径断面等分点引上垂线至接口线确定该点素线高度;同理,内表面接触用内半径断面等分点引上垂线至接口线确定该点素线高度作展开。弯头展开周长用中径计算为准,如图3-8b所示。

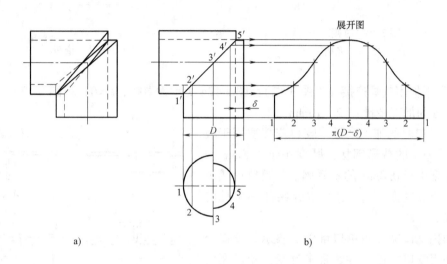

图3-8 两节直角弯头的板厚处理
a) 接口示意图 b) 展开图

三、加工余量

因加工需要,在展开图的周边向外扩张出来的部分面积称为加工余量,如图3-9所示,图中 t_1 为接口处的咬口余量; t_2 用以接缝处的咬口余量; t_3 用与法兰盘连接翻边余量。加工余量(图中双点划线)对应与展开图周边线平行,余量大小与加工连接方法不同而异。下面仅介绍常用的焊接连接与咬口连接两种。

(1)焊接连接的加工余量在以下各图中,用Ⅰ、Ⅱ分别表示相互连接的两块板料,用 t 表示加工余量,用 A 表示两块板料展开图边线对合处。

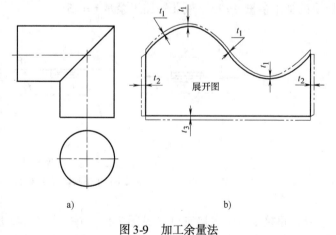

图3-9 加工余量法
a) 视图 b) 展开图

1)对接:如图3-10所示,板Ⅰ、板Ⅱ加工余量 $t = 0$。

2)搭接:如图3-11所示,设 l 为搭接量,如 A 居 l 中点,则板Ⅰ、板Ⅱ的加工余量 $t = l/2$。

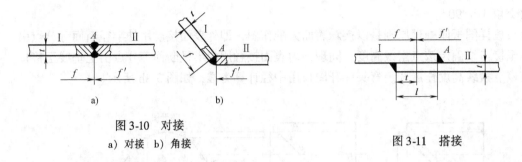

图 3-10　对接

a）对接　b）角接

图 3-11　搭接

3）薄钢板用气焊连接（见图 3-12）：图 3-12a 所示为对接，$t=0$；在图 3-12b、c、d 中板Ⅰ、板Ⅱ的加工余量 $t=2\sim10\text{mm}$。

（2）咬口时的加工余量　咬口连接适用于板厚小于 1.2mm 的普通钢板，厚度小于 1.5mm 的铝板和厚度小于 0.8mm 的不锈钢板。咬口形式不同，加工余量也将不同，这里仅介绍几种常见的咬口形式。

我们把咬口宽度叫单口量用 S 表示。咬口余量的大小用咬口宽度 S 的数目来计量，咬口宽度 S 与板厚 δ 有关，其关系可用下列经验公式表示

$$S=(8\sim12)\delta$$

式中，$\delta<0.7\text{mm}$ 时，S 不应小于 6mm。

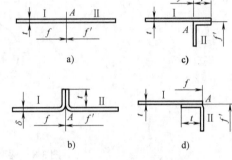

图 3-12　薄钢板用气焊连接

a）对接　b）折边对接　c）、d）角接

1）平接咬口：如图 3-13 所示。图 3-13a 所示为单平咬口，由于 A 在 S 中间，所以板Ⅰ、板Ⅱ的加工余量相等，$t=1.5S$；图 3-13b 也叫单平咬口，由于 A 在 S 的右边，则板Ⅰ的加工余量 $t=S$，板Ⅱ的加工余量 $t=2S$；图 3-13c 叫双平咬口，由于 A 在 S 的右边，所以板Ⅰ的加工余量 $t=2S$，板Ⅱ的加工余量 $t=3S$。

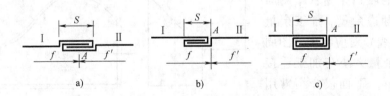

图 3-13　平接咬口

a）、b）单平咬口　c）双平咬口

2）角接咬口：角接咬口（见图 3-14）中，图 3-14a 所示为外单角咬口，板Ⅰ的加工余量 $t=2S$，板Ⅱ的加工余量 $t=S$；图 3-14b 所示为内单角咬口，板Ⅰ的加工余量 $t=2S$，板Ⅱ的加工余量 $t=S$；图 3-14c 所示为外单角咬口，板Ⅰ的加工余量 $t=2S+b$，板Ⅱ的加工余量 $t=S+b$；图 3-14d 所示为联合角咬口，板Ⅰ的加工余量 $t=2S+b$，板Ⅱ的加工余量 $t=S$，这里 $b=6\sim10\text{mm}$。

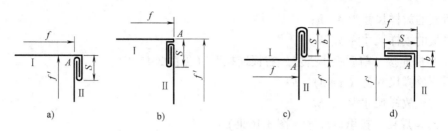

图 3-14 角接咬口

a）、c）外单角咬口 b）内单角咬口 d）联合角咬口

第二节 方管及方口断面构件的展开

一、方管的展开

图 3-15 所示方管为板材折曲件，已知外口尺寸 A、板厚 δ 及管高 H，其展开料长为 L。

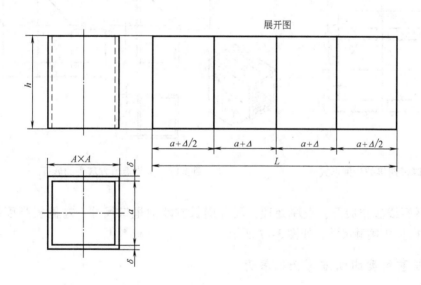

图 3-15 方管的展开

则料长计算式如下：

$$L = 4a + 3\Delta$$

$$a = A - 2\delta$$

$$\Delta = 0.35\delta$$

若方管为厚板拼接成形时，其板料尺寸根据连接形式的不同而不同（见图 3-16）。

（1）整搭连接 如前后板夹住左、右板时（见图 3-16 Ⅰ）。

前后板的放样尺寸为 A、h；

左右板的放样尺寸为 b、h。

（2）半搭连接　前后板半搭左、右板连接时（见图3-16Ⅱ）。

前后板放样尺寸为 $(a+\delta)$、h；

左、右板放样尺寸为 b、h。

（3）对角焊接　按里口尺寸（图3-16Ⅲ）

前后板放样尺寸 a、h

左、右板放样尺寸为 b、h。

二、两节直角方弯头的展开

图3-17所示为由方管截体组成的两节直角弯头，截口线（结合线）与水平成45°。图中已知尺寸为 A、δ、H。作图步骤如下：

1）用已知尺寸画出主视图和断面图。

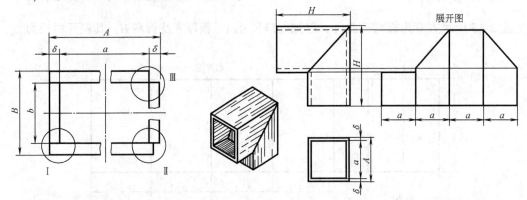

图3-16　厚板连接的几种形式　　　　图3-17　两节直角方弯头的展开

2）用平行线法作展开，板厚处理：展开周长按断面里口尺寸；左侧板高度按外皮尺寸；右侧板按里皮接触尺寸，如图3-17所示。

三、任意角度曲面方弯头的展开

图3-18为由四块板料拼接而成的任意角度曲面方弯头。这种弯头用于通风换气管路中可减少风压损失。图中已知尺寸为 A、R、δ 及 β。作图步骤如下：

1）用已知尺寸画出主视图和断面图。

2）用计算法求出放样尺寸 R'、a、l 及 L。

计算公式：

$$R' = R + \delta$$
$$a = A - 2\delta$$
$$l = \frac{\pi\beta}{180°}\left(R + \frac{\delta}{2}\right)$$
$$L = \frac{\pi\beta}{180°}\left(R + A - \frac{\delta}{2}\right)$$

3）作展开，如图 3-18 所示，说明从略。

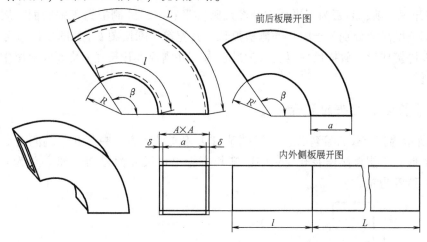

图 3-18　任意角度曲面方弯头的展开

四、长方渐缩曲面直角弯头的展开

图 3-19 为由四块薄板拼制而成的长方渐缩曲面直角弯头。图中已知里口尺寸为 a、b、c、R。主视图画法及展开法如下：

1）画 $BO \perp AO$。

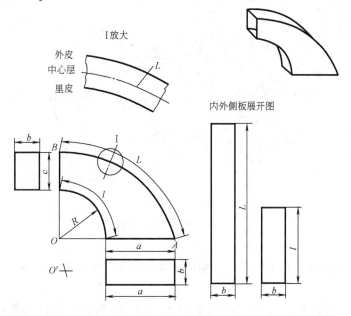

图 3-19　长方渐缩曲面直角弯头的展开

2）以 A 为中心，$R+a$ 为半径画弧，与以 B 为中心，$R+a$ 为半径所画弧相交于 O' 点。

3）以 O 为中心，R 为半径画 1/4 圆周，再以 O' 为中心，$R+a$ 为半径画 $\overset{\frown}{AB}$ 弧，完成主

视图。

4）画展开图。前、后板为正平面主视图反映实形；内、外侧板为正垂曲面，展开图为两长方形，其长度尺寸分别等于内、外侧板弧长，其宽等于断面图 b，如图 3-19 所示。

若为厚板拼接成形，放样尺寸以里口为准，内、外侧板展开长度 l 及 L 取板厚中心弧长（见 I 部放大图）。

五、三节长方管弯头的展开

图 3-20 所示为三节长方管弯头，上下端节管 I 相同呈竖直，中节 II 下端向右后方倾斜不反映结合实形，不能直接作展开。图中已知长方管里口尺寸为 a、b，错心距为 c、f，端节及中节中心高度为 h_1、h_2、h_1。

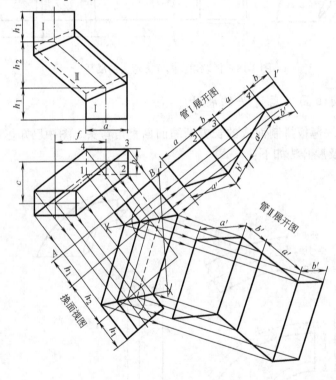

图 3-20　三节长方管弯头的展开

首先用已知尺寸画出主视图和俯视图，然后用辅助投影面法求出三节结合实形的换面视图。作图步骤如下：

1）画一与俯视图断面中心线相平行的基线 AB，再由两断面中心引对 AB 直角线上分别截取主视图各节高度 h_1、h_2，h_1 得出各点（没注明符号）连成直线反映三节轴线实长，得结合实角。

2）对结合实角分别作二等分，其分角线与由俯视图两端面角点引与 AB 直角线对应交点连成直线即为换面视图。换面视图反映三节管的结合实形，因此可依据实形图作展开。

3）管 I 展开法　在 AB 延长线上顺次截取俯视图断面边长 a、b、a、b 得 1、2、3、4、

1'点。由各点引垂线，与由结合线各点所引与 AB 平行线对应交点依次连成直线，得管 I 展开图。同样用平行线法作出管 II 展开图，如展开图所示。

六、矩形台的展开

矩形台是由四块板料拼接而成，其中相对两块大小相同，相邻两块不同。因此展开图只须作出相邻两块即可。从图 3-21 中已知尺寸为 A、B、C、D、δ 及 H。作图步骤：

1）先用已知尺寸画出主视图和左视图。

2）通过板厚处里画出放样尺寸的里口俯视图及相邻两板的侧高 f、h。

3）展开图法 在俯视图右侧作一等腰梯形，使其高等于主视图 f，两底等于俯视图 c 和 d，此梯形即为右侧板展开图。同理在俯视图正下方作出前、后板展开图。

七、上、下口互错 45°异方口台的展开

异方口台是由八个大小三角形平面顺次围成。其中，相对三角形大小相同，相邻则异（见图 3-22）。图中已知尺寸为 A、B、H、δ。作图步骤如下：

1）先用已知尺寸画出主视图，然后进行板厚处理画出放样尺寸的俯视图。

2）展开图法。先以"主、俯"两图中的 a 作底边，h 为高画出大三角形平面的展开，再以 b、l、a、h 尺寸依次作出各面展开，如图 3-22 所示。

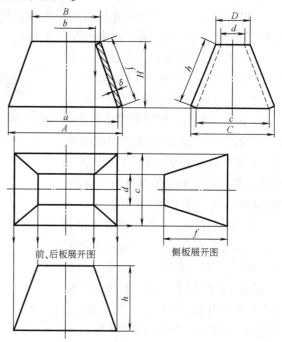

图 3-21 矩形台的展开

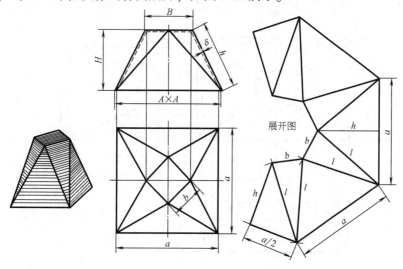

图 3-22 异方口台的展开

八、方口曲面台的展开

方口曲面台是由正垂面弯板和侧垂直弯板拼接而成（见图3-23），四块板料大小相同，展开图只须作出一块即可。图中已知尺寸为 A、B、R、δ。作图步骤如下：

1）先用已知尺寸画出主视图，经板厚处理按里口画出放样尺寸的俯视图。

2）适当划分右侧板为若干梯形小平面。即分主视图右侧板板厚中性层弧长为4等分，过等分点向曲率中心投射线，交里口曲线各点（见点2放大图），再画出各点的水平投影交结合线各点，得出各梯形小平面的宽度尺寸。

3）展开图法。在俯视图向右延长水平中心线上截取 l 等于主视图右侧板中性层弧长并照录等分点1、2、3、4、5。通过各点引垂线，与由俯视图结合线各点向右所引水平线对应交点分别连成对称的两条曲线，即得所求展开图。

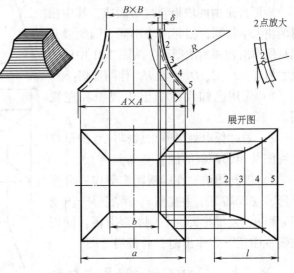

图 3-23 方口曲面台的展开

九、长方曲面罩的展开

图3-24所示为圆四角中间开孔的曲面罩，这种罩多为薄板制成。罩的放样形式，视其

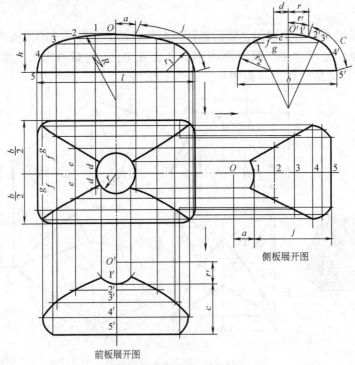

图 3-24 长方曲面罩的展开

制件成形工艺而定。若为单件生产手工成形，则取分块放样；若为批量生产模压成形，多取整体放样，本例为前者。图中已知尺寸为 l、b、h、R、r、r_1、r_2。作图步骤如下：

1）根据已知尺寸画出主视图和左视图、并根据主、左两视图画出俯视图及其结合线。

2）适当划分长方曲面罩各板为若干梯形小平面，并依次作出各面的投影及展开。即分主视图1—5弧长为4等分，由等分点引水平线交于主、左两视图轮廓线各点，并作出各线的水平投影，则分曲面罩各板为四个梯形小平面。

3）画展开图。用平行线法分别作出前板及侧板展开，如图3-24所示，说明从略。

若制件为批量生产模压成形可依次画出前、右、后、左各板展开，这时展开图各板结合线视为一致（重叠），并需经试压成形以校正样板。

十、八角形台的展开

八角形台是由正八棱锥、台、柱等基本形体组合而成，如图3-25所示。

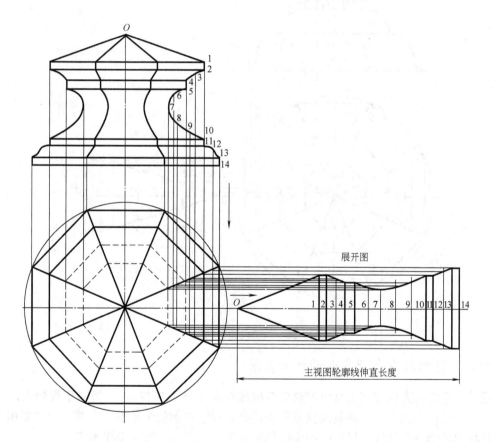

图 3-25　八角形台的展开

八角形台放样较为简单，通常以工艺要求按形台各基本形体逐一展开后加工组装成形。

八角形台可分为八个相等单元，各单元均为垂直面，其中左、右单元为正垂面，主视图积聚成直线和曲线。因此，可用平行线法作展开。作图步骤如下：

1）用已知尺寸画出"主、俯"两视图。

2）适当划分正垂面为若干梯形小平面和三角形平面，即分主视图轮廓线为若干份，折线部分取拐点，曲线部分作等分得 1、2、3、…、14。

3）由主视图轮廓线各点引下垂线得与俯视图结合线交点。

4）画展开图。在向右延长俯视图水平中线上截取 O—14 等于主视图轮廓线伸直长度并照录各点，过各点引垂线，与由结合线各点向右所引水平线对应交点顺次连成直、曲线，即得所求展开图。

十一、八角曲面台的展开

图 3-26 所示的八角曲面台是由圆柱面和棱柱面组合而成，它与前例仅外形相异。其单元展开也可用平行线法，如展开图所示。说明从略。

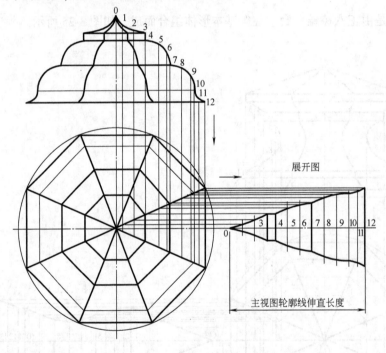

图 3-26　八角曲面台的展开

十二、迂回成直角长方曲面弯头的展开

迂回成直角长方曲面弯头是由四块板料拼接而成（见图 3-27），各板对于投影面的相对位置：前、后板为侧垂面，其侧面投影积聚成线；左、右侧板为正垂面，其正面投影积聚成线，各板均可用平行线法作展开。图中已知尺寸为 a、b、R。作图步骤如下：

1）用已知尺寸画出主视图和左视图。

2）适当划分曲面部分为若干梯形小平面（本例划分三个），即分主视图左轮廓曲线 1—4 为 3 等分，由等分点引水平线与主、左视图轮廓线相交，则分各板曲面部分为三个梯形平面。

3）画展开图。在向下延长主视图右边线上截取 O′—5′ 等于左视图外轮廓线 O′—5′ 伸直长度，并照录线上 O'、$1'$、$2'$、$3'$、$4'$、$5'$ 点，由各点向左引水平线，与由主视图内外轮廓线各点向下所引垂线对应交点连成光滑曲线，得后板展开图。用同样方法在主视图正上方作出前板展开图；在左视图上、下方作出左、右侧板展开图。

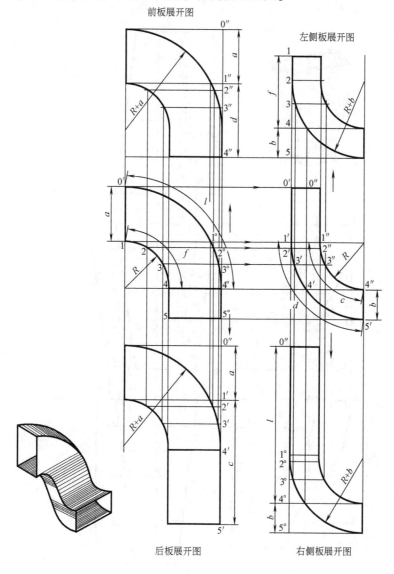

图 3-27　迂回成直角长方曲面弯头的展开

若为厚板构件，板厚处理可参阅图 3-23 方口曲面台。

十三、承雨檐用长方断面渐缩连接管的展开

承雨檐用断面渐缩连接管是由不同半径圆柱面和侧垂面组合而成（图 3-28），各板均可用平行线法作展开。这种连接管多为薄板制成，展开放样时可忽略板厚影响。图中已知尺寸为 a、b、c、R_1、R_2 及 β。作图步骤如下：

1）用已知尺寸画出主视图和左视图。

2）将左、右两侧板划分成若干梯形小平面作为展开单元，即适当划分主视图轮廓曲线各为5分，分点为1、3、5、…、11，0、2、4、…、10。由各点向右引水平线交左视图轮廓线各点。

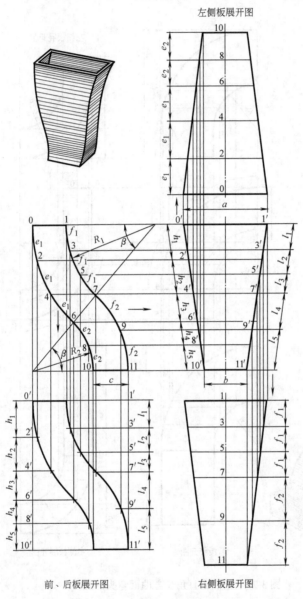

图 3-28　承雨檐用长方断面渐缩连接管的展开

3）展开图法。例如作前、后板展开，要在主视图正下方作一长方形，其宽等于主视图上、下口水平尺寸（R_2+c），其长等于左视图轮廓线伸直长度，并在左、右两边分别照录轮廓线 $0'$、$2'$、…、$10'$，$1'$、$3'$、…、$11'$点。通过各点引水平线，与由主视图轮廓线各点引下垂线对应交点分别连成光滑曲线，得前、后板展开图。

同样在左视图上、下方作出左、右侧板的展开，如展开图所示。

十四、直角换向长方曲面弯头的展开

图3-29所示直角换向长方曲面弯头是由四块板料拼接而成，其中内外侧板为正垂面（不同半径的圆柱面），主视图积聚成曲线；前、后板为一般位置平面。本例为薄板构件，可用平行线法作展开。图中已知里口尺寸为 a、b、L、H。作图步骤如下：

1）先用已知尺寸画出主视图和左视图，主视图外轮廓线是以 O_1 为中心，R_1（$R_1 = a + L$）为半径所画的 $\overset{\frown}{0-10}$ 圆弧；内侧轮廓线是以 O_2 为中心，R_2（$R_2 = H$）为半径所画的 $\overset{\frown}{1-9}$ 圆弧。

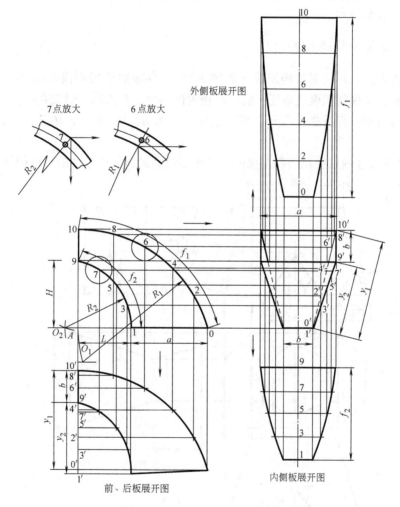

图3-29 直角换向长方曲面弯头的展开

2）将内、外侧板划分成若干梯形小平面作为展开单元，即适当划分主视图内、外轮廓线各为4等分和5等分，等分点为1、3、5、7、9，0、2、…、10。由各等分点向右引水平线，交左视图轮廓线各点。

3）内、外侧板展开法。例如作内侧板展开，要在左视图正下方中线上截取1—9等于

主视图1—9弧长，并照录各点。通过各点引水平线与由左视图内轮廓线1′、9′各点引下垂线对应交点连成光滑曲线，得内侧板展开图。同样在左视图正上方作出外侧板的展开图。

4）画前、后板展开图。在向下延长主视图10—A线上截取10′—0′等于左视图外轮廓线10′—0′并照录线上8′、6′、4′、2′点；同样取9′—1′等于左视图内轮廓9′—1′，并照录7′、5′、3′点。通过各点向右引水平线，与由主视图内、外轮廓线各点引下垂线对应交点分别连成两条光滑曲线和直线，即为所求前、后板的展开图。

若为厚板构件，除用里口尺寸画出主、左视图外，内、外侧板展开长应取板厚中性层弧长度，并须将弧线各分点沿圆弧中心方向过渡到里口弧线上进行投影作展开，详见"6"、"7"点放大图，说明从略。

十五、方口裤形管的展开

方口裤形管是由六块板料拼接而成（见图3-30），各板对于投影面的相对位置为：内、外侧板为正垂面，主视图积聚成直线；前、后板为侧垂面，左视图积聚成直线。相对各面板料相同，各板均可用平行线法作展开。图中已知尺寸为 A、B、δ、L、H 及 β。作图步骤如下：

1）先用已知尺寸画出主视图和左视图，经板厚处理画出放样尺寸的里口俯视图。

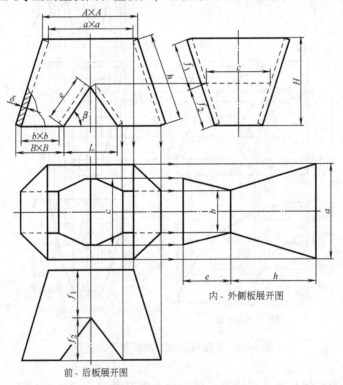

内、外侧板展开图

前、后板展开图

图3-30 方口裤形管的展开

2）内、外侧板展开法。在向右延长俯视图水平中线上截取主视图内、外侧板 e、h 长度，过截点（没注明符号）引垂线，与由俯视图大、小口边线及两腿结合线端向右所引水平线对应交点分别连成直线，得内、外侧板展开图。

同样在俯视图正下方作出前、后板的展开，如展开图所示，说明从略。

十六、顶后倾方口裤形管的展开

图 3-31 所示为顶口向后倾斜的方口裤形管。它是由正垂面和侧垂面六块板料拼接而成。其中内、外侧板为正垂面，主视图积聚成直线；前、后板为侧垂面，左视图积聚成直线。各板均可用平行线法作展开。图中已知尺寸为 a、b、c、l、h_1、h_2。作图步骤如下：

1）先用已知尺寸画出主视图和左视图；再按照"长对正"、"宽相等"的投影关系画出俯视图。

2）前、后板展开法。例如作前板展开，要在主视图中线的向上延长线上截取左视图前板轮廓线 d_1、d_2，过截点（没注明符号）引水平线，与由主视图大、小口线端引上垂线对应交点连成直线，得前板展开图；同样在俯视图正下方作出后板展开图。

3）侧板展开法。例如作外侧板展开，要在俯视图底口向右延长线上截取主视图侧高 h，由截点引上垂线，与由俯视图大、小口向右所引水平线对应交点连成直线，得外侧板展开图；同样在俯视图左侧作出内侧板展开图，说明从略。

若厚板构件图中给出外形尺寸时，按里口作展开，板厚处里可参阅前例。

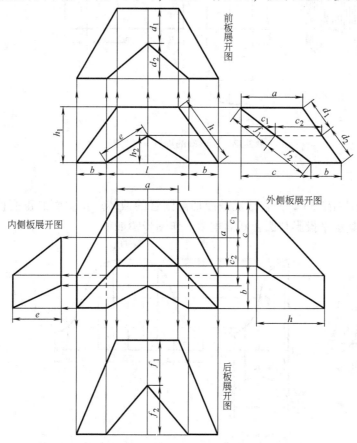

图 3-31　顶后倾方口裤形管的展开

第三节　等径圆管构件的展开

圆管构件多用于通风换气管路中，圆管放样较为简单，通常用计算法确定展开周长，即 $S = \pi d$（d 为中径）；圆管构件放样，则须依据构件组合的具体情况确定不同的作图法，如求结合实形或相贯线等后方可作展开。下面对常见件的展开法作一介绍。

一、U 形槽的展开

图 3-32 所示 U 形槽是由正平面和 1/2 圆柱面组合而成。图中已知 U 形槽中半径 R，正平面长 a 及高 h。作图步骤如下：

1）用已知尺寸画出主视图和俯视图。

2）用平行线法作展开。展开图为一矩形，其长等于俯视图断面周长（$2a + \pi R$），高等于 h，如展开图所示。

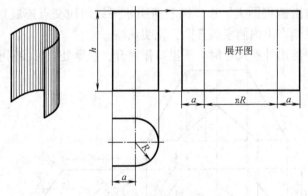

图 3-32　U 形槽的展开

二、灯罩的展开

图 3-33 所示为交通指挥灯罩，它是正垂面切割圆管的截体。正垂面的正面投影在主视图积聚成适宜曲线，其水平投影与圆管断面重影。作图步骤如下：

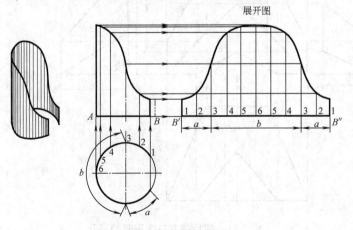

图 3-33　灯罩的展开

1）用已知尺寸画出主视图和俯视图。

2）适当划分俯视图半圆周为 6 等分，1—3弧为 2 等分，等分点为 1、2、3、4、5、6。由等分点向主视图引素线交截口线各点，则分灯罩为 10 个展开单元梯形小平面。

3）画展开图。在主视图 AB 延长线上截取 B′B″等于俯视图断面周长，并照录各点。由各点引上垂线，与由主视图截口线各点向右所引水平线对应交点连成光滑曲线，即为所求灯罩展开图。

三、圆顶细长圆底台的展开

圆顶细长圆底台是由圆柱面、三角形平面和椭圆面组合而成（见图 3-34），可用平行线法作展开。图中已知尺寸为中半径 R、b 及台高 h。作图步骤如下：

1）用已知尺寸画出主视图和上、下口 1/2 断面图。

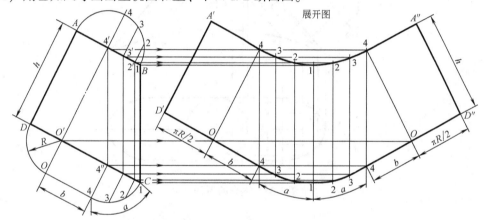

图 3-34　圆顶长圆底台的展开

2）适当划分上、下口断面 1/4 圆周各为 3 等分，由等分点分别引对上、下口垂线，对应连接垂线足，则分 1/2 椭圆管为 6 个展开单元梯形小平面。

3）画展开图。在主视图顶口 B（1）向右所引水平线上作垂线 1—1，以 1 为中心断面等分弧长为半径左、右画弧，与主视图顶口 2′点向右所引水平线交点为 2、2。以 2、2 为中心断面等分弧长为半径画弧，与顶口 3′点所引水平线交点为 3、3。同样求得 4、4 点和底口 2、3、4、3、2 点。通过各点分别连成两条光滑曲线，再连接 2—2、3—3、4—4，得 1/2 椭圆管的展开图。

4）再在椭圆管展开图两侧照画主视图正平面三角形和圆管 1/4 展开图——长方形（高等于 h，长等于 $\pi R/2$），即得所求圆顶长圆底台的展开图。

四、水罐出水口罐壳的展开

连接大圆筒的罐壳是由平面三角形（底边为弧线）和 1/2 椭圆管组合而成（见图 3-35），平面三角形为正平面，主视图反映实形，水平投影积聚成直线；椭圆管长轴等于顶口直径（2R），短轴待求。本例可用平行线法展开，作图步骤如下：

1）用已知尺寸画出主视图和俯视图。

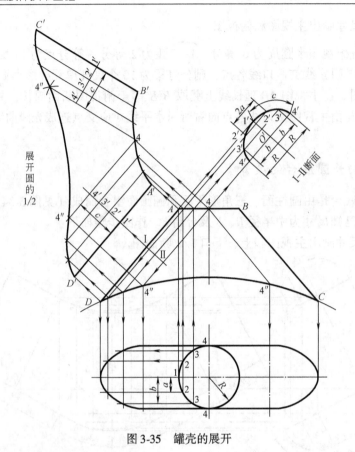

图 3-35　罐壳的展开

2）6 等分顶断面半圆周，等分点为 4、3、2、1、2、3、4。由等分点引上垂线得与主视图顶口交点，由各交点引与边线相平行的素线交底口弧线各点，则分 1/2 椭圆管为 6 个展开单元梯形小平面和正平面三角形 4″44″的正面投影。

3）由主视图底口弧线各点引下垂线，与由断面圆周等分点所引水平线对应交点连成光滑曲线为椭圆管底口的水平投影完成俯视图。

4）画Ⅰ—Ⅱ断面图。在主视图 DA 延长线上作垂线 O′—1′，与延长椭圆管各素线相交，由各交点左、右对称截取俯视图断面 a、b、R 得出各点连成椭圆曲线得Ⅰ—Ⅱ断面。

5）展开图法。在主视图Ⅰ—Ⅱ延长线上截取 1′—2′、2′—3′、3′—4′分别等于Ⅰ—Ⅱ断面 $\overset{\frown}{1'—2'}$、$\overset{\frown}{2'—3'}$、$\overset{\frown}{3'—4'}$，通过各点引垂线，与由主视图上、下口线各点所引与Ⅰ—Ⅱ平行线对应交点分别连成光滑曲线，得椭圆管 1/4 部分的展开图。再在 4—4″线向上照画主视图正平面 4—4″—4″；同样画出椭圆管对称部分的展开，得罐壳展开图的 1/2。

五、两节等径直角弯头的展开

两节等径直角弯头可视为截平面与圆管轴线成 45°截割后组成，如图 3-36 所示。斜口为椭圆，其展开为正弦曲线。作弯头的展开，实质就是作斜口（结合线）曲线的展开。作图步骤如下：

1）用已知尺寸画出主视图和圆管断面，6 等分断面半圆周，等分点为 1、2、3、…、7。

由等分点引上垂线得与结合线 1′—7′ 交点，则分斜截圆管为 12 个展开单元梯形小平面（见图 3-36 直观图）。

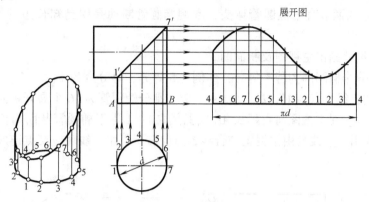

图 3-36　两节等径直角弯头的展开

2）画展开图。在 AB 延长线上截取圆管断面圆周长度（按中径计算），并作 12 等分。由等分点引上垂线，与由主视图结合线交点向右所示水平线对应交点连成光滑曲线，得出所求展开图。

3）若为厚板弯头，须进行板厚处理，如图 3-37 所示弯头轴线以右部分为里皮接触，展开曲线以内径为准确定；轴线以左部分为外皮接触，展开曲线以外径为准确定。

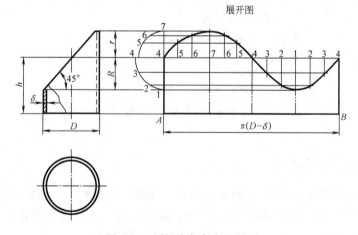

图 3-37　厚板直角弯头的展开

4）作厚板弯头展开图。以 π (D−δ) 为长，h 为高作一长方形 AB44，并对其长 4—4 作 12 等分，等分点为 4、5、6、7、6、…、1、2、3、4（中线位置作接口）。

5）以 4 为中心，R、r 为半径画 1/4 同心圆，并分别作 3 等分，等分点为 1、2、3、…、7。由等分点引水平线，与圆管展开周长 4—4 线各等分点所引垂线对应交点连成光滑曲线，即得所求展开图。

图中　　　$R = \dfrac{D}{2}, r = \dfrac{1}{2}(D - 2\delta)$

六、椭圆管弯头的展开

图 3-38 所示为两节直角椭圆管弯头，本例椭圆管断面是用已知长短轴作近似法完成。作图步骤如下：

1）用已知尺寸画出主视图及断面图。

2）适当划分半椭圆周为若干等分，本例为 8 等分，等分点为 1、2、3、…、9。由等分点引上垂线至结合线交点为 1′、2′、3′、…、9′。则分椭圆管为 16 个展开单元梯形小平面。

3）展开图法。在主视图向右延长 AB 线上截取 1—1 等于椭圆管断面周长，并照录各等分点，再由各点引上垂线与由主视图结合线各点向右所引水平线对应交点连成光滑曲线，即得所求展开图。

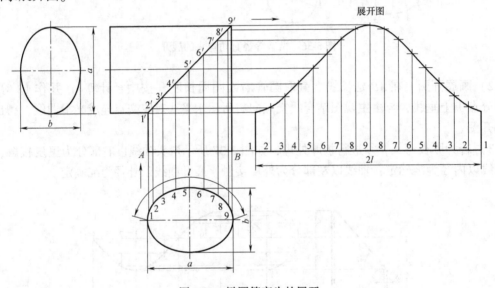

图 3-38　椭圆管弯头的展开

七、三节蛇形管的展开

在图 3-39 所示三节蛇形管中，两端节相同，轴线为铅垂线，主视图反应实长；中节管上端向右后方倾斜而使各管在正面投影中不反映结合实形，不能直接作展开，须先求出结合实形。图中已知尺寸为 h_1、h_2、d、δ、c 及 β。作图步骤如下：

1）先用已知尺寸画出主视图和俯视图。

2）用换面法求出三节蛇形管结合实形，即设立一与三节管相平行的正立辅助投影面，则三管在该面投影中反映结合实形（见实形图说明略）。

3）在结合实形图中，求出端节与中节里、外皮接触作截口展开的辅助圆半径 r_1、r_2。

4）画端节展开图。作一矩形，其宽等于端节 h_1，长等于圆管周长 $\pi\,(d-\delta)$，并作 8 等分。再以 3 为中心，辅助圆 r_1、r_2 为半径画 1/4 同心圆，并各作 2 等分（等分数与圆管展开长度等分相同），由各等分点引水平线，与由圆管展开周长等分点所引垂线对应交点连成光滑曲线，得端节展开图；同样作出中节展开图，说明从略。

这里说明一点：端节与中节展开图曲线并不完全一致，只有轴线位置的素线点 3 重影，为节省材料，放样号料时应使展开图曲线尽可能靠近。

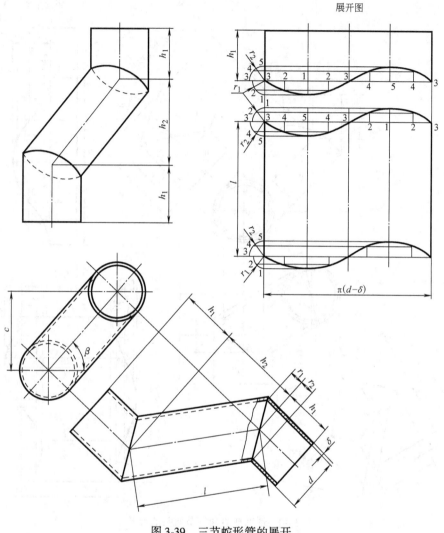

图 3-39　三节蛇形管的展开

八、迂回成直角三节弯头的展开

迂回成直角三节弯头中，管Ⅰ成竖直、管Ⅲ成水平，通过一般位置管Ⅱ连接上、下两端管（见图3-40），使弯头在"主、俯"两图中不反映结合实形，不能直接作展开，须先求出端、中节结合实形及错心弧距。图中已知尺寸为 a、b、c、d、e、δ 及 β。作图步骤：

1）用已知尺寸画出"主、俯"两视图。

2）用换面法分别求出中节与两端节结合实形图。

3）在两实形图中，分别求出中节两端作展开的辅助圆半径 r_1、r_2 及 r'、r''。

4）通过实形图求出中节与下端节错心弧距 $\hat{l}$。

5）管Ⅱ展开法。先以管Ⅱ轴线实长 f 为宽，π（$d-\delta$）为长作一长方形；左端展开曲线是以里角点为接口，以 1 为中心，r_1、r_2 为半径画1/4辅助圆，并作与管Ⅱ展开周长相同等分，过等分点引水平线，与展开周长等分点所引素线对应交点得出。

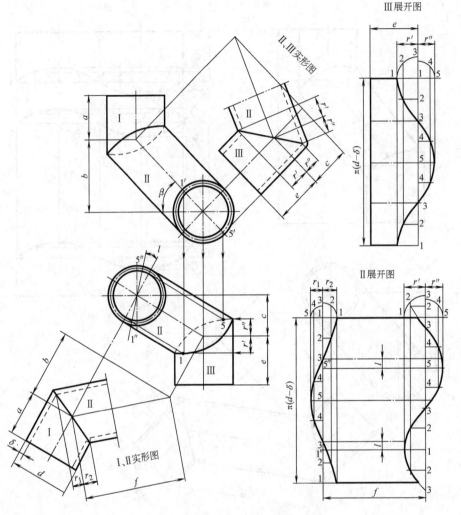

图 3-40 迂回成直角三节弯头的展开

作管 Ⅱ 右端展开是以 3 为中心 r'、r'' 为半径所画 1/4 辅助圆作相应等分，再从左端展开周长等分点 3 向下截取错心弧距 l 定为右端展开周长等分点 5（外皮接触），由 5 上、下依次定出各等分点作展开，如管 Ⅱ 展开图所示。

6）作管 Ⅲ 展开图。以 e 为宽，$\pi(d-\delta)$ 为长所作长方形右角点 1 为中心辅助圆 r'、r'' 为半径所画 1/4 圆周与圆管周长作相同等分，过等分点引下垂线，与圆管展开周长等分点所引水平线对应交点连成光滑曲线，得管 Ⅲ 展开图，同样可作出管 Ⅰ 展开（没画）。

九、螺旋管的展开

图 3-41 所示为 8 节等径圆管沿圆柱螺旋线递升一个导程形成的螺旋管，其投影特点除首节管 Ⅰ 外，各节上升角和错心弧距都相同，因此展开图也一样，但各节在基本视图中均不反映结合实形，不能直接作展开。本例仅就第 Ⅳ 节管和 Ⅰ、Ⅱ 两节管作展开。图中已知尺寸

为 D、d、H 及节数 N。作图步骤如下：

1）用已知尺寸画出主视图和俯视图。

2）沿管Ⅳ轴线方向进行一次换面投影，求出管Ⅳ两端与邻管连接里角点的错心弧距 $\hat{l}$。

3）再在一次换面图中沿管Ⅲ轴线垂直方向进行二次换面投影，求出管Ⅳ与邻管的结合实形，和作展开的辅助圆半径 r_3（薄板忽略板厚影响）。

4）画展开图。作一长方形，其宽等于管Ⅳ轴线实长 f，长等于 πd。以左角点为中心 r_3 为半径画半圆并作 4 等分，由等分点引下垂线，与圆管展开周长相同等分点所引水平线对应交点连成曲线，为螺旋管左端展开；由长方形右角点向上截取错心弧距 l 定为管右端里角点 1，并以此定出各等分点，从而作出管右端展开，即得所求展开图。

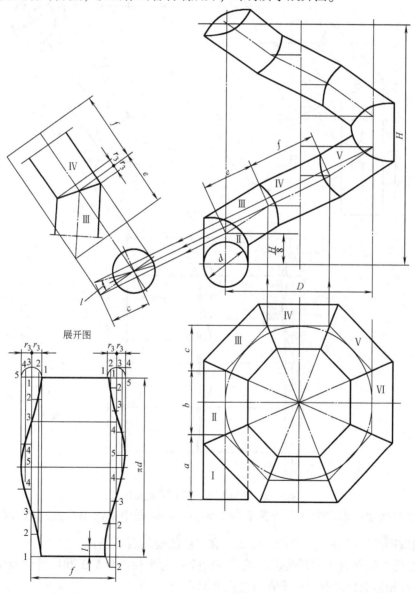

图 3-41　螺旋管的展开

5）作管Ⅰ、管Ⅱ展开图。为使图面清晰将图 3-41 中的管Ⅰ、管Ⅱ"主、俯"两视图照录重出，并补画出左视图，如图 3-42 所示。

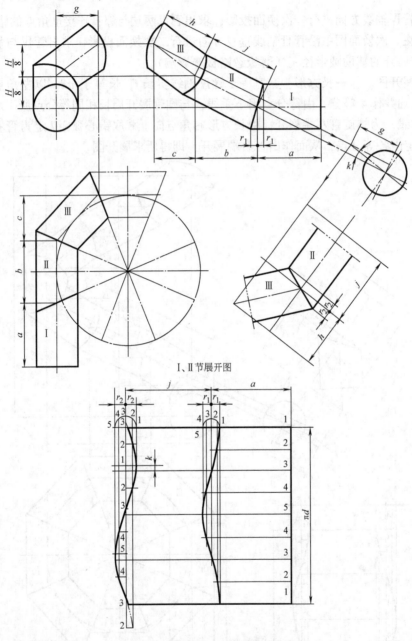

图 3-42　螺旋管Ⅰ、管Ⅱ节的展开

6）用二次换面法求出管Ⅱ与管Ⅲ结合实形。从实形图中得出里角点对管Ⅱ另一端特殊点（与轴线重影的素线端点）的错心弧距 $\hat{k}$ 和作展的辅助圆半径 r_2。

7）用平行线法作管Ⅰ展开是以左视图辅助圆 r_1 为半径所画 1/2 圆周等分点引下垂线与管Ⅰ展开周长相同等分点所引水平素线对应交点得出。

8）作管Ⅱ展开图。若忽略板厚影响，管Ⅱ右端展开曲线与管Ⅰ展开曲线重影。作管Ⅱ

另一端展开时，在管 I 展开图素线 3 向上截取错心弧距 k 定为左端里角点 1。在以 j 为宽的长方形左边线上依次定出各等分点，通过各等分点引水平线，与左上角 3 为中心，辅助圆 r_2 为半径所画 1/2 圆周等分点引下垂线对应交点连成曲线，即得所求展开图。

十、三节等径直角弯头的展开

图 3-43 所示为三节等径直角弯头，两端节相同。已知尺寸为 D、δ、H 及 h。作图步骤如下：

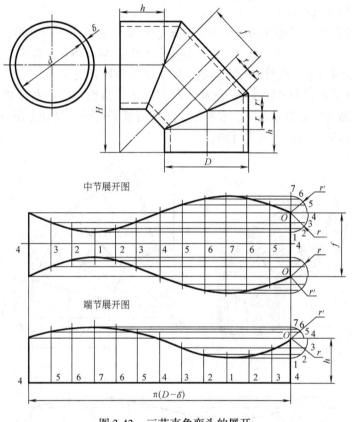

图 3-43　三节直角弯头的展开

1）用已知尺寸画出主视图及断面图，经板厚处理得出弯头内、外皮接触作展开辅助圆半径 r'、r。

2）作端节展开图。本例以轴线位置的素线作接口，画一水平线 4—4 等于圆管展开周长 $\pi(D-\delta)$，并作 12 等分，由等分点引上垂线，取 4—O 等于端节轴线长 h，以 O 为中心 r、r' 为半径画 1/4 辅助圆各作 3 等分，通过等分点向左引水平线，与圆管展开周长等分点引上垂线（素线）对应交点连成光滑曲线，得端节展开图。

3）作中节展开图。以 $\pi(D-\delta)$ 为长，中节轴线 f 为宽作一长方形，以右角点为中心，r 及 r' 为半径画 1/4 辅助圆并各作 3 等分，由等分点向左引水平线，与圆管展开周长等分点所引垂线对应交点分别连成两条对称曲线，得中节展开图。

十一、多节等径直角弯头的展开

多节等径直角弯头是由若干截体圆管组合而成，节数的划分是有一定规律的，通常用几何作图得出，即按两端节和多中节。其中两端节相同，端节为每一中节的1/2，中间各节也都相同，如图3-44所示为四节直角弯头。已知尺寸为圆管外径 D、板厚 δ、弯头中心半径 R 及节数 N。作图步骤如下：

1）画主视图。先作一直角，以 O 为中心 R 为半径画弧交直角两边，并按两端节和两中节划分为6等分，由等分点向中心 O 连分节线（端节占一份，中间节各占2份），与过等分点引圆弧切线相交得出各节轴线。再在轴线两侧取圆管内、外半径画出主视图，经板厚处理得内、外皮接触辅助圆半径 r、r'。

2）作端节展开图　以端节轴线 h 为宽，$\pi(D-\delta)$ 为长作一长方形，8等分3—3，等分点为3、4、5、4、3、2、1、2、3。过等分点引垂线，与以角点3为中心，r'、r 为半径画1/4圆周2等分点所引水平线对应交点连成曲线，得端节展开图。

3）中节展开是在以中节轴线 $2h$ 为宽，$\pi(D-\delta)$ 为长，矩形左角点为中心，r、r' 为半径所画1/4辅助圆周2等分点所引水平线，与圆管展开周长8等分点所引素线对应交点分别连成两条对称曲线，即得所求展开图。

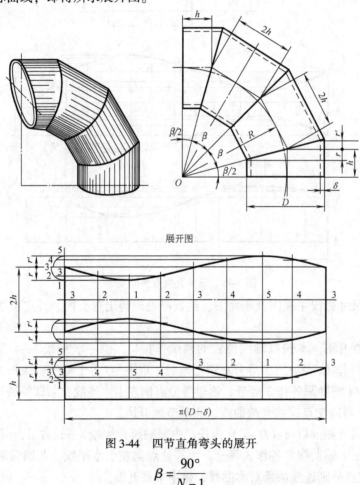

图3-44　四节直角弯头的展开

图中

$$\beta = \frac{90°}{N-1}$$

$$h = R\tan\frac{\beta}{2}$$

$$r = \frac{D}{2}\tan\frac{\beta}{2}$$

$$r' = \frac{1}{2}(D-2\delta)\tan\frac{\beta}{2}$$

十二、迁回成90°七节直角弯头的展开

迁回成90°七节直角弯头是由两组尺寸全等四节直角弯头一组调转90°对接而成（见图3-45），弯头端节与中节展开图法与前例同，不作说明；中间连接管两端可视为两组弯头上、

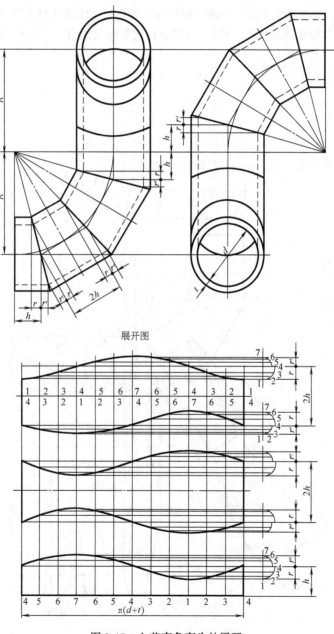

展开图

图3-45 七节直角弯头的展开

下端节结口错位90°。图中已知尺寸为弯头中心半径 R、圆管内径 d、板厚 δ 及节数 N。作图步骤如下：

1）以 R 为中心。在"主、左"两图所作直角线画出 1/4 圆周，并按两端节和两中节，端节为中节 1/2 画出分节线、各管轴线，再取 d、δ 画出各节轮廓线完成"主、左"两视图。

2）在视图中经板厚处理得出作展开的辅助圆半径 r 及 r'。

3）画连接管展开图。画一水平线 1—1（4—4）等于圆管展开周长 $\pi(d+\delta)$ 并作 12 等分，由等分点引垂线。上端以外皮为接口，$2h$ 为上、下端口中心距，以 r、r' 为半径画 1/4 辅助圆各作 3 等分，由等分点向左引水平线，与圆管展开周长等分点所作垂线对应交点连成曲线为上口展开；下端展开按上口展开错位90°（周长三个等分）定等分点作图，即得所求展开图。

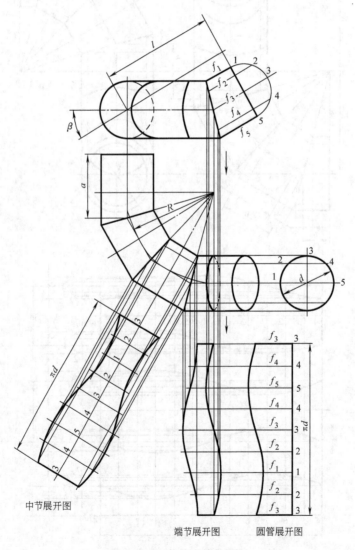

图 3-46　五节蛇形管的展开

十三、五节蛇形管的展开

五节蛇形管是由四节虾米腰与圆管成 β 角连接类似蛇头状（见图3-46）。虾米腰轴线成水平俯视图反映结合实形；圆管轴线平行于正投影面在主视图与虾米腰端节反映结合实形。本例仅就与圆管交接部分展开作扼要说明，图中已知尺寸为 a、d、R、l、β 及节数 N。作图步骤如下：

1）在俯视图上以 R 为半径画 1/4 圆周交直角两边、并按两端节和两中节，端节为中节的 1/2 画出分节线、各节轴线，再以 d 为直径画出虾米腰轮廓线。

2）在主视图画一与水平成 β 角斜线与虾米腰相接，截取 l 定圆管轴线端面，再取直径 d 画圆管轮廓线与虾米腰轮廓线交点连成直线为两管结合实形。

3）在主视图画圆管断面半圆周并作 4 等分，等分点为 1、2、3、4、5。由等分点引圆管素线得与结合线交点，并以 f_1、f_2、$\cdots$、f_5 表示各素线长度。

4）在俯视图画圆管断面并作 8 等分（等分点按主视图断面等分点调转 $90°$），由等分点引水平线与由主视图结合线各点引下垂线对应交点连成椭圆，为两管结合线的水平投影。

5）画圆管展开图。在主视图下方画一竖直线 3—3 等于圆管周长 πd，并作 8 等分，由等分点向左引水平线，取各线长对应等于圆管各素线 f_1、f_2、$\cdots$、f_5，得出各点连成曲线，得圆管展开图。

6）作虾米腰右端节展开。是在右端节结合线的水平投影各点引下垂线与圆管展开周长等分点所引水平线对应交点分别连成两条光滑曲线即得，如展开图所示。同样作出中节展开图，没画左端管展开。

十四、等径直交三通管的展开

等径三通管结合线为平面曲线，曲线平面垂直于正面投影，结合线在主视图中积聚成直线，为两管边线交点与轴线交点的连线可直接画出，如图 3-47 所示。图中已知尺寸为 D、δ、l 及 h。作图步骤如下：

1）用已知尺寸画出主视图和圆管 1/2 断面图。

2）作主管展开图。在主视图正下方画一长方形，长边等于圆管展开周长 $\pi(D-\delta)$，宽等于 l，中间开孔，孔长等于 $\pi(D-\delta)/2$ 并作 4 等分。过等分点引水平线，与圆管断面半圆周 4 等分点引下垂线对应交点连成对称曲线为开孔实形，

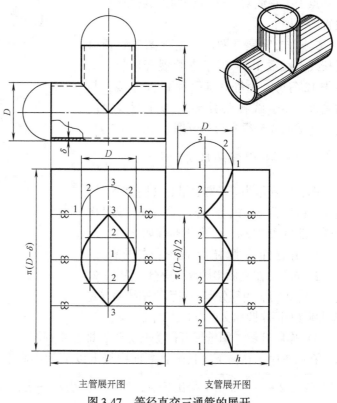

图 3-47 等径直交三通管的展开

得主管展开图。

3）作支管展开图。支管展开图以 1/4 圆周为对称，即在主管展开图右侧以 $\pi(D-\delta)$ 为长边，h 为宽所作长方形左角点为圆心画圆管断面半圆周，2 等分 1/4 圆周，由等分点引下垂线，与支管展开周长 8 等分点向右所引水平线对应交点连成曲线，得支管展开图。

十五、等径斜交四通管的展开

等径斜交四通管结合线为平面曲线、曲线正面投影在主视图中为交叉二直线可直接画出，如图 3-48 所示。作图步骤如下：

1）用已知尺寸画出主视图和两管断面图。

2）6 等分断面半圆周，等分点为 1、2、3、…、7。由等分点分别引各管素线、得与结合线交点。

3）主管以轴线交点为界分左、右两部分，若左、右管长度相等其展开图也一样。本例两管结口位置不同。同样支管也以轴线交点为界分上、下对称两部分，展开图也相同。

4）作主管展开图。在主管正下方作一长方形，其长等于圆管展开周长 πd，并作 12 等分，由等分点引水平线，与主视图结合线各点引下垂线对应交点分别连成曲线，得主管展开图。

5）作支管展开图。在主视图支管顶口延长线上截取 1—1 等于支管展开周长 πd，并作 12 等分。由等分点引对 1—1 垂线，与由主视图结合线各点引与 1—1 平行线对应交点连成曲线，得支管展开图。

十六、十字管的展开

图 3-49 所示为等径圆管错心交接十字形四通管，错心距为 $d/2$，两管尺寸一致，展开图相同。已知尺寸为 d、l。作图步骤如下：

1）用已知尺寸画出主视图和左视图。

2）6 等分主视图半圆周，等分点为 1、2、3、4、3、2、1，由等分点向右引水平线得与左视图圆管断面半圆周交点为 $1'$、$2'$、$3'$、$4'$。

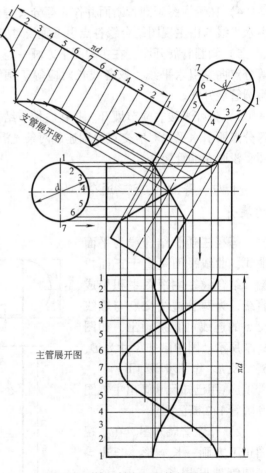

图 3-48　等径斜交四通管的展开

3）作展开图。圆管展开图为长方形，即在主视图正下方以 πd 为长边，l 为宽所作长方形。孔取正中，在向下延长圆管断面中线上以 $1'$ 为中心上、下对称截取左视图圆管断面弧长 $\overset{\frown}{1'—2'}$、$\overset{\frown}{2'—3'}$、$\overset{\frown}{3'—4'}$ 得出各点，通过各点引水平线，与由主视图断面圆周等分点引下垂线对应交点连成光滑曲线为开孔实形，即得所求展开图。

十七、等径斜交三通补料管的展开

图 3-50 所示为等径斜交三通管，右内角以长条带补料加固两管连接。补料带中线为两管分角线，带宽为 c，其宽递减至两管轴线交点止。作图步骤如下：

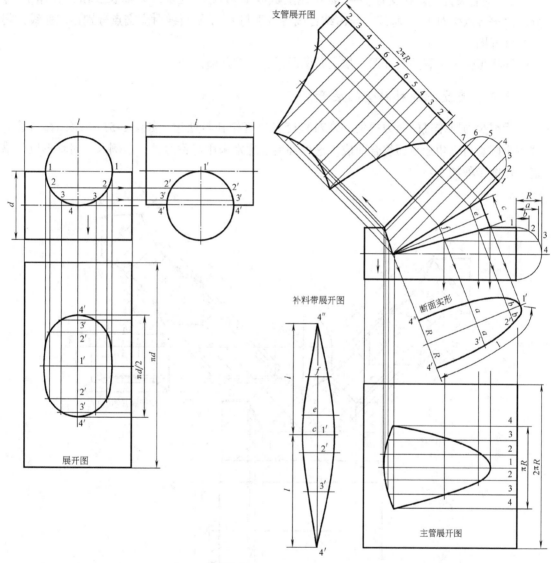

图 3-49 十字管的展开   图 3-50 斜交三通补料管的展开

1）用已知尺寸画出主视图和两管 1/2 断面，6 等分支管断面半圆周，等分点为 1、2、3、…、7；3 等分主管断面 1/4 圆周，等分点为 1、2、3、4。由等分点分别引各管素线得与结合线和补料带轮廓线交点。

2）画断面实形。补料带断面实形为 1/2 椭圆，具体画法：在主视图下方画一与补料带中线平行线，与由结合线交点所引直角线对应交点连成4′—1′—4″对称曲线为断面实形。

3）作补料带展开图。画一竖直线4″—4′等于补料带断面实形曲线伸直长度，并以1′为中点上、下照录2′、3′点。通过各点引对4″—4′垂线，取各线长对应等于主视图带宽 c、e、f，得出各点连成对称曲线即为所求展开图。

4）支管展开法。在支管1—7延长线上截取1—1等于支管展开周长 $2\pi R$，并作12等分。由等分点引对1—1垂线，与由结合线各点引与1—1平行线对应交点分别连成曲线，得支管展开图。

同样可作出主管的展开图，如展开图所示，说明从略。

十八、直交三通补料管的展开

为减少通风排气的压力损失，常对直交三通管作补料处理。如图3-51所示，补料管为截体半圆管与三角形平面组合而成。这种补料管通常采用对称形式，本例为非对称形以供借鉴。作图步骤如下：

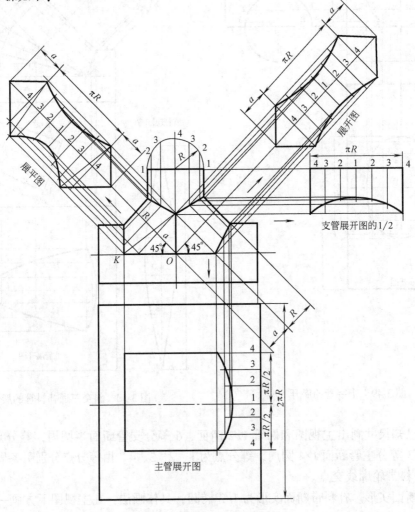

图3-51 直交三通补料管的展开

1) 画主视图。先用已知尺寸画出两管轴线垂直相交于 O 及轮廓线，由 O 左、右引出 45°角线为补料管基线、中线，在各线上分别截取 a、R 作各线垂线，得与两管轴线和轮廓线交点连成直线得支管与补料管结合线；在左侧由主管与补料管轮廓线交点引下垂线，得与轴线交点为 k' 完成主视图。主视图中三角形为正平面反映实形，作补料管展开时可照录截取。

2) 画支管断面半圆周并作 6 等分，等分点为 1、2、3、4、3、2、1，由等分点引素线至两管结合线交点；再由 k 连接平面三角形端点。

3) 作支管展开图。在支管顶口延长线上截取 4—4 等于支管断面半圆周长度并作 6 等分，由等分点引下垂线，与由结合线各点向右所引水平线对应交点连成曲线，得支管1/2展开图。

4) 右补料管展开法。在补料管中线延长线上截取 4—4 等于圆管半圆周长 πR，并作 6 等分。由等分点引对 4—4 垂线，与由结合线各点引与 4—4 平行线对应交点分别连成曲线，再在两端照录主视图三角，即得所求展开图。

同样可作出主管与左侧补料管的展开，如展开图所示，说明从略。

十九、蛇形弯头交水平管的展开

图 3-52 所示为三节蛇形管直交等径水平管，由于中节向左、后倾斜轴线不反映实长，与上、下端节结合不反映实形，不能直接作展开。下端节与水平管垂直相交反映结合实形，结合线可直接画出。图中已知尺寸为 d、a、b、l、h_1、h_2、h_3。作图步骤如下：

1) 用已知尺寸画出主视图和俯视图。

2) 设立与蛇形管相平行的正立辅助投影面，用换面法求出三节蛇形管的结合实形。

3) 8 等分俯视图两圆周，等分点为 1、2、3、4、5、4、3、2、1。由等分点向实形图两端节引素线得与结合线交点，连接中节素线。

4) 中、端节展开法。由实形图结合线里角点引对中节轴线直角线上截取 5—5 等于圆管断面展开周长 πd，并作 8 等分，等分点为 5、4、3、2、1、2、…、5。由等分点引与轴线平行线，与由实形图结合线各点所引直角线对应交点分别连成曲线，得中节展开图。再在展开图中线上，由轴线端向上截取 h_1 定为端节顶口线，作出管 I 展开图。

5) 管 III 展开法。管 III 上端展开可从实形图作出；下端展开则须依据主视图结合线确定。即在实形图管 III 轴线所引直角线上画圆管断面 1/4 圆周，作 2 等分；截取 2—2 等于圆管展开周长 πd，并作 8 等分。下端展开以 2 为结口（与上端 2 一致），依次定为 3、4、5、4、3、2、1、2。由等分点引垂线，与由断面 1/4 圆周等分点和结合实形各点引与 2—2 平行线对应交点分别连成曲线，得管 III 展开图。

同样作出主管展开，如图 3-51 所示。说明从略。

二十、别扭弯头交水平管的展开

弯头首节 I 呈竖直，通过一般位置管 II 与等径水平管连接（见图 3-53），三管在"主、右"视图中均不反映结合实形，不能直接作展开，须用换面法求实形。图中已知尺寸为 a、b、c、d、l、h_1、h_2。作图步骤如下：

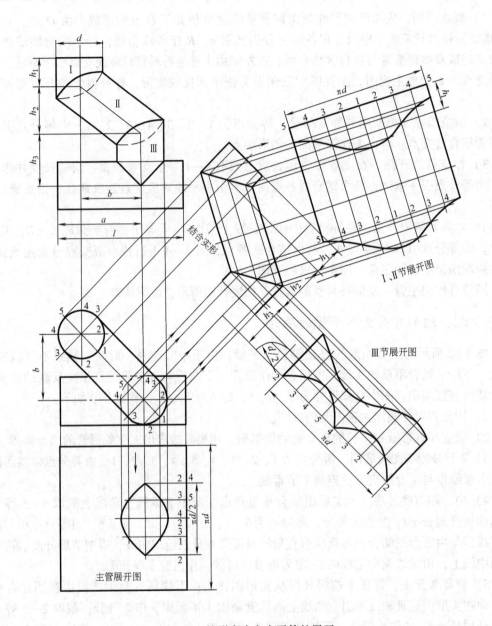

图 3-52 蛇形弯头交水平管的展开

1）先用已知尺寸画出主视图和右视图。

2）在右视图沿管Ⅱ轴线垂直方向进行一次换面投影，求出管Ⅱ与管Ⅰ结合实形和管Ⅰ轴线在实形图中的投影。

3）在一次换面图中沿管Ⅱ轴线方向进行二次换面投影，求出管Ⅰ轴线交管Ⅱ断面圆周错心弧距 $\hat{k}$。

4）在二次换面图中沿管Ⅰ轴线垂直方向进行三次换面投影，求出管Ⅰ与管Ⅱ结合实形。

5）作管Ⅱ展开图。在一次换面图中将管Ⅱ轴线划分左、右两部分，并作1/2断面。4等分断面半圆周，等分点为1、2、3、4、5。由等分点引素线交结合线各点，由各交点向上引对轴线直角线，与管Ⅱ展开周长1—1（πd）8等分点所引1—1直角线对应交点连成曲线为管Ⅱ右端展开；由结口1向下截取错心弧距 k 为左端断面等分点3，依次截取2、1、2、3、4、5、4、3点。过各等分点引对1—1垂线，取各线长对应等于三次换面图各素线长度，得出各点连成曲线即得管Ⅱ展开图。

6）作管Ⅰ展开图。在管Ⅱ展开图结口中线向左截取管Ⅰ轴线长度 h_1 画管Ⅰ端口线，即得所求展开图。

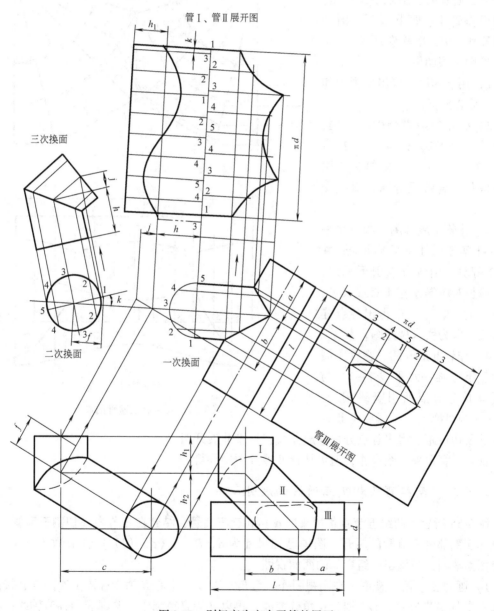

图 3-53 别扭弯头交水平管的展开

同样可作出管Ⅲ展开，如图 3-53 所示，说明从略。

二十一、人字形三通管的展开

图 3-54 所示为人字形三通管，它是由两组四节直角弯头组合而成。为避免作图繁琐，应使人字形管在两节结合（只切割两节），通过计算得出：当弯头中心半径 $R \geq 1.336d$ 时，只在两节内结合，若 R 小于上述比值时则在三节内结合（切割三节管）。为避免切割三节管，设计人字形三通管时，应取 $R \geq 1.4d$。本例只作管Ⅰ、管Ⅱ展开。图中已知尺寸为 d、R 及节数 N（$N = 4$）。作图步骤如下：

1）用已知尺寸画出主视图和管Ⅰ、管Ⅳ断面图。

2）6 等分两管断面半圆周，等分点为 1、2、3、4、3、2、1 和 1、2、3、…、7。由等分点引素线得与结合线及分腿结口线交点。

3）作管Ⅰ展开图。画一水平线 1—1 等于管Ⅰ展开周长 πd 并作 12 等分，由等分点引下垂线，取各线长对应等于管Ⅰ素线长 f_1、f_2、f_3、f_4、f_3、f_2、f_1 得出各点连成曲线，即为所求展开图。

4）作管Ⅱ展开图。在管Ⅰ展开图正下方画一水平线 7—7，与展开周长等分点所引竖线相交，以 7—7 为对称上、下截取管Ⅱ各素线长及切口距，得出各点分别连成曲线，得管Ⅱ展开图。

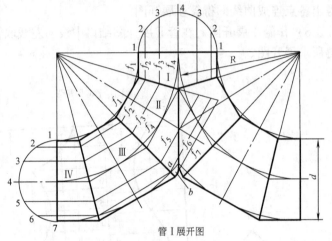

管Ⅰ展开图

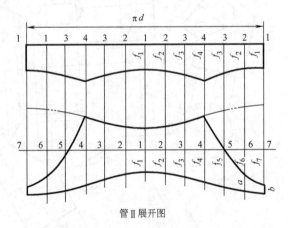

管Ⅱ展开图

图 3-54　人字形三通管的展开

管Ⅲ、管Ⅳ展开图没作，但可从管Ⅱ展开图中寻得。

二十二、两组弯头相交三通管的展开

图 3-55 所示为两组五节直角弯头成 α 角相交三通管，结合在三节内（切割三节管），本例只作切割部分三节管的展开。图中已知尺寸为 d、R、α（$\alpha = 120°$）及节数 N（$N = 5$），为使图面清晰，只画出一组弯头的两面视图。

1）画"主、俯"视图。在主视图作一直角，以 O 为中心 R 为半径画 1/4 圆周，按两端节和三中节端节为中节 1/2 划分直角分节线，再以 d 为直径画弯头轮廓线和各节轴线；在俯视图画两组弯头成 α 角相交的水平投影。2 等分 α 角，分角线与弯头轮廓线相交得出两组弯头结合线的水平投影。

2）在主视图画管Ⅰ断面，6 等分断面半圆周，等分点为 1、2、3、…、7。由等分点向下引素线并沿各轴线方向顺延至Ⅱ、Ⅲ节。6 等分俯视图断面半圆周，由等分点引水平线（素线）得与结口线交点，由交点引上垂线与主视图各管素线对应交点连成曲线，得两组弯头结合线的正面投影。再将结合线上特殊点反引素线至断面圆周 a、b 点。

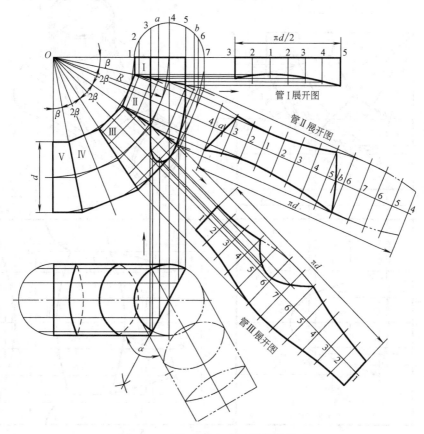

图 3-55　两组弯头相交三通管的展开

3）作管Ⅰ展开图。在管Ⅰ顶口延长线上截取 3—5 等于顶断面半圆周长 $\pi d/2$，并照录等分点 2、1、2、3、4、5。由各点引下垂线与由结合线各点所引水平线对应交点连成曲线，得管Ⅰ展开图。

4）管Ⅱ展开法。从断面图中看出管Ⅱ展开长度为圆管周长的 2/3。即在延长管Ⅱ中线上截取 4—4 等于圆管展开周长 πd 并作 12 等分，以 4 为结口顺次为 3、2、1、2、…、7、6、5、4。在 4、3 和 5、6 间分别照录 a、b 点，由各点分别引对 4—4 垂线，与由结合线各点引与 4—4 平行线对应交点连成曲线，得管Ⅱ展开图。

同样作出管Ⅲ展开，如图 3-55 所示，说明从略。

图中
$$\beta = \frac{90°}{2(N-1)}$$

二十三、圆管与多节弯头相贯的展开

图 3-56 为圆管与四节等径直角弯头相贯，弯头下端节与圆管重合为圆管部分，相贯在 Ⅱ、Ⅲ 节内。图中已知尺寸为弯头中心半径 R、圆管直径 d、管长 l 及节数 N。作图步骤如下：

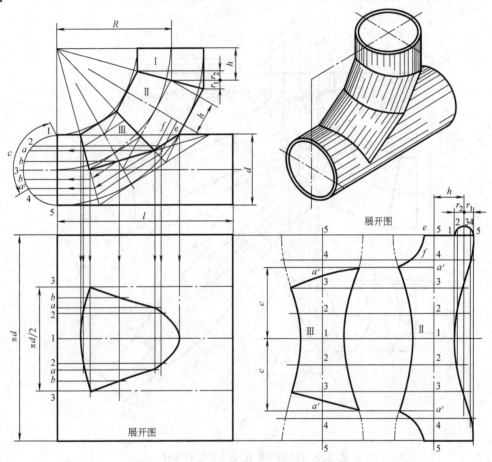

图 3-56　圆管与多节弯头相贯的展开

1）用已知尺寸画出圆管和四节直角弯头分节线（按两端节和两中节，端节为中节 1/2 划分）及轮廓线。

2）按回转体相贯公切于球面原理求出弯头 Ⅱ、Ⅲ 节与水平圆管的相贯线。

3）画水平管断面半圆周并作 6 等分，由等分点引水平线得与相贯线交点，再将相贯线上特殊点投影至圆管断面圆周上。

4）在圆管正下方以 πd 为长 l 为宽作一长方形，孔设中间由点 1 上、下对称截取断面圆周各弧长得 2、a、b、3 点，由各点引水平线，与由相贯线各点引下垂线对应交点连成曲线，得水平管展开图。

5）作管 Ⅱ 展开图。在圆管展开图右侧画一竖直线 5—5 等于圆管断面圆周长度并照录各等分点和 3、4 间 a' 点。由各点引水平线，与由辅助圆半圆周 4 等分点引与 5—5 平行线对应交点连成曲线为管Ⅱ右侧展开；再画左侧对称曲线，并在5、4线截取切口距 e、f 画曲线，得管Ⅱ展开图。

同样画出管Ⅲ展开，如图3-56所示。

本例适于薄板构件（$r_1 = r_2$），若为厚板 $r_1 = \dfrac{d}{2} - \delta$，$r_2 = \dfrac{d}{2}$。式中：$d$ 为外径，δ 为板厚。

二十四、弯头平交虾米腰的展开

图3-57所示为两节直角弯头与四节直角虾米腰水平相交在Ⅱ、Ⅲ节，由于两组弯头管径相等结合线为平面曲线，曲线正面投影积聚成直线，绘图时可直接画出。图中已知尺寸为 R、d、δ、a、c 及节数 N。作图步骤如下：

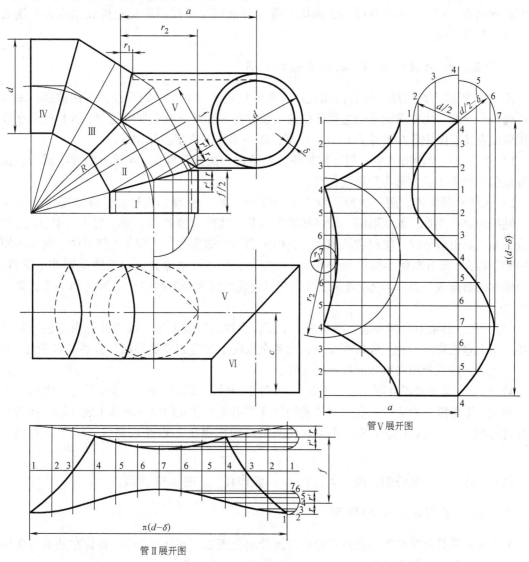

管Ⅴ展开图

管Ⅱ展开图

图3-57　弯头平交虾米腰的展开

1) 用已知尺寸画出四节直角虾米腰分节线（按两端节和两中节，端节为中节1/2）、各节轴线及轮廓线；由Ⅱ、Ⅲ节轴线交点引水平轴线截取 a 画弯头断面和管Ⅴ轮廓线与Ⅱ、Ⅲ节管轮廓相交，由交点连接三轴会交点为三管结合线的正面投影，再取 c 画出俯视图。

2) 在主视图按中径画端节断面1/4圆周并作3等分，由等分点向上引素线得与结合线交点。经板厚处理得出作展开画辅助圆半径 r、r' 和 r_1、r_2。

3) 管Ⅱ展开法。画水平线 1—1 等于圆管展开周长 $\pi(d-\delta)$ 并作12等分，等分点为 1、2、3、…、7、6、…、1。过等分点引垂线，与上、下辅助圆 1/4 圆周 3 等分点所引水平线对应交点分别连成曲线，再截去切缺部分各素线后画曲线，得管Ⅱ展开图。

4) 管Ⅴ展开法。以圆管展开周长 $\pi(d-\delta)$ 为长边 a 为宽作一长方形，12等分展开周长，由等分点引水平线，与由右角点 1/4 辅助圆周 3 等分点引下垂线对应交点连成曲线为管Ⅴ右端展开；左端展开以中线7（对应于右端4）为对称，上、下依次为 6、5、…、1。以7为中心辅助圆，r_1、r_2 为半径画 1/2 圆周6等分点所引水平线对应交点连成曲线为左端展开，得管Ⅴ展开图。

二十五、虾米腰斜交90°矩形弯头的展开

图 3-58 所示为虾米腰与长方曲面直角弯头前板成 α 角斜交，结合线为平面曲线，曲线的正面投影待求。为使图面清晰主视图仅画出长方弯头和虾米腰点划线轮廓。构件的水平投影积聚成直线。图中已知尺寸为 a、b、c、d、R、r 及 α。作图步骤如下：

1) 用已知尺寸画出"主、俯"两视图。在俯视图画圆管断面，4等分断面半圆周，由等分点引素线交于长方弯头轮廓线各点。

2) 画虾米腰实形。用一次换面设立平行于虾米腰正立辅助投影面，求出虾米腰分节线、轴线和结合实形，如实形图。设虾米腰为四节，按两端节和两中节，端节为中节的 1/2 划分直角，画出分节线、轴线和轮廓线。其中末端节大部截去，所剩并入管Ⅲ中。在实形图画圆管断面，4等分断面半圆周等分点为 1、2、3、4、5。由等分点引素线至管Ⅱ、管Ⅲ，与由俯视图结合线各点引对 AB 直角线对应交点连成曲线为虾米腰结合实形（如割Ⅱ、Ⅲ节管）。

3) 开孔。曲面直角弯头前、后板为正平面，主视图反映实形，前板开孔由俯视图结合线各点引上垂线得与主视图底口线交点，由各交点向上对应截取实形图结合线各点至 AB 距离，得出各点连成封闭曲线为前板开孔实形。

4) 作Ⅰ、Ⅱ节管展开图。画水平线 1—1 等于圆管展开周长 πd 并作8等分，由等分点引上垂线，取各线长对应等于实形图各素线长度得出各点连成曲线为端节Ⅰ展开图。在管Ⅱ展开各垂线上对应截取实形图管Ⅱ各素线至结口距离得出各点连成曲线，得Ⅱ节管展开图。

同样可作出Ⅲ节展开图，展开周长 $l = \overparen{0-4}$ 弧伸直，如图 3-58 所示。

二十六、Y形四通管的展开

Y形四通管是由两组等径任意角弯头与圆管斜交而成（见图 3-59），各管在基本视图中不反映实形。图中已知尺寸为 a、b、c、d、δ 及 R。作图步骤如下：

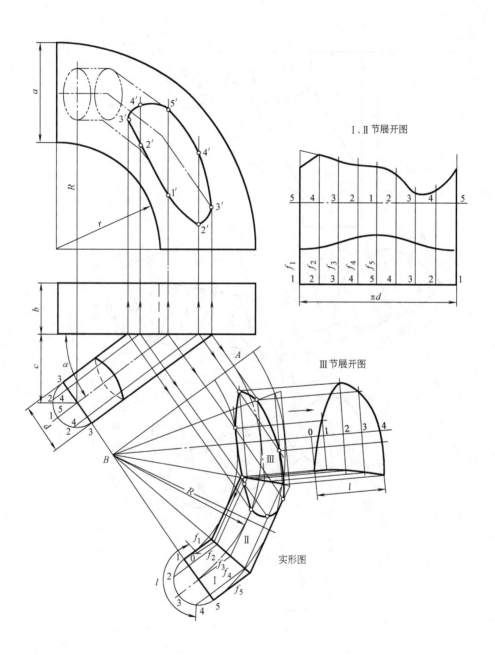

I、II节展开图

III节展开图

实形图

图 3-58 虾米腰斜交长方直角弯头的展开

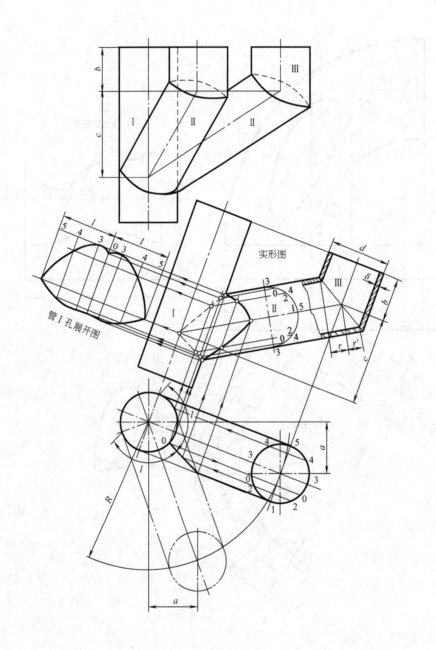

图 3-59　Y 形四通管的展开

1）用已知尺寸画出主视图和俯视图。

2）用换面法求出管 II、管 III 结合实形及辅助圆半径 r、r'。

3）在俯视图由三管会交点 O 引素线至管Ⅱ断面圆周，8 等分断面圆周，等分点为 1、2、3、4、5、4、…、1。由等分点引素线得与三管结合线交点，再由各交点向上引对实形图投影线得与管Ⅱ断面半圆周 4 等分点及 O 点所引素线对应交点分别连成直线和曲线为三管结合实形。

4）作管Ⅱ展开图。画竖直线 3—3 等于管Ⅱ断面圆周展开长度 $\pi(d-\delta)$ 并作 8 等分，等分点为 3、2、1、2、3、4、5、4、3（在 2、3 间照录断面 O），由等分点引水平线与由 r、r' 为半径所画 1/4 辅助圆周 2 等分点引上垂线对应交点连成曲线为管Ⅱ右端展开，再由 3—3 向左截取实形图结合线各点至里口垂直距得出各点分别连成曲线，即得管Ⅱ展开图（见图 3-60）。

同样作出管Ⅰ孔部展开，如图 3-59 所示。没作管Ⅲ展开图。

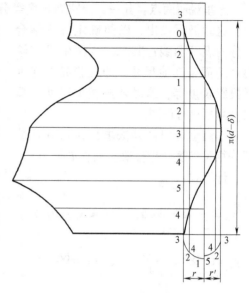

图 3-60　管Ⅱ展开图

二十七、放射状等径四通管的展开

图 3-61 所示为主管Ⅰ呈竖直与等径三支管成放射状连接成四通管。三支管结合线的水平投影为已知轴线会交于一点互成 120°。为使图面清晰本例只画出 1/3 部分主、俯视图。图中已知尺寸为 d、δ、h、H 及 β。作图步骤如下：

1）用已知尺寸画出 1/3 部分主、俯视图。

2）结合线求法。在俯视图画出支管断面半圆周并作 8 等分，由等分点引上垂线与主视图支管断面 8 等分点所引素线对应交点连成光滑曲线，得支管Ⅱ结合端实形。

3）主管展开图法。由于三支管与主管成对称连接而使主管以 1/3 周长形成对称截体。因此，作出主管 1/3 展开图便可。如图 3-62 所示，先按主视图 h 及切缺素线 y_0、y_1、y_2、y_3、y_4 各值作出半圆长度展开图（双点划线轮廓）。再以 y_0 为对称取 1/3 周长确定特殊点 K、K（拐点），即得主管 1/3 展开图。

4）支管展开图法。支管展开周长用中径计算确定 $\pi(d-\delta)$。并作 16 等分，由等分点引下垂线，以中线为对称对应截取接口处切缺部分各素线 y_0、y_1、y_2、…、y_8。再向下延长

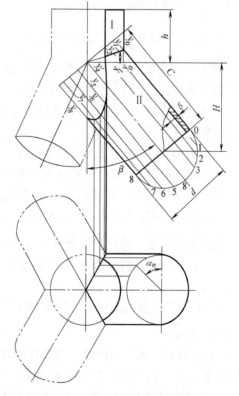

图 3-61　放射状等径四通管的展开

管Ⅰ展开两边线，找出 K、K 点。通过各截点连成光滑曲线，即得管Ⅱ展开图。

这里说明两点：其一，当圆周长度等分数 n 为 12 及其倍数时，拐点 k、k 则在等分点上，这时仍须找出，以便确定各管结合部分的展开曲线；其二，当图中没有给出 β 角而是其他尺寸，如支管高度与水平投影长度等，这时须按相关尺寸计算出 β 角再进行作图。

本例也可用计算法求出接口处切缺部分相关参数（坐标值）后作展开。

计算式：

$$y_n = \frac{1}{2}d \, \mathrm{tg}\frac{\beta}{2}\cos\alpha_n \quad (0 \leqslant \alpha_n < 90°)$$

$$y_n' = 0.2887\frac{d}{\sin\beta} \quad (当 \alpha = 90°时)$$

$$y_n = \frac{d}{2}\left(\mathrm{ctg}\beta\sin\alpha_n + 0.5774\frac{\cos\alpha_n}{\sin\beta}\right) \quad (90° < \alpha_n \leqslant 180°)$$

$$C = \frac{h}{\cos\beta}$$

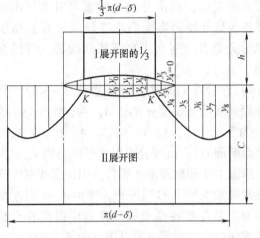

图 3-62　管Ⅰ、管Ⅱ展开图

式中　α_n——支管断面等分角（°）

二十八、后倾式裤形管的展开

如图 3-63 所示，管Ⅰ与两管Ⅳ为不在一个平面上的等径管，通过等径斜交三通管连接成后倾式裤形管，图中已知尺寸为 a、b、d、h、h_1、h_2、δ。

由于裤形管后倾，视图中不反映结合实形，不能直接作展开。需用换面法求出各管结合实形后作展开。作图步骤如下：

1) 用已知尺寸画出主视图和左视图。

2) 在左视图中，沿与管Ⅱ成直角的方向进行换面投影。为简化作图，以粗实线代替各管，在一次换面图中，管Ⅱ轴线反映实长。

3) 在一次换面投影图中，沿管Ⅱ轴线方向进行二次换面投影。在二次换面投影图中，管Ⅱ投影积聚为圆，得出管Ⅱ开孔中线与里角点错心弧距 $\overset{\frown}{l}$。

4) 在二次换面图中沿与管Ⅲ轴线成直角方向进行三次换面投影，得各管结合实形图。

5) 再在三次换面图中，沿管Ⅲ轴线方向进行四次换面投影；得管Ⅲ两端最前点与里角点错心弧距 $\overset{\frown}{\kappa}$。

6) 作展开。本例只作Ⅱ、Ⅲ节管展开（见图 3-64）。先用管Ⅱ展开周长 $\pi (d-\delta)$ 与轴线长度 c 作一长方形（见管Ⅱ展开图），并在长方形两角点分别用管Ⅰ、管Ⅱ实形图内外角 r_1、r_2 为半径画 1/4 圆周，并各作 3 等分（未注明等分点符号），由等分点引下垂线，与

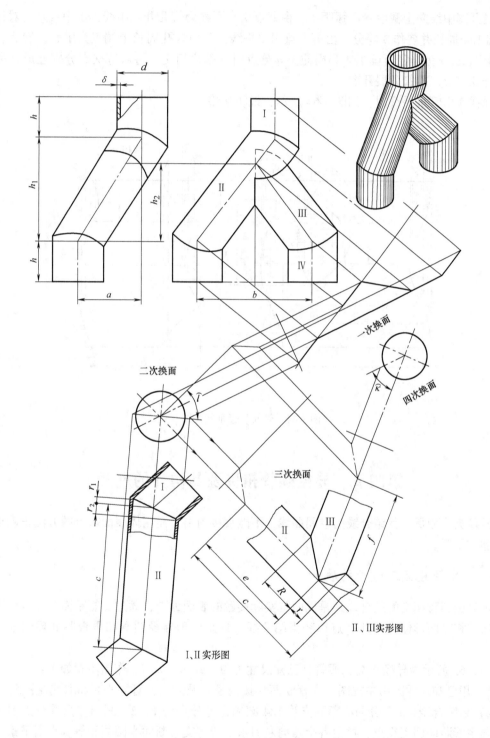

图 3-63 后倾式裤形管

由圆周展开周长等分点所引水平线相交所得对应交点连成光滑曲线，得管Ⅱ两端接口展开，再在展开图中线向上截取错心弧距 $\overset{\frown}{l}$，由截点引水平线为管Ⅱ开孔中线，由中线左右对称截取管Ⅱ1/4周长并各作3等分。由等分点引水平线，与由开孔周长上端点为中心，管Ⅱ、管Ⅲ实形图 R、r 为半径所画1/4圆周的6等分点引下垂线相交，将对应交点分别连成光滑曲线为开孔实形，得管Ⅱ展开图。

同样作出管Ⅲ展开图，如图3-64所示，说明从略。

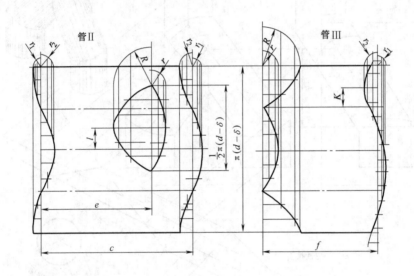

图3-64　管Ⅱ、管Ⅲ展开图

第四节　异径圆管相贯及其构件的展开

异径圆管相贯，其结合线为空间曲线，不能直接画出，需用体表面求点的方法正确求出后方能作展开。

一、异径直交三通管的展开

求异径圆管相交的结合线，是以两管实际接触的表面为准，通过支管断面等分点引素线的方法求相交两形体表面共有点以获得结合线。这是处理异径圆管相贯板厚处理的一般规律。

图3-65所示为异径直交三通管，已知尺寸为 D、d、δ、h、l。作图步骤如下：

1）用已知尺寸画出主视图、支管断面（按内径）及主、支管同心断面取代左视图。

2）求结合线。3等分同心断面支管1/4圆周，等分点为1、2、3、4。由等分点引上垂线得与主管断面圆周交点，再由各交点向左引水平线与支管断面半圆周6等分点引下素线对应交点连成曲线为两管结合线。

3）作支管展开图。在支管顶口延长线上截取1—1等于支管展开周长 π（$d+\delta$）并作

12 等分。由等分点引下垂线与由结合线各点向右所引水平线对应交点连成光滑曲线，得支管展开图。

同样作出主管展开，如图 3-65 所示。

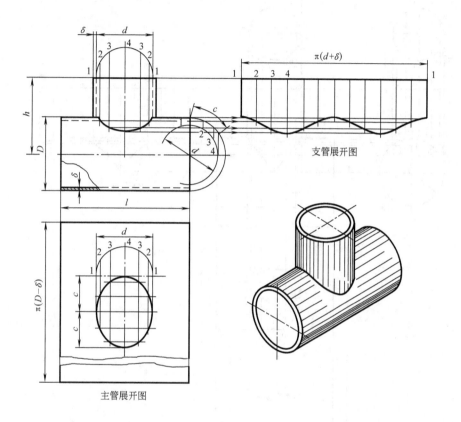

支管展开图

主管展开图

图 3-65 异径直交三通的展开

二、异径错心直交三通管的展开

异径错心直交三通管结合线为空间曲线，曲线的侧面投影与主管断面圆周部分重影；结合线的正面投影待求，如图 3-66 所示。图中已知尺寸为 D、d、h、l、y。作图步骤如下：

1）用已知尺寸画出主视图、右视图及支管断面图。

2）结合线求法。12 等分右视图支管断面圆周，等分点为 1、2、3、…、7、6、…、1。由等分点引下垂线得与主管断面圆周交点为 $1'$、$2'$、$3'$、…、$7'$。由各交点向右引水平线，与由主视图支管断面圆周等分点引下垂线对应交点连成曲线为两管结合线。

3）作支管展开图。在支管顶口延长线上截取 1—1 等于支管断面展开周长 πd 并作 12 等分，等分点为 1、2、3、…、7、6、…、1。由等分点引下垂线，与由主视图结合线各点向右所引水平线对应交点连成曲线，得支管展开图。

同样作出主管展开，如图 3-66 所示。

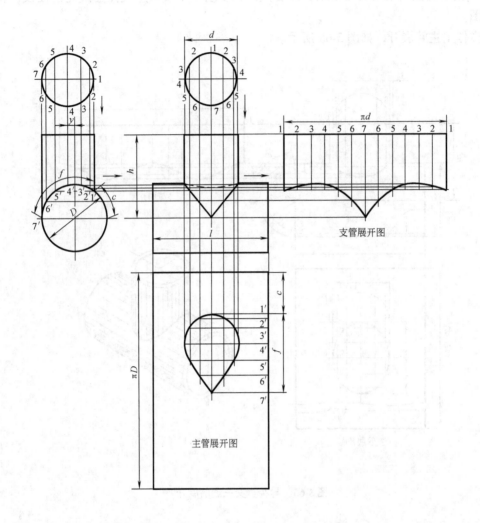

图 3-66 异径错心直交三通管的展开

三、异径斜交三通管的展开（其一）

异径斜交三通管结合线为空间曲线，曲线的正面投影不能直接画出，其侧面投影有积聚性，与主管断面部分圆周重影视为已知。可通过结合线的已知投影求出其正面投影，如图 3-67 所示。已知尺寸为 D、d、δ、b、l、c 及 β。作图步骤如下：

1）用已知尺寸画出主视图、支管 1/2 断面及主、支管 1/2 同心断面。

2）结合线求法。2 等分同心断面支管 1/4 圆周，由等分点引上垂线得与主管断面圆周交点，由各交点向右引水平线与支管断面半圆周 4 等分点所引素线对应交点连成曲线，即为两管结合线。

3）支管展开法。在支管端面延长线上截取 1—1 等于支管断面展开周长 $\pi(d+\delta)$ 并作 8 等分，等分点为 1、2、3、4、5、4、3、2、1。由等分点引对 1—1 直角线与由结合线各点引与1—1平行线对应交点连成曲线，得支管展开图。

同样作出主管孔部展开，如图3-67所示。

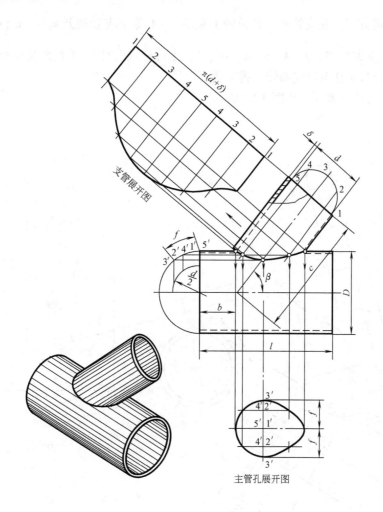

图3-67　异径斜交三通管的展开（其一）

四、异径斜交三通管的展开（其二）

如图3-68所示，异径斜交三通管主管成水平位置，水平投影反映实长；支管为一般位置，在基本视图中不反映实长。因此，两管在主、俯视图中不反映结合实形，不能直接作展开，图中已知尺寸为 R、r、δ、a、h、α 及 β。作图步骤如下：

1）用已知尺寸画出主、支管轴线投影两视图。

2）沿俯视图主管轴线方向用一次换面法求出主管断面和支管轴线的投影，并画出主支管同心断面。

3）用二次换面法求出两管轴线交角，并分别画出各管轮廓线和支管断面。

4）求结合线。4等分同心断面支管半圆周，由等分点投影交主管断面外圆周1′（5′）、

2′（4′）、3′。由各交点引与主管平行线，与由支管断面半圆周 4 等分点所引素线对应交点连成曲线，即为两管结合线。

5）作支管展开图。在支管端口延长线上截取 1—1 等于支管展开周长 $2\pi\left(r+\dfrac{\delta}{2}\right)$，并作 8 等分。等分点为 1、2、3、4、5、4、…、1。由等分点引对 1—1 直角线与由结合线各点引与 1—1 平行线对应交点连成曲线，得支管展开图。

同样作出主管孔部展开，如图 3-68 所示。

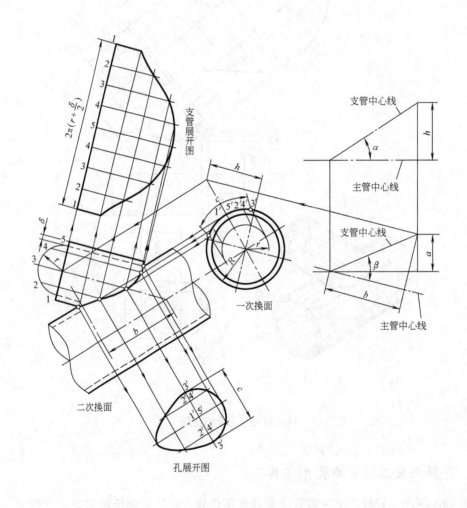

图 3-68　异径斜交三通管的展开（其二）

五、异径偏心斜交三通管的展开

图 3-69 所示为异径偏心斜交三通管，支管直径等于主管半径，两管相交偏心距 $f=\dfrac{d}{2}$。图中已知尺寸为 D、d、a、l、f、h 及 β。作图步骤如下：

1）用已知尺寸画出主视图及支管断面，并在右视图位置以两管直径 D、d 及偏心距 f 画辅助断面。两管结合线的侧面投影与主管断面 1/4 圆周重影。

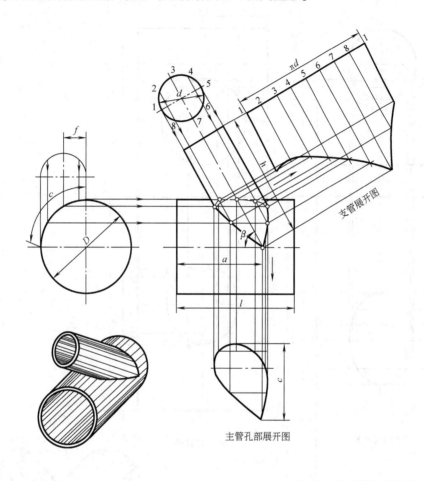

图 3-69 异径偏心斜交三通管的展开

2）结合线求法。4 等分辅助断面支管 1/2 圆周，由等分点引下垂线得与主管断面圆周交点，再由各交点向右引水平线与主视图支管断面圆周 8 等分点所引素线对应交点连成曲线，即为两管结合线。

3）作支管展开图。在支管端口延长线上截取 1—1 等于支管展开周长 πd 并作 8 等分。由等分点引对 1—1 直角线与由结合线各点引与 1—1 平行线对应交点分别连成曲线，即为所求支管展开图。

同样求出主管孔部展开，如图 3-69 所示。

六、异径侧交十字管的展开

如图 3-70 所示，主、支管交错成十字形相贯，结合线为空间曲线，曲线在基本视图中与两管断面部分圆周重影。图中已知尺寸为 D、d、h、L、l。作图步骤如下：

1）用已知尺寸画出主视图和左视图。

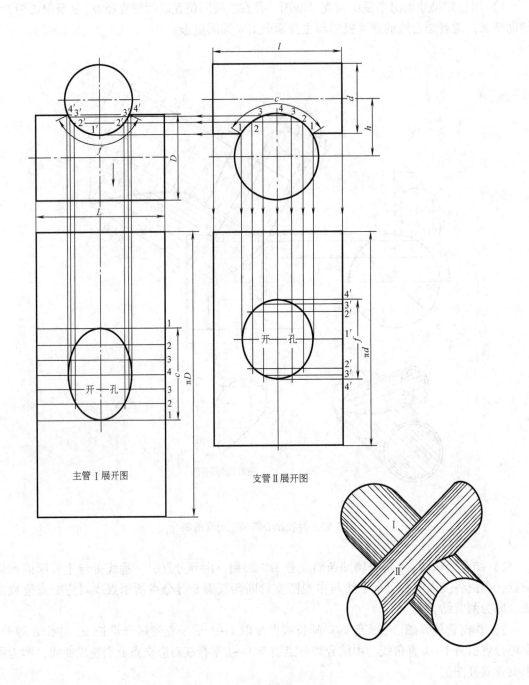

图 3-70 异径侧交十字管的展开

2）6 等分结合线侧面投影 1—1 弧，等分点为 1、2、3、4、3、2、1。由等分点向左引水平线得与支管断面圆周交点为 $1'$、$2'$、$3'$、$4'$。

3）作主管展开图。在主视图正下方以 L 为宽、πD 为长作一长方形，孔设中间。由右边线点 4 上下截取 4—3、3—2、2—1 等于左视图主管断面$\overset{\frown}{4—3}$、$\overset{\frown}{3—2}$、$\overset{\frown}{2—1}$弧伸直长，由各点引水平线与由主视图结合线各点引下垂线对应交点连成封闭曲线为开孔实形，得主管 I 展开图。

同样作出支管 II 展开，如图 3-70 所示。

七、异径偏心 X 形四通管的展开

异径偏心 X 形四通管是由主、支管外径接触相互贯穿而成，结合线为空间曲线，曲线的侧面投影有积聚性，与主管断面部分圆周重影。两管相交偏心距 $f = \dfrac{D}{2}$，如图 3-71 所示。图中已知尺寸为 D、d、δ、f、a、L、l_1、l_2 及 β。作图步骤如下：

1）用已知尺寸画出主视图轮廓线、支管断面，并在左视图位置按两管偏心距 f 及 D、d 画主、支管断面；4 等分支管断面半圆周，等分点为 1、2、3、4、5。由等分点引下垂线交主管断面圆周于 1″（5″）、2″、3″、4″点。

2）求结合线。4 等分主视图支管断面半圆周，由等分点引素线与由主管断面圆周各点向左所引水平线对应交点连成封闭曲线，为两管结合线。

3）作主管展开图。在主视图正下方以 L 为宽，主管展开周长 π（$D-\delta$）为长边作一长方形，孔设中间由右边线中点 1″（5″）上、下对称截取 1″—2″（4″）、2″—3″等于主管断面 $\overset{\frown}{1″（5″）—2″（4″）}$、$\overset{\frown}{2″—3″}$弧伸直长。再由各截点向左引水平线，与由结合线各点引下垂线相交，将对应交点连成曲线，得主管展开图。

同样作出支管展开，如图 3-71 所示，说明从略。

八、异径两支管同交大圆管的展开

图 3-72 所示为异径两支管同时斜交大圆管。在主视图中两管轴线分别与主管成 α 和 β 角相贯，在侧面投影中两支管互成直角。其中管 I 轴线通过主管断面中心，属于异径斜交三通管；管 II 轴线则偏离主管断面中心，属于异径偏心斜交三通管。由于支管斜交大圆管在基本视图中不反映结合实形，须通过结合线的积聚投影侧视图分别作一次换面投影求出结合实形后作展开。图中已知尺寸为 D、d_1、d_2、δ、f、g、h、i、L、α 及 β。作图步骤如下：

1）用已知尺寸画出主管主视图、两支管轴线，右视图（支管按内径）及支管断面图。

2）用一次换面法求出支管 I 及主管交角，并分别画出两管轮廓线和支管断面。

3）结合线画法。8 等分支管 I 断面圆周，等分点为 1、2、3、4、5、4、…、1。由等分点引素线得与主管断面外圆周交点，由各交点向实形图引主管平行线，与由管 I 断面 8 等分点所引素线对应交点连成曲线，为主、支管 I 结合线。

4）作支管 I 展开图。在支管 I 端口延长线上截取 1—1 等于支管 I 断面展开周长 π（$d_1+\delta$）并作 8 等分，等分点为 1、2、3、4、5、4、…、1。由等分点引对 1—1 直角线，与由结合线各点所引 1—1 平行线相交，将对应交点连成光滑曲线，得支管 I 展开图。

5）作主管孔部展开图。在实形图主管上端口延长线上截取 b 等于右视图结合线积聚投影弧长 b 伸直并照录各点，由各点引与主管平行线，与由结合线各点所引垂线对应交点连成封闭曲线为主管孔部展开。

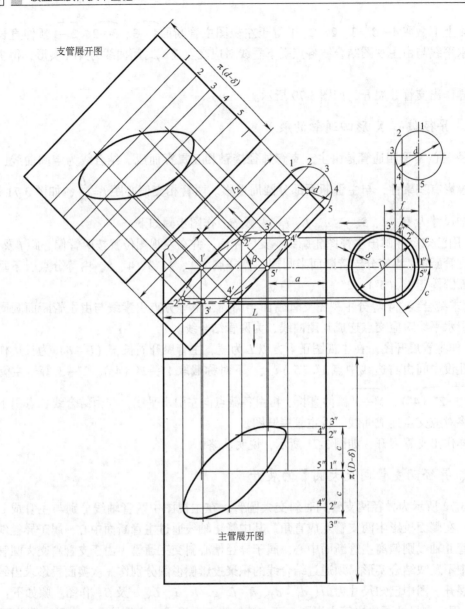

图 3-71   异径偏心 X 形四通管的展开

6）同样用一次换面法求出支管 Ⅱ 偏心斜交大圆管结合实形后作展开，如图 3-72 所示，说明从略。

7）作主管展开图。以主管展开周长 $\pi(D-\delta)$ 为长边，L 为宽作一长方形，并将两孔展开实形按尺寸要求移至展开图中。即从长方形左下角截取实形图孔展开 b，并照录 1（5）、2（4）、3 点；再由 b 向右截取右视图主管断面弧长 c 和 d 并照录各点，由各点引上垂线，取各线长对应等于两孔展开各点至主管端口线距离，得出各点分别连成曲线，得主管展开图。

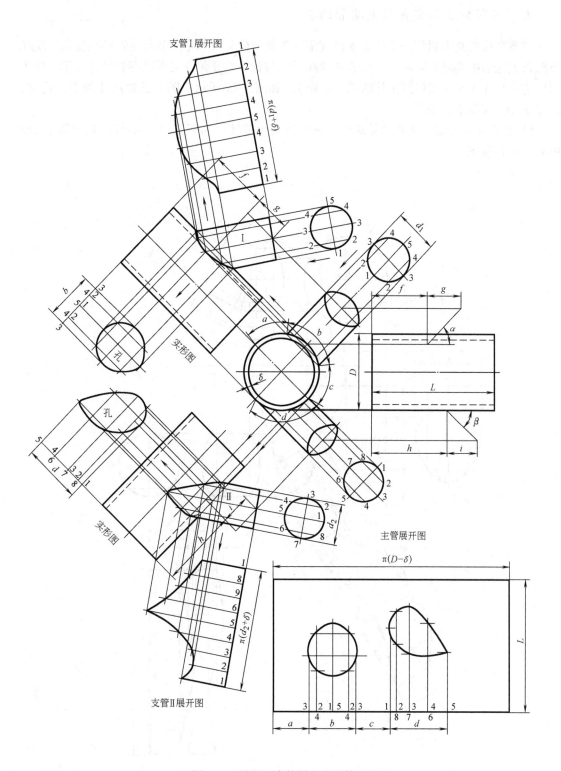

图 3-72 异径两支管同交大圆管的展开

九、三节弯头斜交异径大圆管的展开

三节弯头斜交大圆管是按三节等径直角弯头划分分节线确定中节与主管轴线交角。左端节深入大圆管中实际不存在；右端节在仰视图中与管 I 成 β 角连接反映两管结合实形。管 I 端口定形尺寸为 H（端口至主管断面中心距），如图 3-73 所示。图中已知尺寸为 D、d、R、a、L 及 β。作图步骤如下：

1）用已知尺寸画出主视图轮廓线、三节弯头分节线（按两端节一中节，端节等于 1/2 中节）和仰视图。

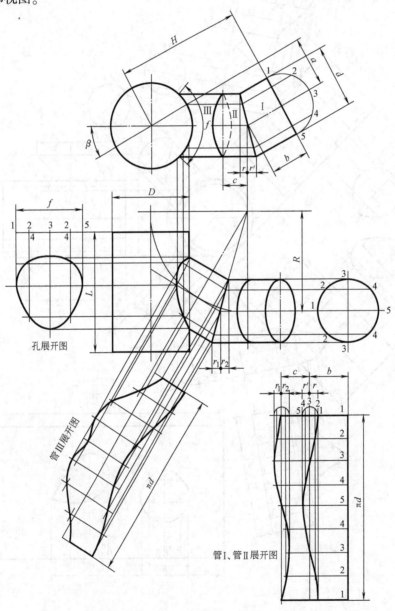

图 3-73　三节弯头斜交异径大圆管的展开

2）在仰视图画管Ⅰ断面，4 等分断面半圆周，等分点为 1、2、3、4、5。由等分点引素线至主管断面圆周交点。

3）求结合线。在主视图画支管断面，8 等分断面圆周，等分点按仰视图断面等分点调转 90°为 1、2、3、4、5、4、…、1。由等分点引各管素线至管Ⅲ，与由仰视图主管断面各点引下垂线对应交点连成曲线为主、支管结合线。

4）作管Ⅰ、管Ⅱ展开图。作一长方形，宽等于管Ⅰ轴线长度 b，其长等于管Ⅰ展开周长 πd，8 等分长边 1—1，由等分点引水平线，与由 r（r'）为半径画 1/2 辅助圆 4 等分点所引下垂线相交，将对应交点连成曲线，得管Ⅰ展开图。再由辅助圆心向左截取管Ⅱ轴线长度 c，以此为中心，r_1（r_2）为半径所画 1/2 辅助圆 4 等分点引下垂线相交，将对应交点连成曲线，得管Ⅱ展开图。

5）同样作出管Ⅲ和主管孔部展开，如图 3-73 所示，说明从略。

说明：若为薄板构件，图中辅助圆半径 $r = r'$，$r_1 = r_2$；若为厚板 $r = \dfrac{d}{2}$，$r' = \dfrac{d}{2} - \delta$，$r_1 = \dfrac{d}{2} - \delta$，$r_2 = \dfrac{d}{2}$。式中，d 为外径，展开周长按中径计算。

十、蛇形管侧交大圆管的展开

如图 3-74 所示，蛇形管与大圆管侧面直交，偏心距为 l。蛇形管正面投影不反映实形，水平投影有积聚性，可用换面法通过积聚投影图求出两管结合实形后作展开。图中已知尺寸为 D、d、l、a、H、h 及 β（β = 45°）。作图步骤如下：

1）用已知尺寸画出主视图和俯视图。

2）用换面法求出蛇形管结合实形。8 等分俯视图支管断面圆周，等分点为 1、2、3、4、5、4、…、1。由等分点引对管Ⅱ轴线直角线得与实形图结合线交点、由交点引管Ⅱ素线。

3）由管Ⅱ断面圆周交点引上垂线得与主视图主管断面外圆周交点为 1'、2'、3'、4'、5'。

4）作管Ⅰ展开图。在主视图管Ⅰ左边线 1'点向左所引水平线上截取 1—1 等于管Ⅰ展开周长 πd，并作 8 等分。等分点为 1、2、3、4、5、4、…、1。若以底口 1 为结口顶口展开曲线等分点对照实形图则知相串一个等分为 2、1、2、3、4、5、4、3、2。由等分点引下垂线，与由结合线各点和以 r 为半径所画辅助圆周 8 等分点所引的水平线相交，将对应交点分别连成曲线，得管Ⅰ展开图。

5）同样作出管Ⅱ和主管孔部展开，如图 3-74 所示，说明从略。

十一、异径管斜交三节直角弯头的展开（其一）

如图 3-75 所示，异径圆管沿三节直角弯头中节中线垂直相交，其结合线为空间曲线。曲线的斜视投影与中节断面圆周部分重影；结合线的正面投影待求。图中已知尺寸为 D、d、R、h 及节数 N。作图步骤如下：

1）用已知尺寸画出主视图分节线（按两端节一中节，端节为中节 1/2 划分）、轮廓线及支管 1/2 断面。

2）画出中节管与支管相贯的斜视图和支管断面。4 等分断面半圆周，等分点为 3、2、

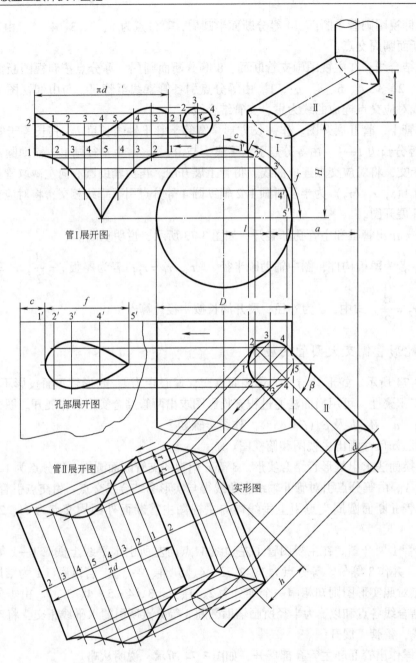

图 3-74 蛇形管侧交大圆管的展开

1、2、3。由等分点引素线交主管断面圆周于1′、2′、3′点。

3）求结合线。4 等分主视图支管断面半圆周，由等分点引素线，与斜视图主管断面1′、2′、3′点向主视图所引支管垂线相交，将对应交点连成曲线，为主、支管结合线。再由结合线各点引素线至端节断面圆周，交点为1′、2′、3′。3 等分端节断面1/4 圆周，等分点为4、5、6、7。由等分点向上引素线至中节分节线。

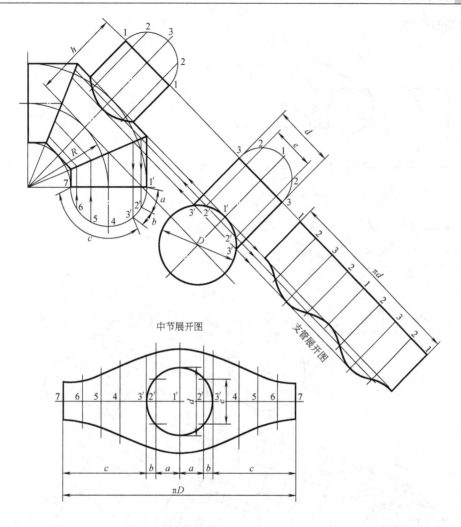

图 3-75　异径管斜交三节直角弯头的展开（其一）

4）中节展开法。画水平线 7—7 等于弯头断面展开周长 πD；并照录断面 6、5、4、3′、2′、1′、2′、3′、4、5、6 点，过各点引垂线，以 7—7 为对称取各线长对应等于中节各素线长度得出各点，分别连成两条对称曲线；孔在正中，再在 2′、1′、2′线截取斜视图孔宽 d、e 得出各点与 3′、3′连成椭圆，得中节展开图。这里说明一点，作中节展开可通过斜视图中节断面分点引素线直接作出，可不通过端节端面，本例适于薄板构件。

同样作出支管的展开，如图 3-75 所示。

十二、异径管斜交三节直角弯头的展开（其二）

如图 3-76 所示，支管轴线由中节管轴线中点向右后倾斜与三节等径直角弯头相贯，结合线为空间曲线。结合线在基本视图中不反映实形，须通过二次换面法求出实形方可作展开。图中已知尺寸为 D、d、R、h、b 及 $β$。作图步骤如下：

1）用已知尺寸画出主视图分节线（按两端节一中节，端节等于 1/2 中节划分）、主支管轮廓线及仰视图。

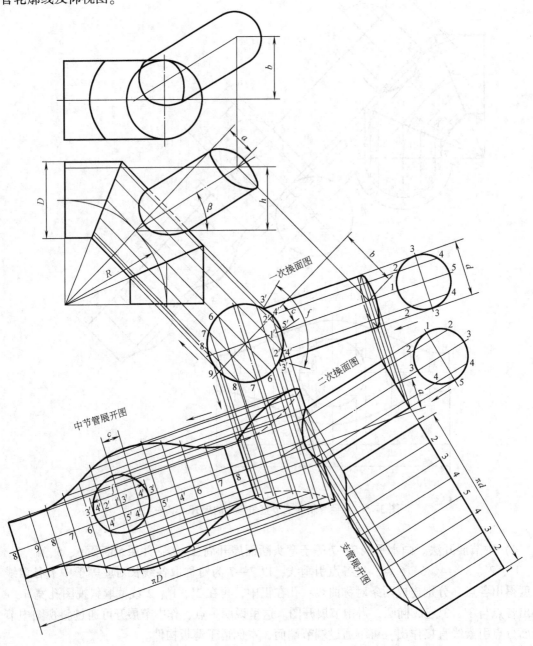

图 3-76　异径管斜交三节直角弯头的展开（其二）

2）沿中节轴线方向进行一次换面投影，画出两管视图和支管断面，8 等分断面圆周，等分点为 1、2、3、4、5、4、…、1。由等分点引素线交主管断面圆周于 1′（5′）、2′（4′）、3′点。

3）求结合线。再沿支管轴线垂直方向进行二次换面投影，画出两管轮廓线及支管断面。8 等分断面圆周，由等分点引素线，与由主管断面圆周各点引与主管平行线对应交点连成曲线，即为两管结合线。

4）6 等分中节断面半圆周，等分点为 6、7、8、9、8、7、6。由断面各点分别向主视图引素线得与分节线交点、向二次换面图引素线对应等于主视图各素线长度得出各点分别画出中节两端面投影。

5）作中节管展开图。在二次换面图中由主、支管轴线交点引对中节轴线垂线上截取 8—8 等于主管断面展开周长 πD，并照录断面圆周各点，通过各点作垂线，与由中节管两端面各点引 8—8 平行线相交，将对应交点分别连成两条对称曲线，再将开孔由中节展开中线左串一格展开，即得中节展开图。

同样作出支管展开，如图 3-76 所示。

十三、异径管竖交五节直角弯头的展开

如图 3-77 所示，异径圆管竖交五节等径直角弯头于 Ⅱ、Ⅲ 节间，结合线为空间曲线。曲线的侧面投影与弯头断面部分圆周重影，正面投影待求。图中已知尺寸为 D、d、R、h、l 及节数 N（$N=5$）。作图步骤如下：

1）用已知尺寸画出主视图弯头分节线（按两端节三中节，端节等于中节 1/2 划分）、主支管轮廓线及支管 1/2 断面。6 等分断面半圆周，等分点为 1、2、3、…、7。由等分点向下引素线。

2）求结合线。画辅助图端节 Ⅰ 及支管断面。6 等分断面半圆周，由等分点引下垂线得与主管断面圆周交点，由各交点顺次引弯头各节素线至 Ⅱ、Ⅲ 节，与由支管断面等分点引下素线对应交点连成曲线，为主、支管结合线。

3）作支管展开图。在 1—7 延长线上截取 1—1 等于支管断面展开周长 πd 并作 12 等分，由等分点引下垂线，与由结合线各点向右所引水平线相交，将对应交点连成曲线，得支管展开图。

4）作主管 Ⅱ 展开图。3 等分端节断面 1/4 圆周（没注明符号），由等分点向主视图引素线至管 Ⅱ、管 Ⅲ 节。画水平线 9—9 等于端节断面展开周长 πD，并照录断面圆周各点，通过各点引垂线，以 9—9 为对称取各线长对应等于主视图管 Ⅱ 各素线长度得出各点连成曲线。再在主、支管结合线点 3′、2′、1′各素线上对应截取切口尺寸得出各点连线，即得管 Ⅱ 展开图。同样作出管 Ⅲ 展开图，说明从略。弯头 Ⅰ、Ⅳ 节展开图没作。

十四、两组异径多节弯头侧垂相贯的展开

如图 3-78 所示，五节等径直角弯头与四节大口径直角弯头前面相贯于 Ⅱ、Ⅲ 节间，结合线为空间曲线。曲线在主、左视图中投影须用素线取点求得。图中已知尺寸为 D、d、R_1、R_2、h 及节数 N_1、N_2（$N_1=4$，$N_2=5$）。作图步骤如下：

1）先用已知尺寸画出"主、左"两视图分节线（按两端节多中节，端节为中节 1/2 划分）、两组弯头轮廓线及主、支管断面。左视图中五节直角弯头的下端节深入到四节大口径弯头中实际不存在，只有一节管与主管 Ⅱ、Ⅲ 节相贯。

2）求结合线。4 等分支管断面半圆周，等分点为 1、3、5、7、9。由等分点引素线至弯

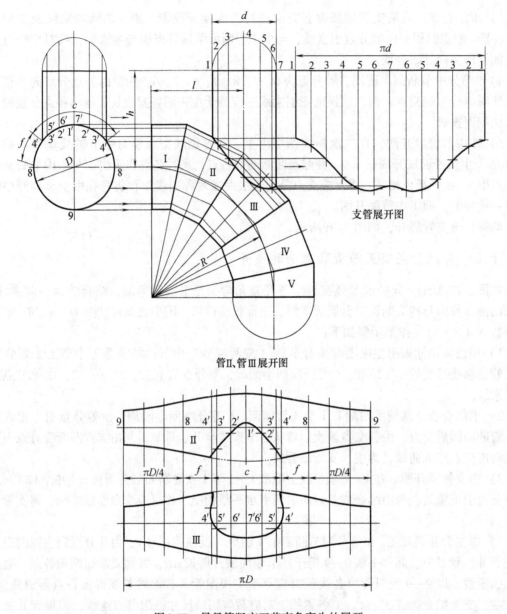

支管展开图

管Ⅱ、管Ⅲ展开图

图 3-77　异径管竖交五节直角弯头的展开

头各节；在左视图底口线右侧画支管断面 1/4 圆周并作 2 等分，由等分点向左引水平线得与主管断面圆周交点，由交点引上垂线与支管断面前引各素线相交，将对应交点连成曲线为左视图主、支管结合线；再由结合线各点向左引水平线，与支管主视图断面半圆周 4 等分点向下所引素线相交，将对应交点连成曲线为结合线的正面投影，并将结合线各点引素线至主管底断面圆周上；再 6 等分断面半圆周，由等分点向上引素线至Ⅱ、Ⅲ节管。

　　3）作支管展开图。在引支管垂线上截取 1—1 等于支管断面展开周长 πd 并作 8 等分。由等分点引对 1—1 垂线，与由结合线各点引与 1—1 平行线对应交点连成曲线，得支管展开图。

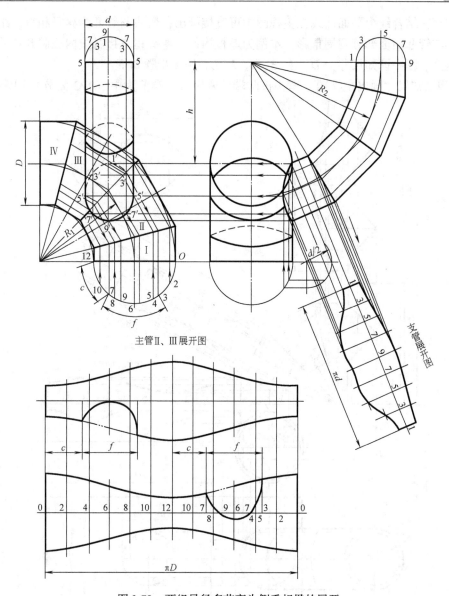

图 3-78 两组异径多节弯头侧垂相贯的展开

4）作主管Ⅱ展开图。画水平线 O—O 等于主管断面展开周长 πD，并作 12 等分，等分点为 O、2、4、6、8、10、12、10、…O。过等分点引垂线，以 O—O 为对称截取各线长度对应等于管Ⅱ各素线长度得出各点，分别连成对称曲线；然后再作孔部展开。开孔尺寸由展开图中点 12 向右截取断面弧长 c、f，在 f 内以 6 为中心，左、右照录断面 7、9、5（4）、3，过各点引垂线，取各线长对应等于切口各素线长度得出各点并连成曲线，得主管Ⅱ展开图，同样作出管Ⅲ展开图，说明从略。

十五、连接异径交错管多节弯头的展开

如图 3-79 所示，管Ⅰ与管Ⅱ互垂交错，通过四节等径直角弯头连接。其中，管Ⅰ与弯

头直径相等，结合线为平面曲线在主视图中可直接画出；弯头与管Ⅱ为异径相贯，结合线的正面投影与管Ⅱ断面部分圆周重影。本例为厚板构件，弯头里皮接触按内径展开；外皮接触按外径展开。图中已知尺寸为 D、d、δ、h、l、L。作图步骤如下：

1) 用已知尺寸画出主视图（弯头按两端节两中节，端节为中节1/2划分）和俯视图。

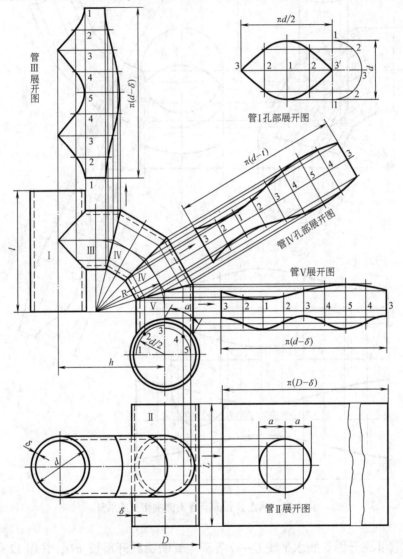

图 3-79　连接异径交错管多节弯头的展开

2) 在主视图中以弯头内、外径画同心断面，2 等分同心断面1/4内外圆周，等分点为1、2、3、4、5。由等分点向上引素线至弯头各节。

3) 作管Ⅰ孔部展开图。画水平线3—3′等于管Ⅰ断面展开周长1/2并作4等分，由等分点引下垂线，与以3′为中心的管Ⅰ断面半圆周4等分点所引水平线相交，将对应交点连成曲线，即为所求。

4) 作管Ⅲ展开图。在管Ⅰ右轮廓延长线上截取1—1等于弯头断面展开周长 π $(d-\delta)$

并作 8 等分，过等分点引水平线，与由结合线各点引上垂线相交，将对应交点分别连成曲线，得管Ⅲ展开图。同样可作出其余各管展开，如图 3-79 所示。

十六、椭圆管与炉壳相贯的展开

图 3-80 所示为椭圆管与炉壳大圆筒和炉胆圆锥管水平相贯，本例只作椭圆管与大圆筒部分的展开。作图步骤如下：

1）用已知尺寸画出主视图和俯视图。为使图线清晰，在主视图中只对炉壳作剖视，其余各管不作剖视，只画单线图。

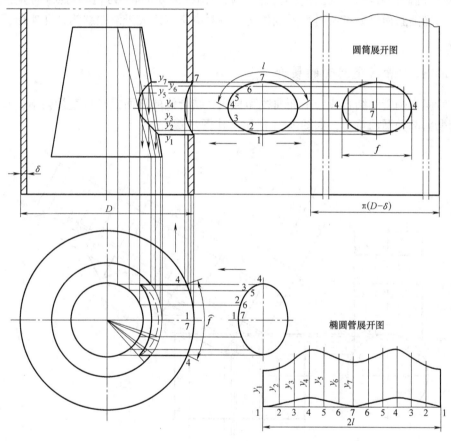

图 3-80 椭圆管与炉壳相贯的展开

2）结合线画法。椭圆管与大圆筒水平相交，结合线的水平投影与圆筒断面圆周部分重合，视为已知，可从已知投影中求出其正面投影结合线，即在主、俯视图中椭圆管断面用已知长短轴近似法画出。6 等分半椭圆周，等分点为 1、2、3、4、5、6、7。由等分点向左引水平线得与圆筒、圆锥管断面圆周交点，由圆筒断面各交点引上垂线，与由主视图椭圆管断面等分点向左所引水平线相交，将对应交点连成光滑曲线，得椭圆管右端与圆筒相贯的结合线。

3）椭圆管左端与圆锥管相接，结合线为空间曲线，在视图中无积聚投影，不能直接作出。其求法为：可用辅助平面过锥顶截切相贯体以获共有点求得结合线。具体作法是由俯视图圆锥管上下口断面圆周交点引上垂线得与主视图上下口线相交，交点连线（截交线的正面投影）与椭圆管断面等分点所引水平线相交，将对应交点（共有点）连成光滑曲线为椭圆管左端与圆锥相连的结合线完成主视图。再由结合线各点引下垂线与椭圆管断面等分点所引水平线对应交点连成曲线，为结合线水平投影，完成俯视图。

4）椭圆管展开图法。画水平线 1—1 等于椭圆管断面周长，并照录 2、3、…、7、6、…、2 点。由各点引上垂线，取各线长对应等于主视图椭圆管各素线长度，得出各点，通过各截点连成两条光滑曲线，得椭圆管展开，如图 3-80 所示。

5）炉壳圆筒展开法。炉壳开孔周长截取俯视图圆筒断面4—4弧长并照录各点，由各点引垂线，与椭圆断面等分点所引水平线相交，将对应交点连成光滑曲线为开孔实形，得圆筒展开图。

十七、长方管斜交圆管的展开

长方管斜交圆管的结合线为平面曲线和直线，结合线的正面投影可直接画出，其侧面投影与圆管断面部分圆周重影，如图 3-81 所示。作图步骤所下：

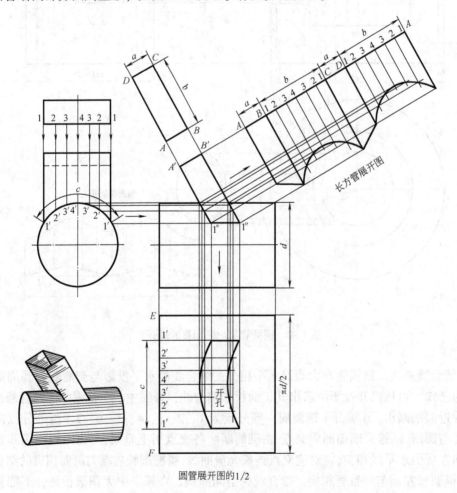

图 3-81　长方管斜交圆管的展开

1）用已知尺寸画出主视图、右视图和长方管断面图。6 等分断面长边 1—1，等分点为 1、2、3、4、3、2、1。由等分点引下垂线交圆管断于 1′、2′、3′、4′、3′、2′、1′点。再由各交点向右引水平线交主视图结合线各点。

2）作圆管展开图。在圆管两端口延长线上截取 EF 等于圆管展开周长 1/2 作长方形；由 EF 中点 4′上下对称照录右视图圆管断面 3′、2′、1′点。由各点引水平线，与由结合线各点引下垂线相交，将对应交点连成两条平行曲线为开孔实形，得圆管 1/2 展开图；

3）作长方管展开图。在 A′B′延长线上顺次截取长方管断面四边长度，并对长边作 6 等分。由等分点引对 AA 垂线，与由结合线各点引与 AA 平行线对应交点连成曲线和直线，得长方管展开图。

说明一点：如为厚板构件圆管按外径方管里口相贯分块放样；方管前、后板为正平面反映实形，只须作左、右侧板的展开。

十八、圆管与方筒相贯的展开

图 3-82 所示方筒端面与水平成 β 角倾斜，右上角与竖直圆管相贯，结合线为平面曲线。曲线在视图中投影须通过结合线积聚投影分点引素线求得。图中已知尺寸为 a、b、d、h 及 β（$\beta = 60°$）。作图步骤如下：

1）用已知尺寸画出主视图、斜视图及圆管断面图。

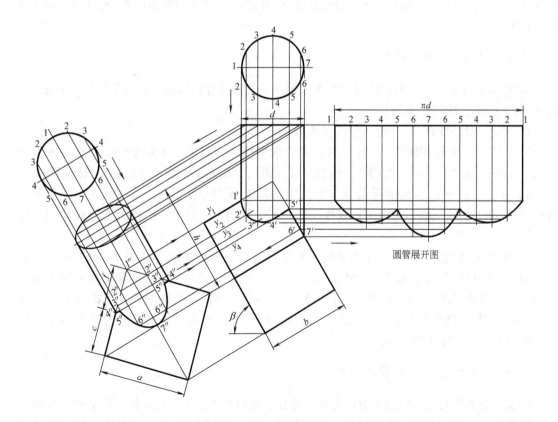

图 3-82 圆管与方筒相贯的展开

2）结合线求法。12 等分圆管断面圆周，等分点为 1、2、3、…、7、6、…、1。由等分点引素线交方筒断面于 1″、2″、3″、4″点，由各交点向主视图引投影线，与由主视图断面圆周等分点所引素线相交对应交点为 1′、2′、3′、4′。通过各点连成 1′—5′曲线；再由 5′、6′、7′向斜视图引投影线交前素线于 5″、6″、7″、6″、5″点，通过各点连成 5″—7″—5″曲线得出两管结合线。

3）作圆管展开图。在圆管端口延长线上截取 1—1 等于圆管断面展开周长 πd 并作 12 等分，等分点为 1、2、3、…、7、6、…、1。由等分点引下垂线，与由结合线各点向右所引水平线对应交点分别连成曲线，即为圆管展开图。

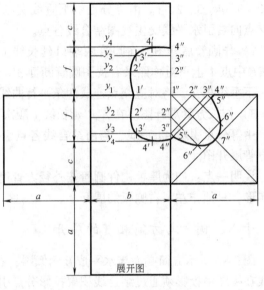

图 3-83 方筒展开图

4）作方筒展开图。方筒三个面与圆管相贯，其中，右端面在斜视图中反映实形，在展开图中照绘实形（见图 3-83）。然后再按主视图 b 及结合线各点至端面尺寸画出相贯的另两面展开以及相邻面的展开，如图 3-83 所示，说明从略。

十九、长方敞口槽的展开

如图 3-84 所示，长方敞口槽底口为半圆管与两长条板并接而成。已知里口尺寸为 a、b、c、e、d、δ、H。作图步骤如下：

1）用已知尺寸画出主、俯、左三视图。

2）6 等分左视图半圆周，由等分点向左引水平线，得与主视图侧板中线交点，再由交点引下垂线，按"长对正、宽相等"的投影关系画出底端面结合线水平投影完成俯视图。

3）作槽底展开图。在俯视图下方中线上截取半圆管展开周长 $\pi (d + \delta) /2$ 并作 6 等分，过等分点引水平线，与由结合线各点所引下垂线相交，将对应交点分别连成曲线，得槽底展开图。

4）作长方槽展开图。作互垂直角线，在竖直垂线上分别截取左视图 $d + 2\delta$、e、f 得出各点引水平线对应截取主视图里口尺寸 a 和 b，作出前、后板的展开；同样在水平线上以中心为对称截取主视图 h、b，作出左、右两侧板的展开。再在右侧板中线 h 上截取主视图孔长 l_1、l_2、l_3 和左视图孔宽 j_1、j_2 得出 0、1、2、3、2、1、0 点，连成曲线为开孔实形，得敞口槽展开图，如图 3-85 所示。

二十、圆管竖交方锥管的展开

圆管竖交方锥管为外皮接触方换圆同向连接，结合线为平面曲线。结合线的水平投影与圆管断面重影，侧面投影积聚成直线，正面投影待求，如图 3-86 所示。图中已知尺寸为圆管外径 d、板厚 δ、方锥里口 a、锥高 h 及 H。作图步骤如下：

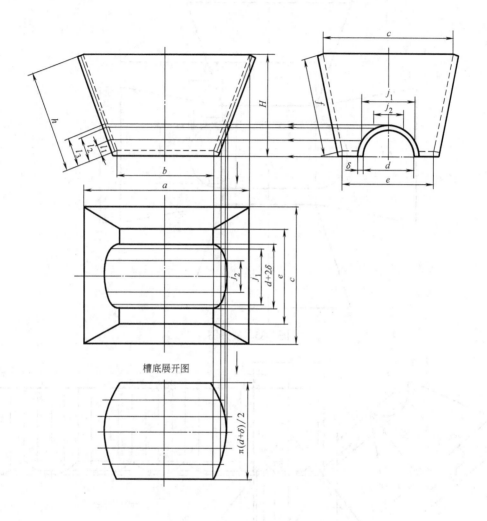

图 3-84 敞口槽的展开

1）用已知尺寸画出主视图和俯视图。

2）求结合线。4 等分俯视图 1/4 圆周，等分点为 1、2、3、2、1。由等分点引上垂线得与主视图方锥轮廓线交点，再由交点引水平线与前引上垂线交点为 2′、1′、2′。通过各点连成3′—1′—3′曲线，即为所求。

3）作圆管展开图。在主视图圆管端口延长线上截取 1—1 等于圆管断面展开周长 $\pi(d-\delta)$ 并作 16 等分。由等分点引下垂线，与由结合线各点向右所引水平线相交，将对应交点分别连成曲线，得圆管展开图。

4）方锥管为四块同形板料拼接而成，可用换面法作其展开，如图 3-86 所示，说明从略。

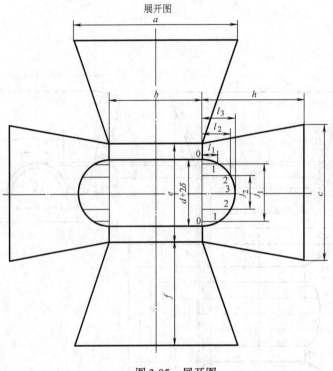

图 3-85　展开图

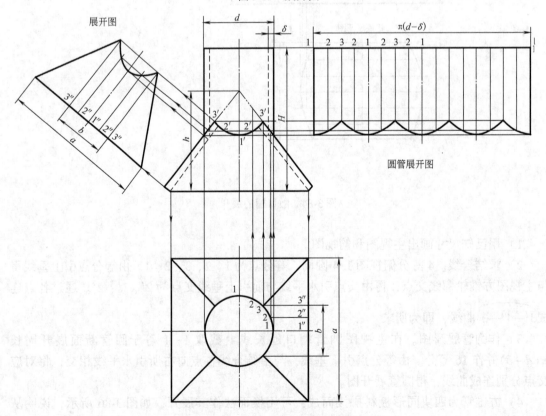

图 3-86　圆管竖交方锥管的展开

二十一、圆管侧交六棱锥管的展开

如图 3-87 所示，圆管与六棱锥管交线（棱）竖直相贯，结合线为平面曲线。曲线的正面投影有积聚性，水平投影与圆管断面重合。为便于作图，将六棱锥管左、右侧板放在正垂面位置投影，则成平面斜截圆管，其展开图便容易作出。作图步骤如下：

1）用已知尺寸画出主视图和 1/2 俯视图。

2）6 等分圆管断面半圆周，等分点为 1、2、3、…、7。由等分点引上垂线得与主视图轮廓线交点。

3）作圆管展开图。在圆管端口延长线上截取 1—1 等于圆管断面展开周长 πd 并作 12 等分，由等分点引下垂线，与由主视图轮廓线各点向右所引水平线相交，将对应交点连成曲线，得圆管展开图。

4）作六棱锥管展开图。在延长俯视图水平中线上截取 A'O' 等于主视图轮廓线 A'O' 并照录线上 1'、2'、3'、…、7'点，由各点引下垂线，与由圆管断面等分点向右所引水平线相交，将对应交点分别连成曲线和直线，得右侧板 1/2 展开图。再以 O' 为中心，O'A 为半径画弧，截取弦长 AB 等于俯视图边长 f 作出右前板展开，并按对称画出开孔，得出六棱锥管部分展开图。

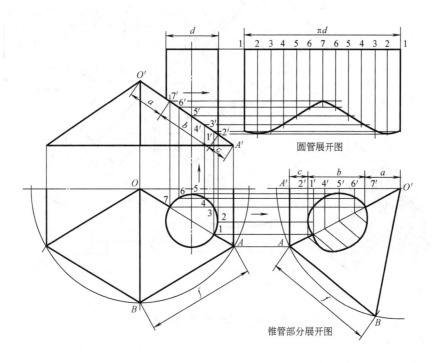

图 3-87　圆管侧交六棱锥管的展开

二十二、Y 形补料管的展开

等径 Y 形补料管多用于冶金企业煤气管路中，由于直径较大、往往用两张板料拼制而成如图 3-88 所示。作图步骤如下：

1）先用已知尺寸画出主视图和 1/2 断面图。3 等分管 I 断面 1/4 圆周，等分点为 1、2、3、4；6 等分支管断面半圆周，等分点为 4、3、2、1、2、3、4。过等分点分别引各管素线交于结合线各点，再过 1′—4′线交点引管Ⅳ素线。

2）管 I 展开法　在管 I 顶口延长线上截取 1—1 等于管 I 断面半圆周长度 πR，并作 6 等分。由等分点引下垂线，与由结合线各点向右所引水平线相交，将对应交点连成光滑曲线，得管 I 展开图。用同样方法作出管Ⅱ展开图。

3）管Ⅲ展开法　画水平线 1—1 等于支管断面半圆周长度 πR，并作 6 等分。由等分点引上垂线，取各线长对应等于主视图管Ⅲ各素线长度，得出各点并连成光滑曲线，得管Ⅲ展开图。

4）作管Ⅳ展开图，其方法与管Ⅲ相同，只是将主视图反映实形的正平面三角形照画展开图两端即可，如图 3-88 所示。

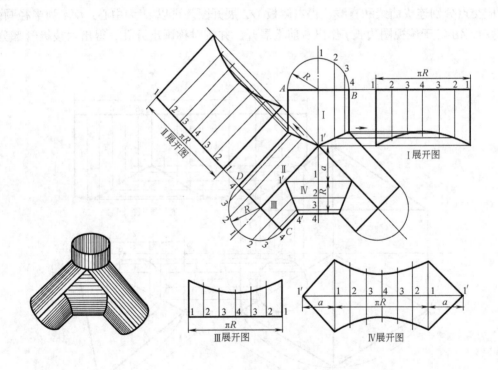

图 3-88　Y 形补料管的展开

二十三、裤形四通管的展开

如图 3-89 所示，异径管与等径裤形管分腿中线相贯成四通管，结合线为空间曲线。结合线的正面投影须通过圆管断面引素线法求出；等径裤形管相贯结合线为平面曲线，在视图中可直接画出，不须另求。作图步骤如下：

1）用已知尺寸画出主视图和各管断面。

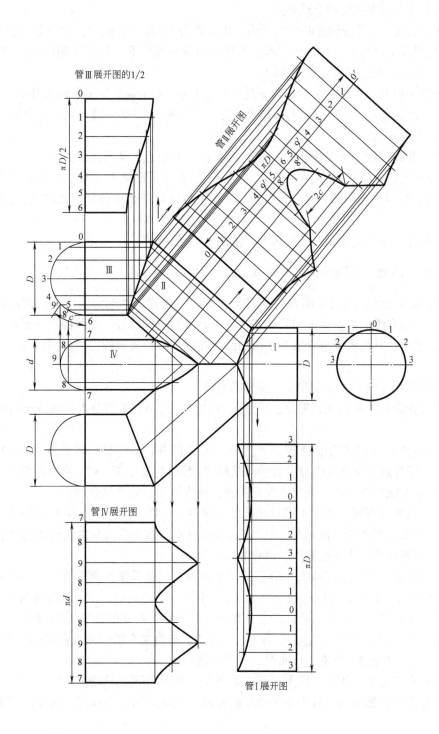

图 3-89　裤形四通管的展开

2）6 等分管 Ⅰ、管 Ⅲ 断面半圆周，等分点分别为 3、2、1、0、1、2、3 和 0、1、2、…、6，由等分点引素线交结合线各点。

3）求结合线。4 等分管 Ⅳ 断面半圆周，等分点为 7、8、9、8、7。由等分点引上垂线得与管 Ⅲ 断面圆周交点为 8′（5）、9′。再由各交点引素线至管 Ⅱ，与管 Ⅳ 断面所引素线相交，将对应交点连成曲线，即为三管结合线。

4）作管 Ⅰ 展开图。在管 Ⅰ 端口向下延长线上截取 3—3 等于管 Ⅰ 断面展开周长 πD，并作 12 等分。由等分点引水平线，与由结合线各点引下垂线相交，将对应交点分别连成光滑曲线，得管 Ⅰ 展开图。

5）作管 Ⅱ 展开图。在引管 Ⅱ 轴垂线上截取 0—0′ 等于管 Ⅲ 断面展开周长 πD，并作 12 等分。等分点为 0、1、2、…、6、5、……、0′。由点 6 左、右照录断面上 8′（5）、9′ 点。过各点引对 0—0′ 直角线，与由主视图结合线各点引与 0—0′ 平行线对应交点分别连成曲线，得管 Ⅱ 展开图。

6）用同样方法作出管 Ⅲ、管 Ⅳ 展开，如图 3-89 所示。

二十四、圆腰长圆腿裤形管的展开

图 3-90 所示为大圆管分成两路对称形长圆裤形三通管。本例为多块板料拼接而成，须分块作展开。结合线分析：管 Ⅰ 与管 Ⅱ 相贯，结合线为空间曲线，曲线的正面投影须用断面分点引素线求出；其余各板结合线为平面曲线，在视图中可直接画出，勿须另求。作图步骤如下：

1）用已知尺寸画出主视图和主、支管断面图。

2）将支管断面 1/4 圆周 3 等分，等分点为 1、2、3、4。由等分点引素线至两腿结合线得交点。

3）求结合线。在主管断面上方以 R 为半径画半圆并作 6 等分，等分点为 1、2、3、4、3、2、1。由等分点引下垂线得与主管断面圆周交点为 1″、2″、3″、4″。再由各交点引管 Ⅰ 素线与前引管 Ⅱ 素线相交，将对应交点连成曲线，即为管 Ⅰ、管 Ⅱ 结合线。

4）作主管 Ⅰ 展开图。在管 Ⅰ 端口延长线上截取 $A—4″ = 4″—B = \pi D/4$、$4″—4″ = \pi D/2$，并由点 4″ 上下照录管 Ⅰ 断面圆周 3″、2″、1″ 点，过各点引水平线，与由结合线各点引下垂线对应交点分别连成曲线为开孔实形，得管 Ⅱ 展开图。

5）作管 Ⅱ 展开须先求出断面实形。具体作法为：以管 Ⅱ 素线垂线 0—4′ 为对称左右截取支管断面 R、a、b 得 1′、2′、3′、4′、3′、2′、1′ 点，通过各点连成曲线即为所求。

6）作管 Ⅱ 展开图。在 0—4′ 延长线上截取 1′—1′ 等于管 Ⅱ 断面实形伸直长度，并照录线上 2′、3′、4′、3′、2′ 点。过各点引对 1′—1′ 垂线，与由主视图结合线各点所引的 1′—1′ 的平行线相交，将对应交点分别连成曲线，得管 Ⅱ 展开图。

7）同样作出管 Ⅲ、管 Ⅳ、管 Ⅴ 展开，如图 3-90 所示，说明从略。

8）主视图中梯形面 Ⅵ、Ⅶ 为正平面反映实形；三角形 Ⅷ 为圆锥面，展开法在下章中介绍。

这里说明一点：若管 Ⅱ 与管 Ⅲ 结合线为分角线、则管 Ⅱ 断面实形与支管断面半圆周相同，不必另求。

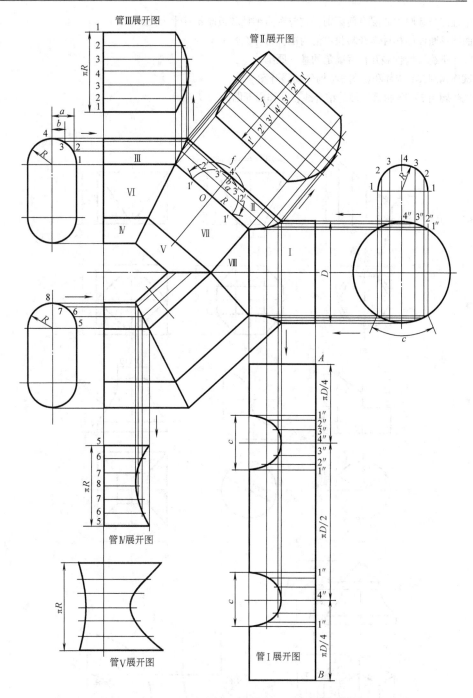

图 3-90　圆腰长圆腿裤形管的展开

习　　题

1. 什么叫展开放样？钣金构件展开的基本方法有几种？
2. 试述平行线法作展开的基本步骤和适用范围。
3. 为什么要进行板厚处理？板厚处理要解决什么问题？

4. 中性层与板厚中心层有何区别，它与弯曲半径和板厚 δ 有什么关系？

5. 曲线形断面的构件展开料长以何为准？为什么？

6. 试述折线形构件展开长度确定的基本原则。

7. 试作题图 3-1 构件和题图 3-2 构件的展开图。

8. 试作题图 3-3 各相贯构件的结合线，并作展开图。

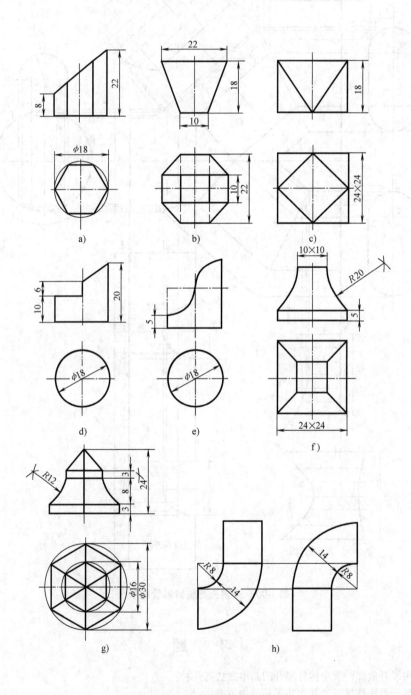

题图 3-1　作各构件的展开图

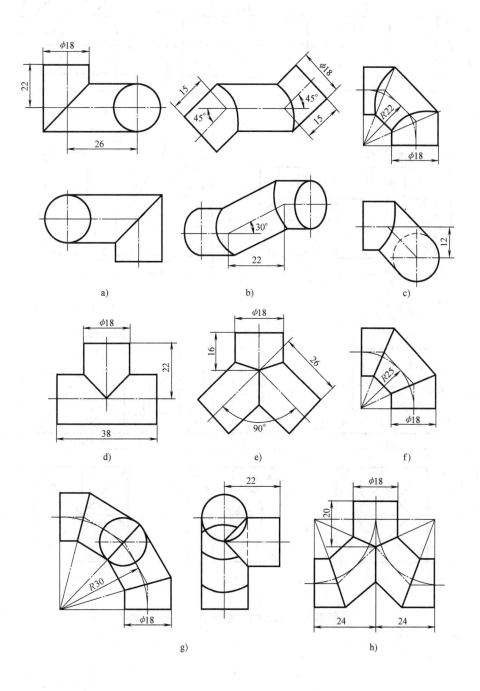

题图 3-2 作各构件的展开图

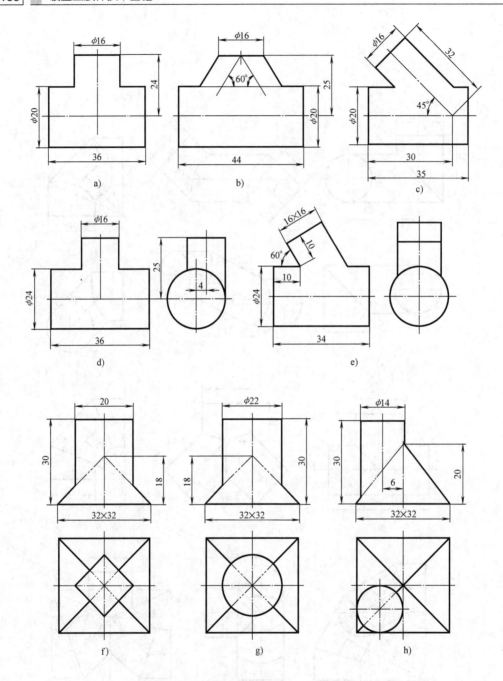

题图 3-3 求各构件的相贯线，并作展开图

第四章

放射线法

构件表面具有汇交于一个共同点的立体，如圆锥、斜圆锥、棱锥以及这些立体的截体等均属于用放射线法作展开的锥面立体。

锥面立体可看成是一条直母线沿一导线（曲线或直线）运动且始终经过某一定点（锥顶）所形成。

当锥面的导线为圆且垂直于中轴线时，该锥面称为圆锥面，如图4-1a所示。

当锥面的导线为折线时（如多边形），该锥面为棱锥面，如图4-1b所示。

由于锥面上所有素线都相交于一点，所以非常接近的两条素线包含的面也可以认为是一个小三角形面，整个锥面可看成是由许多三角形平面组成，因此锥面是可展的。

作锥面的展开一般用放射线法，基本作图步骤如下：

图4-1　锥面的形成

a) 圆锥面　b) 棱锥面

1）画出构件的主视图及锥底断面图。

2）用若干等分素线划分锥面（棱锥取角点）。

3）求各素线实长。

4）用放射线或三角形法依次将各素线围成的三角形小平面展开成平面图形，即得整个锥面的展开。

第一节　圆锥面及棱锥面的展开

一、正圆锥的展开

正圆锥轴线垂直于锥底平面——圆，截平面与轴线垂直相交其截交线仍为圆，截平面与轴线倾斜相交截交线一般为椭圆。

从正圆锥的形成原理可知锥面各素线（底圆至锥顶引线）长度相等，等于圆锥母线长，其展开为一扇形。扇形圆弧半径 R 等于母线长度；扇形弧长等于锥底圆周长度 πd，图4-2是用侧滚法作其展开。作正圆锥的展开通常用图解法或计算法。具体作法如下：

（一）图解法

用图解法展开正圆锥时，作图步骤如下：

1）先用锥底直径 d 和锥高 h 画出主视图和底断面半圆周。

2）适当划分底断面半圆周为 6 等分，等分点为 1、2、3、…、7，如图 4-3 所示。

3）作展开。以母线长度为半径画圆弧，在扇形弧上取底断面等分弧长顺次截取 12 等分，或用盘尺量取弧长等于 πd，即得所求圆锥的展开。

展开图中各放射线既是圆锥面上各素线的展开，同时又是加工成形时的锤击线。因此放样图中需画出。

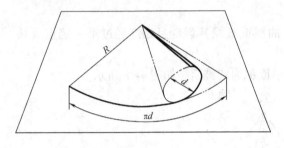

图 4-2　侧滚法展开正圆锥

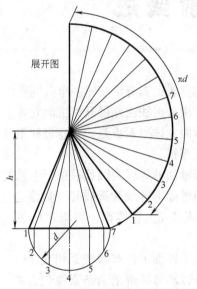

图 4-3　正圆锥的展开

当用厚板制作圆锥管时，为了确保锥管尺寸的准确性，必须进行板厚处理求出放样尺寸。如图 4-4 所示，已知尺寸为 d_0、δ、h，经板厚处理求出展开放样尺寸 d、R、r。其展开图法阅图便知。

（二）计算法

用计算法作展开时，须用已知尺寸求出待展开的放样尺寸 R、α、L。

计算公式：

$$R = \frac{1}{2}\sqrt{d^2 + 4h^2}$$

$$\alpha = 180° \frac{d}{R}$$

$$L = 2R\sin\frac{\alpha}{2}$$

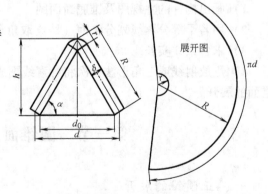

图 4-4　厚板圆锥管的展开

式中　　R——扇形弧半径（mm）；

　　　　α——扇形角（°）；

　　　　L——扇形弧的弦长（mm）。

【例 1】已知正圆锥底圆直径 $d = 340\text{mm}$，锥高 $h = 500\text{mm}$，试用计算法作展开。

【解】$R = \frac{1}{2}\sqrt{340^2 + 4 \times 500^2}\text{mm} = 528\text{mm}$

$\alpha = 180° \times \frac{340}{528} = 115.9°$

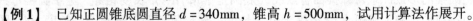

$$L = 2 \times 528 \sin \frac{115.9°}{2} = 895 \text{mm}$$

根据 R、L 之值即可作出展开图，如图 4-5 所示。

二、正截头圆锥管的展开

圆锥管有薄板和厚板之分，薄板制成的圆锥管板厚对其展开图的影响较小可不考虑，其展开法与正圆锥相同，如图 4-6 所示。

作厚板制成的圆锥管时，需考虑板厚影响，否则不能确保制件尺寸的要求。板厚处理的原则是以板厚中心线为准进行展开放样。即展开图的扇形是以板厚中心线所形成的圆锥母线长度为半径，扇形弧长是以大端板厚中心直径为准的锥底圆周长，如图 4-7 所示。已知外形尺寸为 D、d、δ、h。作图步骤：

1）用已知尺寸画出 1/2 主视图。

2）进行板厚处理，得出展开放样尺寸 R、D_1、c。

3）作展开图，见图 4-7 所示。

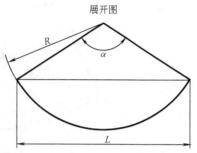

图 4-5 计算法展开正圆锥

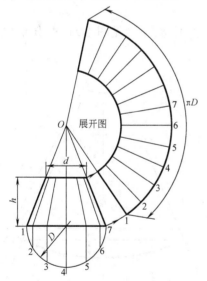

图 4-6 正截头圆锥管的展开

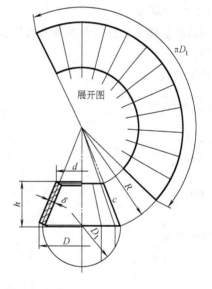

图 4-7 厚板制成的正截头圆锥管的展开

三、无顶正圆锥管的展开

无顶正圆锥管是指锥度较小的圆锥管，这种圆锥管锥顶至锥底较远，一般不易用地规画出展开图，可用图解法作其近似展开，或用计算法求出有关参数后作出展开。下面分别介绍两种不同展开法。

（一）图解法

图 4-8 所示为无顶圆锥管，已知尺寸为 D、d、h。

无顶圆锥管的近似展开法，是分别以主视图梯形对角线长度和大小口直径为半径依次画出四个与主视图全等的等腰梯形，以直线连接 AC、CF，以各线与 Bb、Ee 交点距为弧弦距，并用第一章图 1-20 方法画出大圆弧。取 $\overset{\frown}{EJ}=\dfrac{1}{7}D$；同样画出小口圆弧，取 $\overset{\frown}{ej}=\dfrac{1}{7}d$，即得无顶圆锥管的近似展开图。

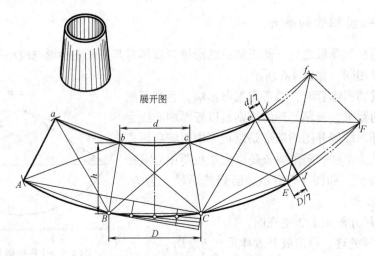

图 4-8　无顶圆锥管的近似展开

（二）计算法

用计算法作无顶圆锥管的展开需依据图中已知尺寸 D、d、h（见图 4-9）求出有关参数后进行。

计算公式：

$$\tan\frac{\theta}{2}=\frac{D-d}{2h}$$

$$R=\frac{D}{2\sin\dfrac{\theta}{2}}$$

$$\alpha=180°\frac{D}{R}$$

$$L=2R\sin\frac{\alpha}{2}$$

$$l=2(R-c)\sin\frac{\alpha}{2}$$

$$c=\frac{h}{\cos\dfrac{\theta}{2}}$$

$$h_1=R\left(1-\cos\frac{\alpha}{2}\right)$$

$$h_2=(R-c)\left(1-\cos\frac{\alpha}{2}\right)$$

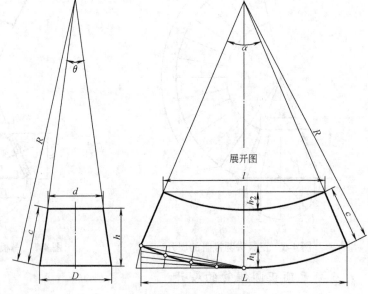

图 4-9　无顶圆锥管的计算展开

式中各符号的含义可参阅图 4-9。

【例 2】　已知正圆锥管大端直径 $D=350\text{mm}$，小端直径 $d=280\text{mm}$，高 $h=240\text{mm}$，试求作其展开。

【解】 $\tan\dfrac{\theta}{2}=\dfrac{350-280}{2\times240}=0.14583 \quad \dfrac{\theta}{2}=8.3°, \ \theta=16.6°$

$$R=\dfrac{350}{2\sin\dfrac{16.6°}{2}}\text{mm}=1212.3\text{mm}$$

$$\alpha=180°\times\dfrac{350}{1212.3}=52°$$

$$c=\dfrac{240}{\cos\dfrac{16.6°}{2}}\text{mm}=242.5\text{mm}$$

$$L=2\times1212.3\sin\dfrac{52°}{2}\text{mm}=1062.8\text{mm}$$

$$l=2(1212.3-242.5)\sin\dfrac{52°}{2}\text{mm}=850.3\text{mm}$$

$$h_1=1212.3\left(1-\cos\dfrac{52°}{2}\right)\text{mm}=122.7\text{mm}$$

$$h_2=(1212.3-242.5)\left(1-\cos\dfrac{52°}{2}\right)\text{mm}=98.1\text{mm}$$

根据以上各式计算的值即可作出展开图，如图 4-9 所示。

四、锥面连接板的展开

本例为前章大圆管分成两路对称形长圆裤形三通管中三角形连接板（见图 3-90），它是部分圆锥面，可用放射线法作展开。作图步骤如下：

1）根据主视图和仰视图画出左视图和仰视图（见图 4-10）。

2）延长左视图三角形斜边线 $A'—1'$ 与仰视图竖直中心线相交于 O'，O' 点可视为正圆锥顶，三角形则为该锥面截体部分。

3）展开图法。以 O' 为中心 $O'—A'$ 为半径画圆弧 $\overset{\frown}{2—3}$ 等于仰视图 $\overset{\frown}{2—3}$ 弧长，并由弧中点 A 向 O' 连线，与以 O' 为中心 $O'—1'$ 为半径所画圆弧相交于 1 点。以直线连接 1—2、1—3，即得所求锥面连接板的展开。

五、两端半圆长形敞口槽的展开

长形敞口槽是由两个正截头半圆锥面和两侧垂面组合而成，如图 4-11 所示。已知尺寸为 R_1、R_2、a 及 h。作图步骤如下：

1）用已知尺寸画出主视图和

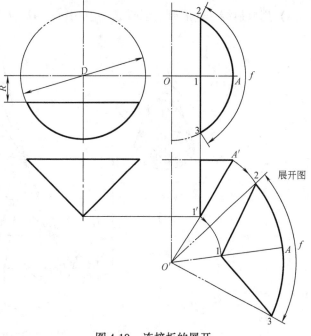

图 4-10　连接板的展开

俯视图。

2）延长主视图右边线与半圆锥轴线相交于 O，O 为锥顶。

3）展开图法。在俯视图正下方向下延长半圆锥轴线上截取 O'—$1'$、$1'$—1 等于主视图 R、c，连接 $1'$—$1'$、1—1。以 O' 为中心 R 为半径画圆弧 $\overset{\frown}{1-7}$ 等于俯视图顶口半圆周长，连接 O'—7，与以 O' 为中心 O'—$1'$ 为半径画圆弧交点为 $7'$。由 7、$7'$ 引对 O'—7 直角线 7—8、$7'$—$8'$ 等于俯视图 $a/2$，连接 8—$8'$ 得敞口槽的展开。

六、斜截圆锥的展开

图 4-12 所示为正垂面 P 斜截正圆锥，并与所有素线相交，其截交线为椭圆，截交线的正面投影除左右轮廓线外均不反映实长，作展开时需求出各素线实长。图中已知尺寸为 d、H、h 及 β。作图步骤如下：

1）用已知尺寸画出主视图和锥底断面半圆周。

2）用素线分割圆锥面为若干梯形小平面，即 6 等分底断面半圆周，等分点为 1、2、3、…、7。过等分点引锥底垂线，画出各素线的正面投影，则分斜截圆锥面为 12 个梯形平面。

3）用旋转法求出各素线的实长，即由截交线 $1'$—$7'$ 各点向右引水平线得与圆锥母线交点，各点至锥底距分别反映各对应截割素线的实长。

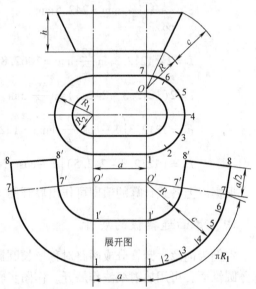

图 4-11 敞口槽的展开

4）用放射线法作展开。以锥顶 O 为中心，O—7 为半径画圆弧 $\overset{\frown}{1-1}$ 等于底断面圆周长

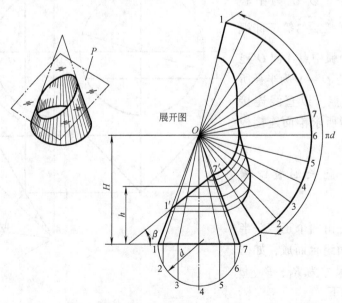

图 4-12 斜截圆锥的展开

度并作12等分，由等分点向 O 连放射线，与以 O 为中心到各素线实长为半径分别画同心圆弧与各放射线对应交点连成光滑曲线，即得所求展开图。

七、圆锥形壶嘴的展开

圆锥形壶嘴为圆锥管与大水筒相贯的截体（见图4-13），本例只作壶嘴的展开。图中已知尺寸为 R、d、R_0、h。作图步骤：

1）用已知尺寸画出主视图和1/2辅助断面图。

2）用素线分割圆锥面为若干梯形小平面。即3等分辅助断面1/4圆周，等分点为1、2、3、4。由等分点向下引垂线交4—4各点，并向锥顶 O 引素线，则分圆锥面为12个梯形平面。

3）用旋转法求各素线实长。即由 $1'$ —4 线各点向右引水平线得与圆锥母线 O —4 交点，则各交点至锥顶 O 反映各对应素线的实长。

4）展开图法 以 O 为中心 O —4 为半径画圆弧 1—1 等于辅助断面半圆周长 πR 并作6等分，等分点为1、2、3、4、3、2、1。由等分点向 O 连放射线，与以 O 为中心到 O —4 线各点作半径所画同心圆弧对应交点连成光滑曲线，得壶嘴展开图的1/2。

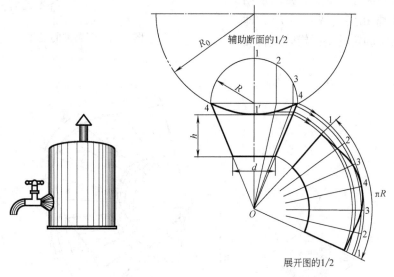

图4-13　壶嘴的展开

八、斜圆锥的展开

斜圆锥的轴线倾斜于锥底平面，用平行于锥底的平面截切斜圆锥时，断面为圆；用垂直于轴线方向截切斜圆锥时，其断面一般为椭圆。

斜圆锥的展开原理也是用素线分割斜圆锥面为若干三角形小平面，用许多三角形平面去逼近斜圆锥面，并求出三角形边的实长，再依次将其一一展开为平面图形，如图4-14所示。已知尺寸为 R、l、h。作图步骤如下：

1）用已知尺寸画出主视图和锥底断面半圆周。

2）用素线分割斜圆锥面为12等分，为简化作图手续通过底断面等分点仅画出各素线的水平投影。

3）用旋转法求出各素线实长。以 O 为中心到断面等分点 2、3、4、5、6 为半径画同心圆弧交于 1—7 各点与 O' 连接，得底断面等分点至锥顶各素线的实长。

4）展开图法。以 O' 为中心，到 1—7 各点为半径画同心圆弧，以 O'—1 为结口点 1 为起点，用断面等分弧长依次画弧得与各同心弧对应交点连成光滑曲线，即得所求斜圆锥的展开。

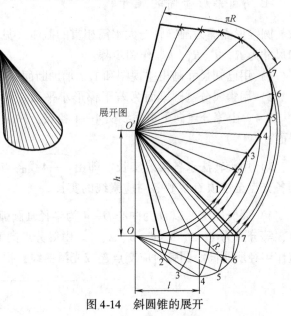

图 4-14　斜圆锥的展开

九、斜圆锥台的展开

斜圆锥台又称斜马蹄，它是平面 P 水平截割斜圆锥的截体。斜圆锥台的展开是在斜圆锥的展开图中截去锥顶部分后得出，如图 4-15 所示，说明从略。

厚板制成的斜圆锥管须进行板厚处理，以确保制件尺寸的要求。处理原则与正截头圆锥管相同（见图 4-7），即以板厚中心线所确定的斜圆锥管进行展开放样。

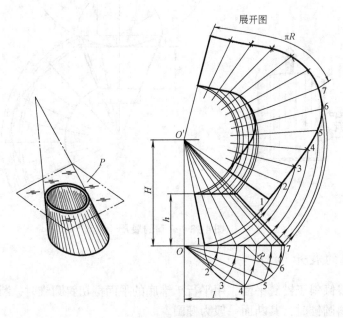

图 4-15　斜圆锥台的展开

十、圆顶长圆底台的展开

圆顶长圆底台是由三角形平面和斜圆锥面组成，如图 4-16 所示。已知尺寸为 R、d、l、h。作图步骤如下：

1）用已知尺寸画出主视图和俯视图，并求出斜圆锥顶 S 及 S' 的投影。

2）用素线划分斜圆锥面为若干三角形小平面即划分俯视图斜圆锥 1/4 圆周为 3 等分，由等分点 1、2、3、4 向锥顶 S 连素线，则分 1/2 斜圆锥面为 6 个三角形单元。

3）用旋转法求出各素线实长。即在俯视图中以 S 为中心 $S—1$、$S—2$、$S—3$ 为半径画同心圆弧得与水平中心线交点，再由各交点引上垂线交于主视图底口线各点连接于 S'，得出各素线的实长。

4）展开图法。以 S' 为中心到上、下口各素线实长为半径分别画同心圆弧，在 $S'—1'$ 半径弧上以 1 为起点取俯视图等分弧长依次截取得与各同心弧交点向锥顶 S' 连放射线，同时与顶口弧线交点，分别以曲线连接大小口弧线交点。再在右锥面展开图两侧作出三角形平面展开，求出 S'' 点后用同样方法作出左侧部分展开，即得所求，如图 4-16 所示。

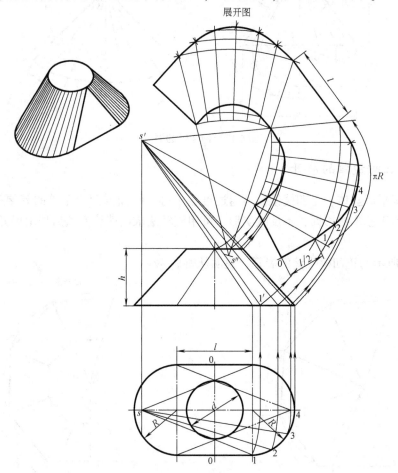

图 4-16　圆顶长圆底台的展开

十一、椭圆锥的展开

椭圆锥的轴线垂直于锥底平面——椭圆。截平面与轴线垂直相交其截交线仍为椭圆。

椭圆的展开原理与圆锥相同，也是用素线分割椭圆锥面为若干三角形小平面，并求出各三角形边（素线）的实长，再依次将其一一展开，如图 4-17 所示。作图步骤如下：

1）用已知尺寸 a、b、h 画出主视图和 1/2 底断面图。

2）用素线分割椭圆锥面为若干三角形平面。即分底断面 1/2 椭圆周为 8 等分，通过等分点画出各素线的水平投影和正面投影（左侧）。

3）用旋转法求出各素线实长。即以 O 为中心到各等分点作半径画同心圆弧交于锥底各点连接于 O'，得出各素线实长。

4）展开图法。画 O'—1 等于素线实长 f_1，以 O' 为中心用 f_2、f_3、f_4、f_5 为半径画同心圆弧，与点 1 为中心底断面等分弧 $\overset{\frown}{c}$ 为半径依次画弧得出各点连成曲线，即得所求椭圆锥面展开图的 1/2，如图 4-17 所示。

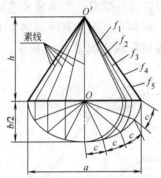
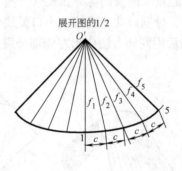

图 4-17　椭圆锥的展开

十二、正四棱锥的展开

棱锥属于平面立体，正四棱锥锥高通过锥底中心，锥面为四个全等的等腰三角形平面。各侧面均倾斜于基本投影面，不反映实形，可用旋转法求出棱线实长后作出展开，如图 4-18 所示。

图 4-19 所示为正四棱锥筒的展开，说明从略。

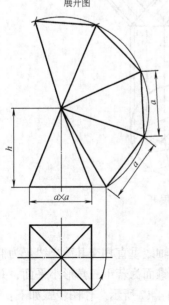
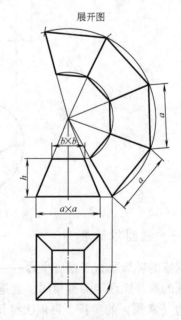

图 4-18　正四棱锥的展开　　　　　图 4-19　正四棱锥筒的展开

若为厚板方锥筒，对角拼接成形时，为确保制件尺寸要求，其展开原则以里口尺寸为准。图 4-20 所示为经板厚处理用换面法求出的实形，即展开图。

十三、方口斜锥筒的展开

图 4-21 表示锥顶向左倾斜并对称于底口的方口斜锥筒。它是平面水平截割斜方锥的截体，上下口均为正方形，前后面对称，左、右面为大小不同的等腰梯形。已知尺寸为 a、b、c、h。作图步骤如下：

1）用已知尺寸画出主视图和俯视图。

2）用旋转法求出方口斜锥筒各棱线实长。即以俯视图 O 为中心 O—1、O—2 为半径画弧与水平中心线交点引上垂线得与底口线交点 $1'$、$2'$ 与锥顶 O' 连线，即为斜锥筒各棱线实长。

3）展开图法。以 O' 为中心 O'—$1'$、O'—$2'$ 为半径画同心圆弧，在 $\overset{\frown}{O'—1'}$ 弧上以点 1 为中心底口 a 为半径画弧交 $\overset{\frown}{O'—2'}$ 弧于 2、3 点。再以 3 为中心 a 为半径画弧交 $\overset{\frown}{O'—1'}$ 弧于 4、$1''$ 点，连接各点与 O' 为棱线展开。以 O' 为中心到顶口实长线各点为半径画弧与各棱线交点顺次连线，得方口斜锥筒的展开，如图 4-21 所示。

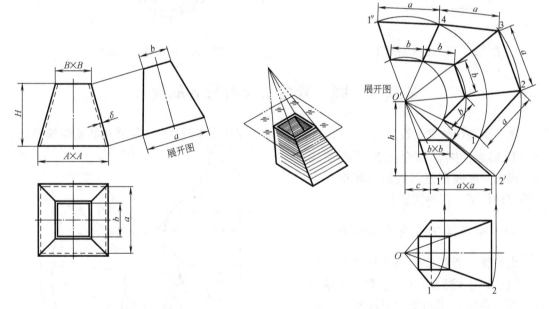

图 4-20 厚板方锥筒的展开   图 4-21 方口斜锥筒的展开

十四、正六棱锥的展开

正六棱锥轴线垂直于锥底平面正六边形，各侧面相同，均倾斜于基本投影面不反映实形；左右轮廓线（棱线）平行于正投影面反映实长，如图 4-22 所示。已知尺寸为 d、h。作图步骤如下：

1）用已知尺寸画出主视图和俯视图。

2）画展开图。以锥顶为中心，棱线 R 为半径画圆弧，在圆弧上用俯视图底边长 a 顺次截取 6 等分连线,并向锥顶连接,即为所求展开图。

图 4-23 所示为六棱锥台的展开。六棱锥台展开是在正六棱锥展开图中截去锥顶部分得出,说明从略。

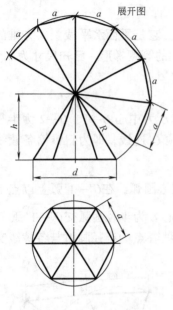

图 4-22　正六棱锥的展开

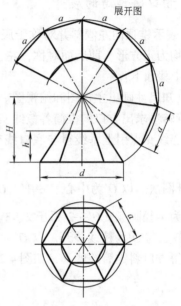

图 4-23　六棱锥台的展开

第二节　圆锥管弯头及裤形管的展开

本节各例构件都是按公切于球面的任意回转体相互贯穿时,若二回转体的轴线都平行于某一投影面,则其结合线为平面曲线——椭圆。椭圆在该面投影为相交二直线的原理作图。现举例如下:

一、变径两节直角弯头的展开

由圆管与圆锥管组成的变径直角弯头,按公切于球面的原理作图,其结合线为平面曲线。当相交二轴线平行于基本投影面时,结合线在该面投影为直线(两管轮廓线交点的连线),如图 4-24 所示。图中已知尺寸为 d、D、l、h。作图步骤如下:

1) 用已知尺寸画出公切于球面的主视图和两管结合线。

2) 用素线分割圆管及圆锥管。即画出圆管、圆锥 1/2 断面。4 等分圆管断面

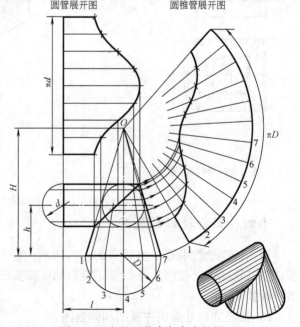

图 4-24　变径两节直角弯头的展开

半圆周，由等分点引素线得与结合线交点，则分圆管为 8 个梯形平面；6 等分圆锥管底断面半圆周，由等分点 2、3、4、5、6 引上垂线，交锥底各点连线于锥顶，则分圆锥面为 12 个展开单元三角形。

3）用旋转法求出圆锥管各素线实长。即由圆锥管各素线与结合线交点向右引水平线，交于圆锥母线各点，则反映出各素线截割后的实长。

4）圆锥管展开法。以锥顶 O 为圆心，O—7 为半径画弧，在圆弧上用底断面等分弧长顺次截取 12 等分，过等分点向锥顶连放射线，与以 O 为中心，到 O—7 线各点作半径画同心圆弧，与各放射线对应交点连成光滑曲线，得圆锥管展开图。

同样用平行线法作出圆管的展开，如图 4-24 所示。

二、两节任意角圆锥管弯头的展开

图 4-25 所示为两节任意角度圆锥管弯头。若按公切于球面原理作图，则将管 Ⅱ 调转 180°后便可与管 Ⅰ 构成一个正截头圆锥台。这样，圆锥管弯头展开图便可通过圆锥台展开图中求得。图中已知尺寸为 D、d、h_1、h_2 及 β 角。作图步骤如下：

1）先用已知尺寸画出主视图圆锥台。

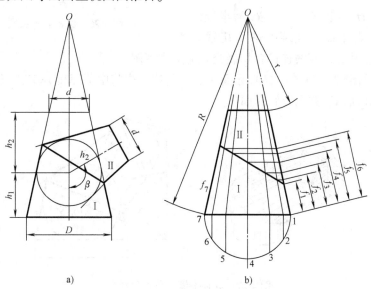

图 4-25　两节任意角圆锥管弯头的展开

a）视图　b）放样图

2）以两管轴线交点为中心画圆（球面）与圆锥台相切，再由管 Ⅱ 直径端引圆切线，与锥台轮廓线相交，以直线连接交点为弯头结合线，完成主视图。

3）为使图面清晰将主视图圆锥台照录重出，如图 4-25b 所示，并画锥底断面。6 等分断面半圆周，等分点为 1、2、3、…、7。由等分点引上垂线，画出各素线的正面投影，则分圆锥面为 12 个展开单元三角形。

4）用旋转法求出各素线实长。即由结合线各点向右引水平线交于圆锥母线各点，则反映出各点至锥底素线的实长，分别以 f_1、f_2、…、f_6 表示。

5）画展开图。以 O 为圆心，圆锥母线 R、r 为半径画同心圆弧，在大端圆弧上取底断面等分弧长顺次截取 12 等分，由等分点向 O 连放射线，取各线长对应等于锥台管 I 各素线长度，得出各点连成光滑曲线，即得所求展开图，如图 4-26 所示。

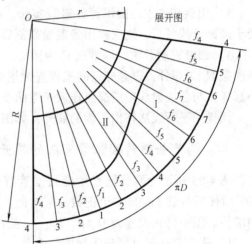

若为厚板构件，放样图用板厚中心直径所形成的圆锥台作展开。

三、异径渐缩三节直角弯头的展开

异径渐缩三节直角弯头是由截体圆锥管组合而成。按公切于球面原理作图，各节结合线为平面曲线，如图 4-27 所示。已知尺寸为 D_0（$D_0 = 2R_0$）、d（$d = 2r$）、R 及节数 N。作图步骤如下：

1）用已知尺寸画出两端节一中节（端节等于 1/2 中节）的分节线及各节轴线，交点 O_1、O_2 为球心。

2）以 O_1、O_2 为圆心，R_1、R_2 为半径画圆（球面）。由大小口直径端引球面切线及 O_1、O_2 两圆公切线，以直线连接各切线交点完成主视图。

图 4-26　圆锥管弯头展开图

3）为使图面清晰，将图 4-27 照录重出，在重出图中将中节掉转 180°，三节构成一直圆锥台，如图 4-28 所示，并画锥底断面。

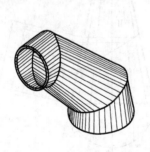

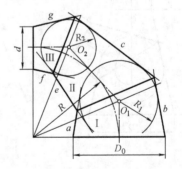

图 4-27　异径渐缩三节直角弯头

4）用素线分割圆锥面。即由锥底断面半圆周 6 等分点引上垂线交锥底各点所引素线，分圆锥面为 12 个展开单元小梯形面。

5）用旋转法求出各素线实长。即由结合线各点向右引水平线交于圆锥母线各点，则反映出各点至锥底素线的实长。

6）以 O 为圆心，O—7 为半径画圆弧，在其上取底断面等分弧长顺次截取 12 等分，由等分点向 O 连放射线，与以 O 为圆心，到 O—7 线各点距离作半径画同心圆与各放射线对应交点分别连成光滑曲线，即得各节弯头的展开，如图 4-28 所示。

图中：$R_1 = R_0 - \rho$

$R_2 = R_0 - 3\rho = r + \rho$

$$\rho = \frac{R_0 - r}{2(N-1)} = \frac{1}{4}(R_0 - r)$$

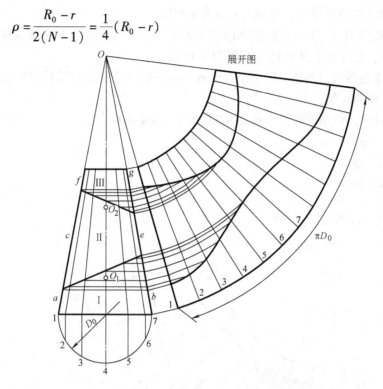

图 4-28　异径渐缩三节直角弯头的展开

四、异径渐缩四节直角弯头的展开

异径渐缩四节直角弯头是由圆锥管截体组成。按公切于球面原理作图，其结合线为平面曲线，如图 4-29 所示。图中已知尺寸为 D_0（$D_0 = 2R_0$）、d（$d = 2r$）、R 及节数 N。作图步骤如下：

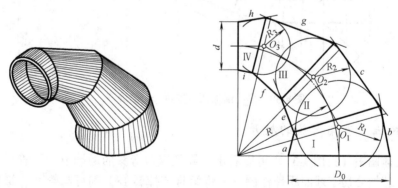

图 4-29　异径渐缩四节直角弯头

1）用已知尺寸按等径直角弯头画出两端节和两中节（端节等于 1/2 中节）的分节线及各节轴线，交点 O_1、O_2、O_3 为球心。

2）以 O_1、O_2、O_3 为圆心，R_1、R_2、R_3 为半径分别画圆（球面）。由大小端直径 D_0、d 引球面切线及各圆公切线，以直线对应连接各切线交点完成主视图。

3）为使图面清晰，将图 4-29 照录重出，如图 4-30 所示。在重出图中将中节 II 和端节

Ⅳ掉转180°四节构成一直圆锥台，并画出底断面半圆周。

4）用素线分割圆锥面。即分底断面半圆周为6等分，由等分点引上垂线至锥底，画出各素线的正面投影，则分圆锥面为12个展开单元梯形面。

5）用旋转法求出各素线实长。即由结合线各点向右引水平线得与圆锥母线交点，则反映出各点至锥底素线的实长。

6）用放射线法作出各节的展开，如图4-30所示，说明从略。

图中：$R_1 = R_0 - \rho$

$\qquad R_2 = R_0 - 3\rho$

$\qquad R_3 = R_0 - 5\rho = r + \rho$

$$\rho = \frac{R_0 - r}{2(N-1)} = \frac{1}{6}(R_0 - r)$$

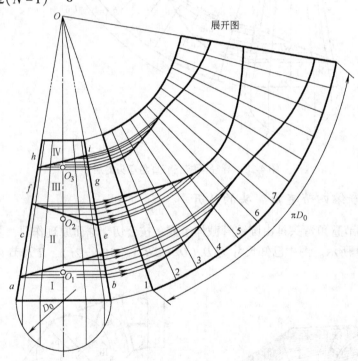

图4-30　异径渐缩四节直角弯头的展开

五、异径五节直角弯头的展开

从实物立体图中（见图4-31）可以看出，异径直角弯头的两端节为圆管，中间三节为渐缩圆锥管。若按公切于球面原理作图，并将第Ⅲ节掉转180°则可与管Ⅱ、管Ⅳ构成一个上下斜割的圆锥管。图中已知尺寸为D、d、R及90°。作图步骤如下：

1）如图4-31所示，用已知尺寸画出两端节和三中节（端节等于中节的1/2）的分节线及各节轴线，交点为O_1、O_2、O_3、O_4，皆为球心。

2）以O_1、O_2、O_3、O_4为圆心，r_1、r_2、r_3、r_4为半径分别画圆（球面），作各圆切线得交点，以直线连接各点为弯头各节结合线。

3）为使图面清晰将图4-31中圆锥管弯头照录重出，并将管Ⅱ、管Ⅳ掉转180°与管Ⅲ构成一斜截圆锥管，如图4-32所示。以 O_1 为圆心画锥底辅助断面半圆周。

4）用素线分割圆锥面。6 等分辅助断面半圆周，等分点为 1、2、3、…、7。由等分点引上垂线交于锥底各点由各点向锥顶引素线，则分圆锥面为 12 个展开单元梯形面。

5）用旋转法求各素线实长。即由结合线各点向右引水平线得与圆锥母线交点，则反映出各点至锥顶素线的实长。

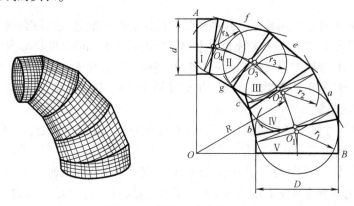

图4-31 异径五节直角弯头

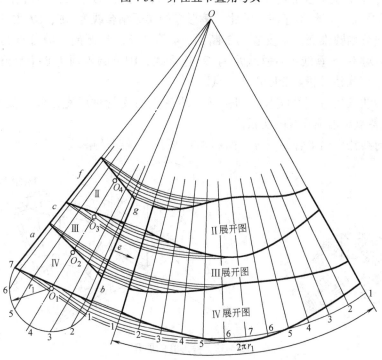

图4-32 异径五节直角弯头的展开

6）用放射线法作出圆锥管各节的展开，如图4-32所示，说明从略。

7）两端节为异径圆管，可用平行线法作展开，本例没作。

图中：$r_1 = \dfrac{D}{2}$

$r_4 = \dfrac{d}{2}$

$$r_2 = r_1 - \frac{r_1 - r_4}{3}$$

$$r_3 = r_4 + \frac{r_1 - r_4}{3}$$

六、异径裤形管的展开

异径裤形管在现场中应用较广，这种裤形管的结合线一般分人为结合线和必然结合线两种形式。若为人为结合线时，作支管展开图须先求出结合处的断面实形和盘线实长，用三角形法作展开，作图烦琐同时容易挪错线；若按回转体相贯公切于球面原理作图时，其结合线为平面曲线，结合线的正面投影为直线。作支管展开时可用放射线法，能简化放样手续，如图 4-33 所示。作图步骤如下：

1）先用已知尺寸画出各管轴线会交于 O 点（球心）。以 O 为圆心，圆管半径 R 为半径画圆（球面），然后由两支管直径分别引圆切线，与主管两边线引圆切线对应交点为 A、B、C、D、F。现在分析一下结合线的情况：在研究左支管与主管相贯时，可不考虑右支管的存在，这时结合线为两管边线交点的连线 CD（不通过球心），由于 CE 深入右支管内部，实际不存在。同理，在研究右支管与主管相贯时可不考虑左支管的存在，其结合线为 AB，由于 AE 深入左支管内部，实际不存在。因此，裤形管的实际结合线为 BE、DE 和 FE。

2）用素线分割圆锥面。画支管 1/2 断面，4 等分断面半圆周，等分点为 1、2、3、4、5。由等分点引对 1—5 垂线，过垂线足与 O_1 连素线，则分圆锥面为 8 个展开单元梯形面。再将 E 点向 O_1 引素线并投影交断面于 e 点。

3）用旋转法求出各素线实长。即由结合线各点引支管轴线直角线，交于圆锥母线各点，则反映出各点至锥顶素线的实长。

4）用放射线法作出支管的展开，如图 4-33 所示，说明从略。

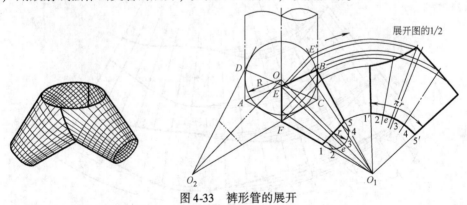

图 4-33　裤形管的展开

七、异径人形管的展开

异径人形管是由两路三节圆锥管构成。按公切于球面原理作图，各节结合线为平面曲线。结合线的正面投影为直线，如图 4-34 所示。已知尺寸为 D_0（$D_0 = 2R_0$）、d（$d = 2r$）、R 及节数 $N = 3$。作图步骤如下：

1）用已知尺寸分别画出两路圆锥管弯头的两端节一中节（端等于 1/2 中节）的分节线及各节轴线，交点 O_1、O_2 为球心。

2）以 O_1、O_2 为圆心，R_1、R_2 为半径分别画圆（球面）。由大小口直径 D_0、d 引球面切线及 O_1、O_2 两圆公切线，以直线连接各切线交点，完成主视图。

3）为使图面清晰，将图4-34两端节一中节，中节掉转180°照录重出，三节弯头构成一直圆锥台，如图4-35所示。

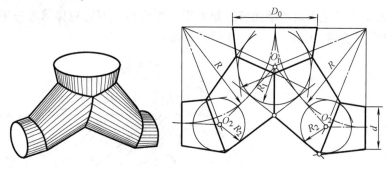

图4-34 异径人形管

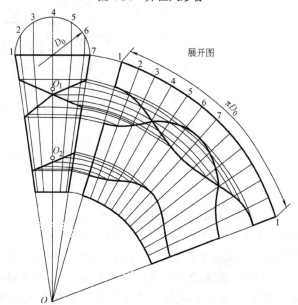

图4-35 异径人形管的展开

4）用素线分割圆锥面。以 D_0 为直径画大端断面，6 等分断面半圆周，等分点为 1、2、3、…、7。由等分点引锥底垂线，过垂足向锥顶连素线，则分圆锥面为 12 个展开单元梯形面。

5）用旋转法求出各素线实长。即由结合线各点向右引水平线交于圆锥母线各点，则反映出各点至锥底素线的实长。

6）画展开图。以 O 为中心 O—7 为半径画弧 $\overset{\frown}{1-1}$ 等于顶断面圆周长度 πD_0，并作 12 等分。由等分点向 O 连放射线，与以 O 为中心，到 O—7 线各点为半径画同心圆弧对应交点分别连成光滑曲线，即得所求各节展开图。

图中：$R_1 = R_0 - \rho$

$R_2 = R_0 - 3\rho = r + \rho$

式中,渐缩率 $\rho = \dfrac{R_0 - r}{2(N-1)} = \dfrac{1}{4}(R_0 - r)$

八、圆顶长圆底裤形管的展开

圆顶长圆底裤形管是由斜圆锥面和三角形平面组合而成两腿对称裤形三通管（见图4-36），图中已知尺寸为 R、r、l、c、h。作图步骤如下：

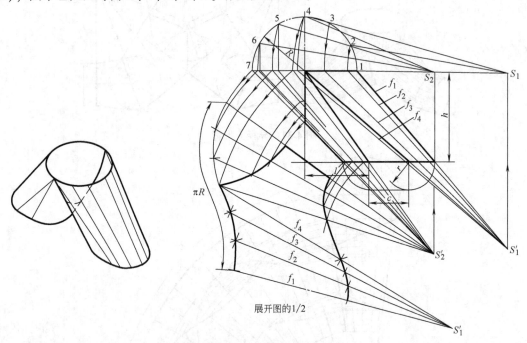

图 4-36　圆顶长圆底裤形管的展开

1）用已知尺寸画出单腿裤形管主视图和上下口 $1/2$ 断面图。

2）求作斜圆锥顶的投影。延长主视图左、右两轮廓线与平面三角形两边延长线分别交于 S_1'、S_2' 点，则 S_1'、S_2' 为斜圆锥顶的正面投影。再由 S_1'、S_2' 求出其水平投影 S_1、S_2。

3）用素线划分斜圆锥面为若干三角形。即分顶断面半圆周为 6 等分，连接等分点 1、2、3、4 与 S_1，4、5、6、7 与 S_2，则分两斜圆锥面为 12 个展开单元三角形。

4）用旋转法分别求出两斜圆锥各素线实长及两腿结口处截缺部分素线段的实长。

5）作展开。用斜圆锥展开法先展开左侧 $1/2$ 斜圆锥面和平面三角形，求出 S_1' 点后再作出右侧 $1/2$ 斜圆锥面的展开即为所求，如图4-36 所示。

如为厚板制件，按板厚中心尺寸画放样图。

九、呈放射状异径四通管的展开

呈放射状异径四通管是由三个全等斜圆锥截体组合而成。结合线的水平投影为汇交于锥底圆心，交角为120°的三条直线，其正面投影为曲线待求。如图4-37 所示，已知尺寸为 R、d、h 及 β。作图步骤如下：

1）为使图面清晰，用已知尺寸画出单腿主视图、锥底 $1/2$ 断面和结合线的水平投影（与锥底线交角60°）。

2）用素线分割圆锥面。即分底断面半圆周为 6 等分，由等分点画出各素线的水平投影，则分斜圆锥面为 12 个展开单元三角形。

3）结合线求法。依据素线的水平投影，画出截缺部分各素线的正面投影，与由结合线水平投影各点引上垂线得出各点连成光滑曲线，即为所求结合线。完成主视图。

4）用旋转法求出各素线的实长。即以 O 为中心到断面圆周等分点为半径画同心圆弧，交于锥底各点与 O 连线，得出各素线实长。

切缺部分素线实长，则须由切割素线的正面投影点（结合线交点）引水平线，交于实长线中得出。

5）画展开图。先按斜圆锥展

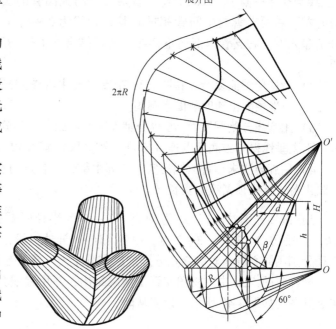

图 4-37 呈放射状异径四通管的展开

开法作出完整展开图，然后再截去锥顶部分和锥底截缺后得出，如图 4-37 所示。

十、断面渐缩四通管的展开

四通管是由大圆管与三个锥度相同的正截头圆锥管切缺后组成，左右支管对称轴线与水平成任意角度倾斜。若按公切于球面原理作图，这种构件也具有直线型结合线，如图 4-38 所示。作图步骤如下：

1）画主视图。先用已知尺寸和角度画出主、支管轴线会交于 O 点，以 O 为圆心，大圆管半径 R 为半径画圆（球面），然后由各锥顶点引圆切线，得与相邻各管边线对应交点为 A、B、C、…、H。结合线情况分析：在研究左支管与大圆管相贯时可不考虑右支管与中支管的存在，这时结合线为 CD，交中轴线 O_1O 于 S 点。由于 SC 深入右支管内部实际不存在。因此，左支管与大圆管的结合线为 DS；同理，在研究右支管与大圆管相贯时可不考虑左支管与中支管的存在，其结合线为 AB，AB 与 CD、O_1O 会交于 S。由于 AS 深入左支管内部实际不存在，这时结合线为 BS。另外当研究中

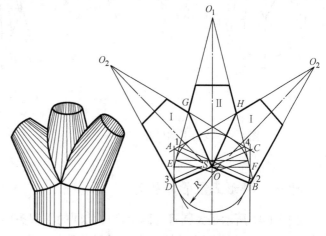

图 4-38 断面渐缩四通管

支管与大圆管相贯时可不考虑左、右支管的存在，其结合线为 EF，交 AB、CD 于 S 点（三线会交于一点）。这说明左、右两支管与大圆管的实际结合线为 DS 和 BS。同理，在研究左、右两支管与中间管相贯时其结合线为 3—4、1—2 和 GS、HS，由于 3—4、1—2 分别深入左、右支管内部而不存在，实际结合线 GS、HS。再画各支管顶口线，完成主视图。

2）为避免图面复杂，将图 4-38 中支管 Ⅱ 主视图照录重出，如图 4-39 所示。并以 S 为圆心 R_1 为半径画出辅助断面半圆周。

3）用素线分割圆锥面。6 等分辅助断面半圆周，等分点为 1、2、3、4、3、2、1。由等分点引上垂线得与锥底交点连接与 O_1，则分圆锥面为 12 个展开元单三角形。

4）用旋转法求出各素线的实长。即由结合线各点向右引水平线得与圆锥母线交点，则反映出各点至锥顶素线的实长。

5）画展开图法。以 O_1 为圆心，O_1—1 为半径画圆弧 1⌒1 等于辅助断面半圆周长度 πR_1，并照录 2、3、4、3、2 点。由各点向 O_1 连放射线，与以 O_1 为圆心到 O_1—1 线各点作半径分别画同心圆弧对应交点分别连成光滑曲线，得支管 Ⅱ 展开图的 1/2。

同样将图 4-38 中主视图支管 Ⅰ 照录重出，并用素线分割圆锥面，求出各素线实长后作出展开图，如图 4-40 所示，说明从略。

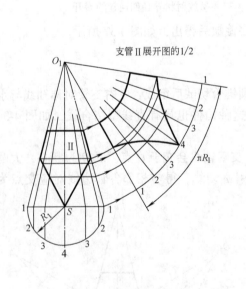

图 4-39　支管 Ⅱ 的展开

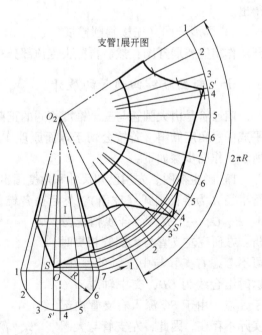

图 4-40　支管 Ⅰ 的展开

十一、裤形五通管的展开

如图 4-41 所示是大圆管与四个锥度相同的正截头圆锥管切缺后组合而成。四支管轴线交角互成 30°，左右两支管轴线垂直成对称形；中间两管相同，其结合线与圆管轴线一致。

若按共切于球面原理作图，这一构件也具有直线型结合线。作图步骤如下：

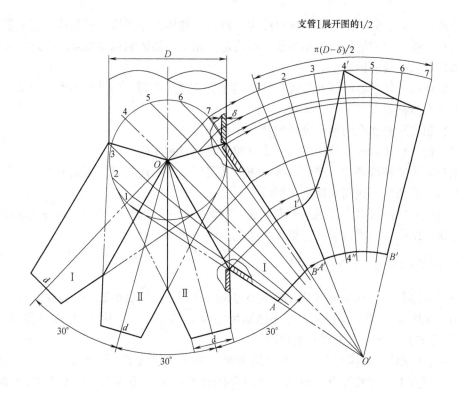

图 4-41　裤形五通管的展开

1) 主视图画法。在大圆管轴线上以任意点 O 为中心，左右对称画四支管轴线互成30°，并分别截取相同长度画截头端相等直径 d，以 O 为圆心圆管半径 $D/2$ 画圆（球面），再由各支管直径端分别引圆切线得出各交点（没注明符号），对应连接各交点于 O 为各管结合线，完成主视图。

2) 本例只作支管 I 展开。用素线分割圆锥面，即分球心圆半圆周为 6 等分，等分点为 1、2、3、…、7，由等分点引锥底垂线得各交点并与锥顶 O' 连素线，交于结合线各点，则分圆锥面为 12 个梯形小平面。

3) 用旋转法求各素线实长。由管 I 结合线上各点分别引其轴线垂线交于右边线各点，得结合线各点至锥顶实长。

4) 画管 I 展开图。以 O' 为圆心，O'-7 为半径画圆弧，$\overset{\frown}{1—7}$ 等于球心圆半圆周并作 6 等分，由等分点 1、2、3、4′、5、6、7 向锥顶 O' 连放射线，与以 O' 为圆心，到 O'-7 线各点为半径所画同心圆弧对应交点分别连成光滑曲线，得管 I 展开图的1/2。

5) 从视图分析则知1/2 管 II 与管 I 轴线以左部分全等。因此，管 II 展开图可以从管 I 展开图中得出，不必另作。即在管 I 展开图中，A'—1′—4′—4″—A 为管 II 展开图1/4。

第三节　相贯构件的展开

两个或两个以上的形体相互贯穿交接时，称这种形体为相贯体。相贯体表面上所产生的交线称为相贯线，也叫结合线。相贯线一经确定，相交各形体的截体也随之确定。所以必须准确地作出它们交线的投影。

由于组成相贯体的各形体的几何形状及其相贯位置的不同，相贯线的形状也就各异。但是，任何相贯体都具有以下两个特性。

其一，相贯线是相交两形体表面的共有线和分界线。

其二，由于形体具有一定的范围，所以相贯线都是封闭的。

根据相贯体的特性则知，求相贯线问题，其实质就是在两相贯体表面上找出必要的共有点，将各共有点依次连接起来就是相贯线。

求相贯线的方法较多，常用的有素线法、辅助平面法和球面法等。上述各法求相贯线的原理，在第二章中都已讲过了，这里不再重复。现举例如下：

一、方管斜交方锥管的展开

方管与方锥管相贯其结合线为空间封闭折线。结合线的正面投影可通过辅助平面法求得，其原理如图 4-42 直观图所示。图中已知尺寸为 a、b、h_1、h_2 及 β。作图步骤如下：

1）用已知尺寸画出主视图和俯视图。

2）结合线求法。在俯视图中，由辅助平面 P 的水平迹线 P_H 截割相贯体时，方锥管的截交线为一与方锥相似的等边三角形。三角形的正面投影与方管前平面轮廓线（截交线）交点为 $2'$、$3'$，即为共有点。则 $1'$—$2'$—$3'$—$4'$ 即为所求结合线。

3）实长线求法。由主视图结合线各点向右引水平线得与方锥轮廓线交点，则反映各点至锥顶距离。

4）方锥管展开法。以锥顶 O 为圆心到棱线各点实长作半径画同心圆弧，在大端圆弧上以底口边长 a 为半径顺次截取 4 等分，过等分点依次连线，并向锥顶连放射线，作出方锥台的展开；再在展开图中间两面交线（棱线）底边两侧截取俯视图 c 画与交线平行线，与所画同心圆弧对应交点分别连成直线，为开孔实形。得方锥管展开图。

同样用平行线法作出方管的展开，如图 4-42 所示，说明从略。

二、六棱锥管平交六棱锥的展开

六棱锥管与六棱锥水平相交（轴线相互垂直），结合线为空间六边形围成的封闭折线。结合线的正面投影可通过辅助平面法求得，如图 4-43 所示。已知尺寸为 H、h、L、l、R_1、R_2。作图步骤如下：

1）用已知尺寸画出主视图、棱锥管 1/2 断面图，并在棱锥底画出 1/2 俯视图。

2）结合线求法。用辅助平面 P 沿六棱锥管前平面截割相贯体以获共有点。如图 4-43 中的直观图表示用铅垂面 P 截割相贯体，截交线的水平投影 P_H 与棱锥管前平面的水平投影重影视为已知。再依据各形体截交线的水平投影分别作出其正面投影——等边三角形和四边形。其交点 Ⅱ、Ⅲ，即为共有点的正面投影 $2'$、$3'$。则 $1'$—$2'$—$3'$—$4'$ 即为所求结合线。

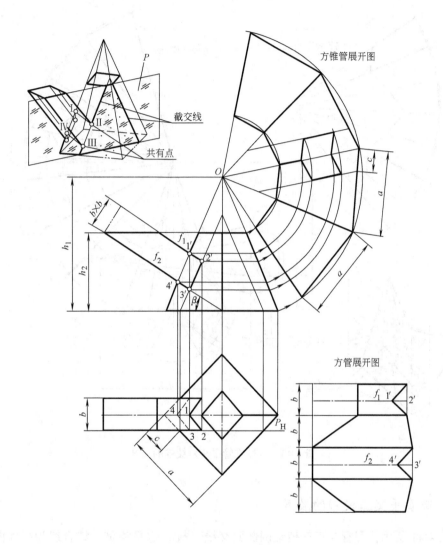

图 4-42 方管斜交方锥管的展开

3）求实长线。由结合线上各点分别引各自棱底的平行线，得与各锥轮廓线交点，则反映各点至锥顶距离。

4）画六棱锥展开图。在以 O 为圆心、棱线实长为半径所画的圆弧上，取俯视图底边长 a 顺次截取 6 等分依次连线，并向锥顶连放射线，作出六棱锥的展开；再在展开图中间两面交线底边两侧，分别截取俯视图 c、d 得出各点，连线与锥顶 O，与以 O 为圆心到棱线各点实长作半径所画同心圆弧相交，将对应交点顺次连线为开孔实形，得六棱锥展开图。

同样作出六棱锥管的展开，如图 4-43 所示，说明从略。

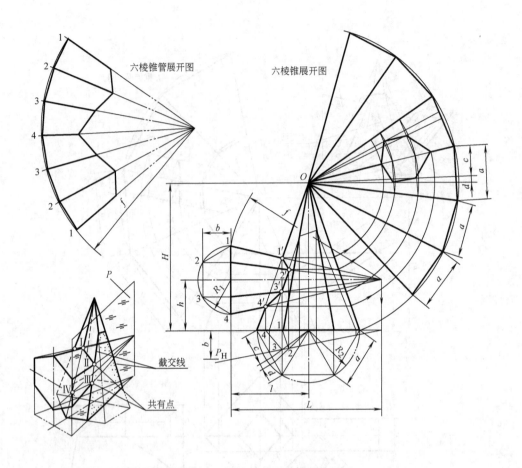

图 4-43 六棱锥管平交六棱锥的展开

三、圆管平交三棱锥的展开

如图 4-44 所示，圆管与正三棱锥两侧面交线（棱）水平相贯，结合线为平面曲线、结合线的正面投影和水平投影待求。作图步骤如下：

1）用已知尺寸画出主、俯两视图和圆管断面图。

2）8 等分圆管断面圆周，等分点为 1、2、3、4、5、4、…、1。

3）求结合线。首先求出结合线上的特殊点，即最高点、最低点和最前（后）点，然后再求出一般位置若干点。最高点和最低点位于主视图，及两管轮廓线交点 5′、1′，画图时可直接作出不必另求；结合线的最前点（最后点）位于主视图圆管水平直径上，即用水平面沿圆管轴线截切相贯体以获共有点，截交线的水平投影圆管为直径两边线所围成的长方形，三角锥截交线为与锥底相似的三角形，截交线交点 3、3 为最前（后）点的水平投影。再按长对正关系得出其正面投影 3′点；同理，按圆管断面圆周 8 等分点求出一般位置 2、4 点的水平投影 2、4 和正面投影 2′、4′点。以曲线连接各点，完成主、俯两视图。再由结合线的水平投影各点向 O 连线，并延长交于底边各点，以 b、c、e、f 表示交点距。

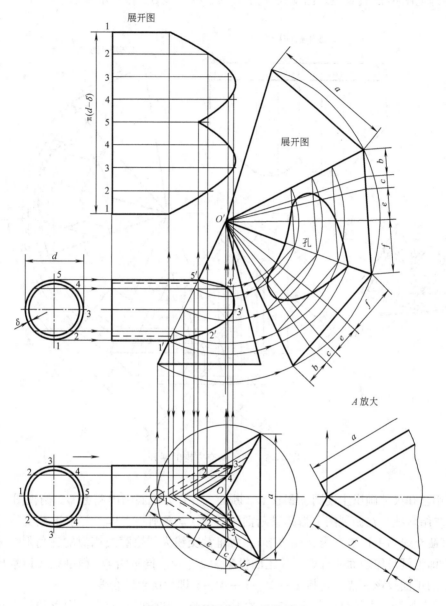

图 4-44 圆管平交三角锥的展开

4）圆管展开法。在主视图圆管端口延长线上截取 1—1 等于圆管断面圆周长度 π（$d-\delta$），并作 8 等分。由等分点 1、2、3、4、5、4、…、1 向右引水平线，与由结合线各点引上垂线对应交点连成曲线，得圆管展开图。

同样用放射线法作出三角锥的展开，如展开图所示，说明从略。

若为厚板构件，用里口尺寸作放样图，见 A 部放大图。

四、圆管斜交方锥的展开

圆管与方锥相贯，结合线为平面曲线，结合线的正面投影可通过辅助平面法求得。求结合线的原理见图4-45直观图。已知尺寸为 a、d、h、l 及 β。作图步骤如下：

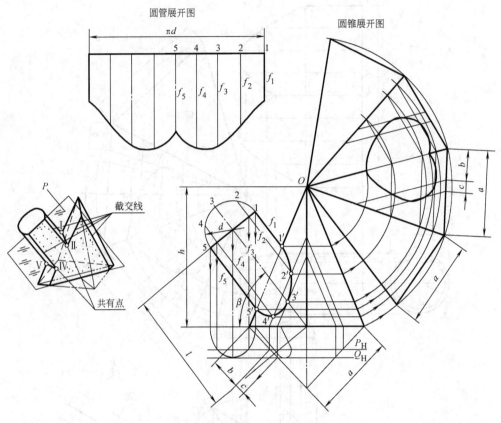

图 4-45　圆管斜交方锥的展开

1）用已知尺寸画出主视图、圆管1/2断面，并在方锥底画出两管1/2俯视图。

2）求结合线。在俯视图中沿圆管断面等分点 P_H 截割相贯体，并求出截交线的正面投影。圆管截交线为平行二直线（四边形），方锥截交线为与轮廓线相似的三角形。截交线交点 Ⅱ、Ⅳ 即为两形体表面共有点，其正面投影为 $2'$、$4'$。同理沿 Q_H 截割相贯体求出结合线上最前点的正面投影 $3'$ 点。连接 $1'$—$2'$—$3'$—$4'$—$5'$ 即为所求结合线。

3）求实长线。由结合线各点向右引水平线得与方锥轮廓线交点，则反映各点至锥顶距离。

4）画圆锥展开图。在以 O 为圆心方锥棱线为半径所画圆弧上，取俯视图底边 a 依次截取4等分顺次连线，并向锥顶 O 连放射线，为方锥展开。再在展开图中线底边两侧对称截取俯视图 b、c，得出各点分别引中线平行线，与以 O 为圆心到棱线各点作半径所画同心圆弧交点连线，与各平行线对应交点连成曲线，为开孔实形，得方锥展开图。

同样用平行线法作出圆管的展开，如图4-45所示。

五、方圆变径连接管的展开

图4-46所示为方管与圆锥管轴线重影竖直相贯的同向变径连接管。结合线为平面曲线。

结合线的水平投影与方管断面重影视为已知，结合线的正面投影待求。图中已知尺寸为 a、d、h、H。作图步骤如下：

1）用已知尺寸画出主视图轮廓线和俯视图。

2）求结合线。本例用素线法求结合线。即由俯视图方角点向圆心引素线分圆为 4 等分。4 等分底断面 1/4 圆周，等分点为 1、2、3、2、1。由等分点向圆心引素线，交结合线各点，并作出各素线的正面投影。再由结合线水平投影各点引上垂线，与各素线的正面投影对应交点连成 $1'$—$3'$—$1'$ 曲线，即为所求结合线，完成主视图。

3）实长线求法。由结合线各点向右引水平线得与圆锥母线交点，则反映各点至锥底素线的实长。

4）画圆锥管展开图。以 O 为圆心圆锥母线为半径画圆弧 $\overset{\frown}{1—1}$ 等于俯视图半圆周长 $\pi d/2$，并作 8 等分。由等分点向 O 连放射线，与以 O 为圆心到母线各点作半径画同心圆弧对应交点分别连成光滑曲线，得圆锥管 1/2 展开图。

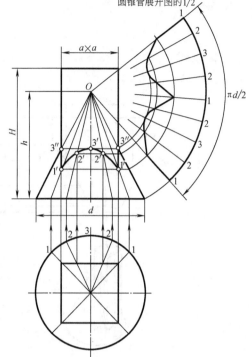

图 4-46　方圆变径连接管的展开

5）方管四个面相同，前、后面为正平面，主视图反映实形，不必另作展开图。

六、方管与圆锥管侧面直交的展开

图 4-47 所示为方管与圆锥侧面竖直相交，其结合线是由四条部分双曲线围成的封闭线，结合线的水平投影与方管断面重影，视为已知；其正面投影可用素线取点法通过结合线的水平投影求出。图中已知尺寸为 a、d、l、h_1、h_2。作图步骤如下：

1）用已知尺寸画出主视图和俯视图。

2）求结合线。在俯视图中，用素线取点法通过结合线的水平投影特殊点（角点及边中点）引素线，并求出各素线的正面投影，则结合线各特殊点的正面投影必在各对应素线投影之上。再按"长对正"的关系作出结合线的正面投影。

3）画方管展开图。在方管顶口向左延长线上以方管边长 a 截取 4 等分，由各截点及边中点引下垂线，与由结合线各点向左所引水平线对应交点分别连成曲线，得方管展开图。

4）用放射线法作出圆锥的展开，如图 4-47 所示。

如为厚板构件，方管按里口尺寸，圆锥按板厚中心直径放样。

七、长方管斜交圆锥管的展开

长方管斜交圆管的结合线为抛物线与双曲线组成，结合线的正面投影和水平投影均须待求，如图 4-48 所示，作图步骤如下：

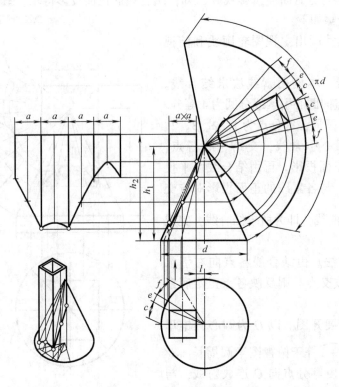

图 4-47 方管侧交圆锥的展开

1）用已知尺寸画出主视图和俯视图。

2）求结合线。在主视图由圆锥母线与长方管轮廓线及中线交点 1′、2′、3′引纬线，并在俯视图中画三纬圆，与长方管轮廓线交点为 1°、2°、3°。由各交点引上垂线，与主视图三纬线对应交点连成曲线并向下延长，与长方管轮廓线交点为 B、C。则 1′—B—C—3′，即为两管结合线的正面投影；再按"长对正"的投影关系求出各点的水平投影 B、2、C。连接各点与 O，并延长交圆周于 B″、2″、C″。

3）实长线求法。由结合线各点向左引水平线得与圆锥母线交点，则反映各点至锥顶距离。

4）画圆锥管展开。以 O′为圆心到圆锥母线各点为半径画同心圆弧，在大端圆弧上截取 GH 等于俯视图半圆周长度，并由中点 1″（3″）两侧对称照录圆周上 C″、2″、B″点。由各点向 O′连放射线，与以 O′为圆心到母线各点作半径所画同心圆弧对应交点连成曲线，得圆锥管 1/2 展开图。

5）用平行线法作出长方管的展开，如图 4-48 所示。

八、圆管平交圆锥管的展开

圆管与圆锥管水平相贯其结合线为空间曲线，结合线的正面投影可用辅助平面法求得。如图 4-49 所示，已知尺寸为 d、R、H、h_1、h_2、l。作图步骤如下：

1）用已知尺寸画出主视图、圆管 1/2 断面，并在圆锥底画出 1/2 俯视图和圆管 1/4 断面。

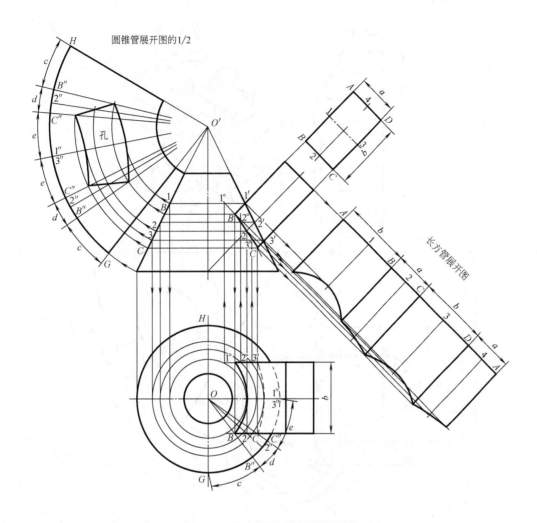

图 4-48 长方管斜交圆锥管的展开

2）求结合线。求结合线的原理是在两管相贯区域内选择若干辅助截平面水平截割相贯体以获共有点，求出结合线。如图 4-49 直观图所示。为便于作展开，截平面多选在圆管断面圆周等分点素线上。如沿主视图所示的 P、Q、R 的位置截割相贯体，并分别画出截交线的水平投影。圆管截交线的水平投影为平行二直线，圆锥管截交线的水平投影为异径同心三纬圆。两管截交线水平投影交点 2、3、4 即为结合线上共有点的水平投影。再按"长对正"的投影关系求出各点的正面投影 2′、3′、4′点。过各点连成 $\overparen{1'-5'}$ 曲线，即得所求结合线。

3）由俯视图结合线各点向锥底中心引素线交锥底圆周各点，并以 a、b、c 表示弧长。

4）圆管展开法。在向上延长圆管端口线上截取 1—1 等于圆管断面圆周长度 πd，并作 8 等分。由等分点引水平线，与由结合线各点引上垂线相交，将对应交点连成光滑曲线，得圆管展开图。

5）用放射线法作出圆锥管的展开，如图 4-49 所示。

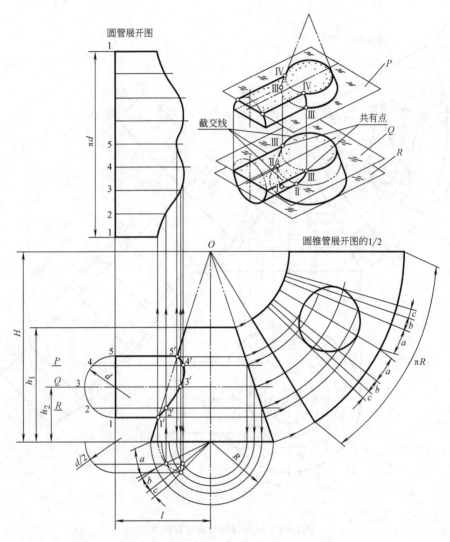

图 4-49 圆管平交圆锥管的展开

九、圆管斜交圆锥的展开

图 4-50 所示为圆管与圆锥管倾斜相贯。其结合线为空间曲线，结合线的正面投影可用辅助平面法求得。在求结合线时，为避免相交两形体截交线出现二次曲线（椭圆、双曲线等），所选截平面过锥顶素线截割相贯体以获共有点。作图步骤如下：

1）用已知尺寸画出主视图、圆管及圆锥底 1/2 断面。

2）4 等分圆管断面半圆周。过等分点引素线并向右延长与圆锥底延长线相交。再由各交点画出圆管斜切后的水平投影——1/2 椭圆。

3）求结合线。用辅助平面求结合线的原理是过锥顶沿圆管素线截割相贯体以获共有点，如图 4-50 所示。辅助截平面属于一般位置三角形，右边线 S_1S_0 与圆管素线平行，在选用诸平面截割相贯体时，此边保持不动，而动左边和底边（沿圆管断面圆周等分点素线截割）。左边线 S_1Ⅱ反映出圆管截交线的正面投影；底边线 S_0Ⅱ（水平迹线）反映出圆锥管截交线的水平投影。截平面右边线与底边线交点 S_0，在有限平面内一般为不可及（无交点）。

求各面水平迹线时，可通过圆管左侧断面等分点所引素线的转向投影与右端斜截断面的水平投影作出。结合线的具体求法见图 4-51，说明从略。

4）实长线求法。由结合线各点引水平线，得与圆锥母线交点，则反映各点至锥顶距离。

5）画圆锥展开图。以 S 为圆心，圆锥母线长为半径画圆弧，由圆弧中点 O 向上依次截取锥底断面弧长 h、c、b、a 为左侧开孔中线点，再对称截取 a、b、c、h，得出各点向 S 连放射线。同样由 O 向下截取

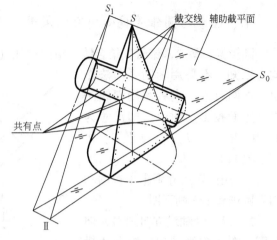

图 4-50 过锥顶沿圆管素线截割相贯体以获共有点

底断面半圆周长 $\overset{\frown}{\pi R}$ 为右侧开孔中线点，再两侧照录 d、e、f、g，得出各点向 S 连放射线，与以 S 为圆心到左、右母线各点为半径所画同心圆弧对应交点分别连成光滑曲线为左、右两开孔实形，得圆锥展开图。

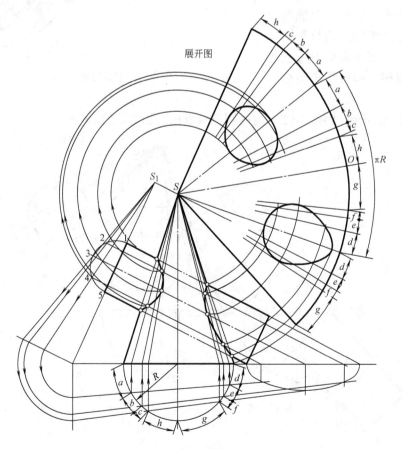

图 4-51 圆管斜交圆锥的展开

圆管展开从略。

十、圆管与圆锥管偏心斜交的展开

圆管偏心斜交圆锥管其结合线为空间曲线（见图4-52），结合线在各基本视图中的投影均为未知，不易用辅助平面法作出。本例通过 A 向视图用素线法求其正面投影。图中已知尺寸为 d、D、H、h_1、h_2、l、c 及 β。作图步骤如下：

1）用已知尺寸画出主视图和圆管圆锥管 1/2 断面图。

2）沿圆管轴线方向画出 A 向视图。在 A 向视图中，结合线投影积聚成圆；圆锥管大、小口投影为椭圆，要准确画出大口椭圆的投影。

3）求结合线。在 A 向视图中，过圆周等分点引素线至椭圆周，并作出各素线的正面投影与圆管断面等分点所引素线对应交点连成光滑曲线，即得所求结合线。

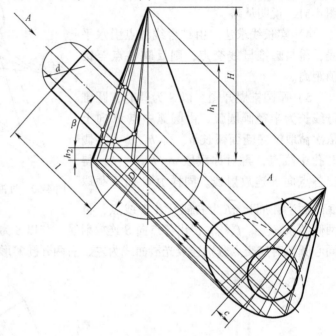

图 4-52　素线法求结合线

4）为使图面清晰，将图4-52的主视图照录重出，如图4-53所示。

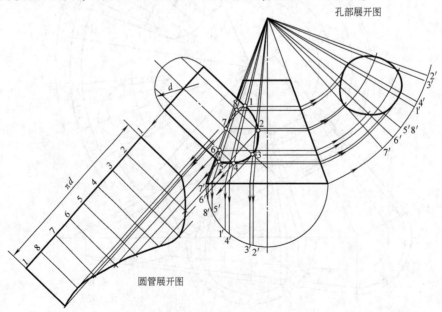

图 4-53　圆管与圆锥管偏心斜交的展开

5）求实长线。在图 4-53 中，过结合线各点向右引水平线交于圆锥母线各点，则反映出各点至锥顶距离。

6）画圆管展开图。在圆管端面延长线上截取 1—1 等于圆管断面展开周长 πd，并作 8 等分。由等分点 1、2、3、4、5、6、7、8、1 引对 1—1 直角线，与由结合线各点所引 1—1 的平行线相交，将对应交点连成光滑曲线，得圆管展开图。

7）用放射线法作出圆锥管孔部展开，见图 4-52 所示。

十一、圆锥管竖交圆管三通的展开（其一）

圆锥与圆管竖直相交按公切于球面原理作图时，结合线为相交二平面曲线。当相交二轴线平行于基本投影面时，结合线在该面投影为交叉二直线，如图 4-54 所示。已知尺寸 R、r、h、l。作图步骤如下：

1）用已知尺寸画出公切于球面的两管轮廓线，对应连接轮廓线交点——交叉二直线，即为两管结合线。

2）画圆管 1/2 断面，2 等分断面 1/4 圆周，过等分点引素线与结合线相交，并由结合线最低点向左引水平线交圆管断面于 k 点。

3）画出圆锥管 1/2 断面，用素线分割圆锥面。即分断面 1/4 圆周为 3 等分。等分点为 1、3、5、7。由等分点引下垂线交于顶口各点向锥顶 O 连素线，则分圆锥面为 12 个展开单元三角形。

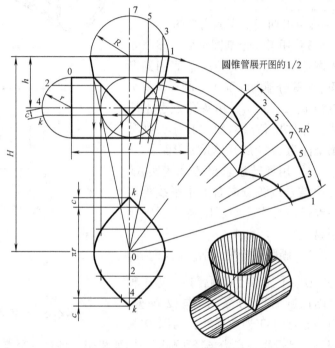

图 4-54 圆锥管竖交圆管三通的展开（其一）

4）用旋转法求出各素线实长。即由结合线各点向右引水平线得与圆锥管母线交点，则反映各点至锥底距离。

5）画圆锥管展开图。以 O 为圆心，O—1 为半径画圆弧 1—1 等于圆锥断面半圆周长 πR，并照录各点。由各点向 O 连放射线，与以 O 为圆心，到母线各点的距离为半径所画同心圆弧对应交点连成曲线，得圆锥管 1/2 展开图。

6）用平行线法作出圆管孔部的展开，如图 4-54 所示。

十二、圆锥管竖交圆管三通的展开（其二）

圆锥管与圆管相贯，结合线为空间曲线，结合线的正面投影可用辅助球面法求得。球面法求结合线的原理是通过球内截割相贯体以获共有点求出结合线，如图 4-55 所示。图中已知尺寸为 D、d、h、l。作图步骤如下：

1）用已知尺寸画出两管轮廓线和圆管 1/2 断面。

2）求结合线。以两管轴线交点 O 为圆心（球心），圆管半径 D/2 为半径画圆（球面），与圆锥母线交点连线交圆管直径于 4′点。4′点即为结合线上最低点，也是最前（后）点。同样在两管相贯区域内以适宜长 R_1 为半径画圆弧得与两管轮廓线交点连线相交，得结合线上一般位置共有点的正面投影（2 个点没注明）。通过各点连成 $\overset{\frown}{1'-4'-1'}$ 曲线，完成主视图。

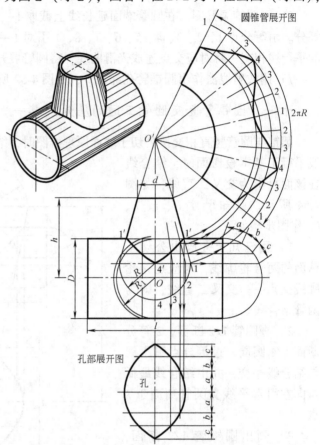

3）用素线分割圆锥面。即以 4′ 为圆心 4′—1′ 为半径画锥底辅助断面。3 等分辅助断面 1/4 圆周，等分点为 1、2、3、4。由等分点引上垂线，并作出各点素线的投影，则分圆锥面为 12 个展开单元梯形面。

4）用旋转法求出各素线实长。即由结合线各点向右引水平线得与圆锥母线交点，则反映各点至锥顶距离。

5）画圆锥管展开图。以 O′ 为圆心，O′—1 为半径画圆弧 $\overset{\frown}{1-1}$ 等于辅助断面圆周长 $2\pi R$，并作 12 等分。由等分点向 O′ 连放射线，与以 O′ 为圆心，到母线各点为半径所画同心圆弧相交，将对应交点连成曲线，得圆锥管展开图。

图 4-55　圆锥管竖交圆管三通的展开（其二）

6）用平行线法作出圆管孔部的展开，如图 4-55 所示。

十三、壶体的展开（其一）

图 4-56 所示壶体是由斜圆锥管与圆锥管相贯而成，结合线为空间曲线，其投影可用辅助平面法求出。图中已知尺寸为 R、r、H、h 及 β。作图步骤如下：

1）用已知尺寸画出主视图和 1/2 锥底同心断面。

2）4 等分斜圆锥底半圆周，过等分点引上垂线，画出各点素线的投影。

3）求结合线。求结合线的原理是用若干辅助截平面过锥顶截割相贯体以获共有点，如图 4-56 所示直观图。在用诸平面过二锥顶截割相贯体时，可得到两组相交截交线三角形，其交点即为共有点。

由于两锥体等高，锥底同心，各辅助截平面均为过斜圆锥底断面等分点的侧垂面，其水平迹线 P_H、Q_H 平行于锥底线。结合线的正面投影可通过各水平迹线求出，如图 4-56 所示，具体作法从略。

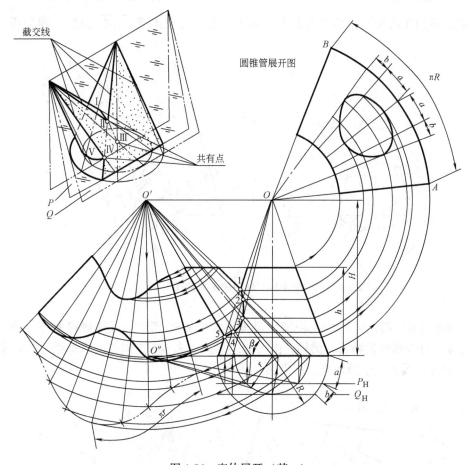

图 4-56　壶体展开（其一）

4）求实长线。用旋转法求出斜圆锥管各素线的实长，再由结合线各点向右引水平线与各实长线和圆锥母线对应交点，得各点至锥顶距离。

5）画壶体展开图。以 O 为圆心圆锥母线长为半径画圆弧 $\overset{\frown}{AB}$ 等于壶底断面半圆周长 πR，并由弧中点左右照录断面弧长 a、b 得出各点向锥顶连放射线，与以 O 为圆心到母线各点作半径画同心圆弧对应交点连成封闭曲线为开孔实形，得壶体 1/2 展开图。

6）同样，用斜圆锥管展开法作出壶嘴的展开图，如展开图所示。

十四、壶体的展开（其二）

图 4-57 所示的壶体是由两个不同锥度和大小的圆锥管相贯而成，其结合线为空间曲线，结合线的投影可用辅助球面法求出。球面法求结合线的基本原理与辅助平面法基本相同，这种方法所用的截平面是通过球内截割相贯体以获共有点求出结合线，如图 4-57 直观图所示。已知尺寸 D、D_1、d、h、l 及 β。作图步骤如下：

1）用已知尺寸画出主视图。

2）求结合线。以两圆锥管轴线交点 O 为圆心（球心），以相贯区域内适宜之长 R_1、

R_2、R_3 为半径分别画出三个同心圆弧（球面），得与各圆锥轮廓线交点。分别连接三组弧的弦，得截交线的正面投影，其交点即为共有点。通过各点连成 $\widehat{1'—5'}$ 曲线，即为所求结合线。

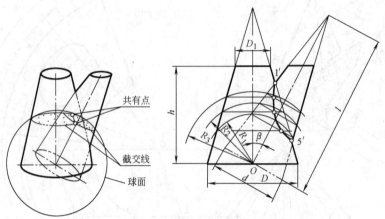

图 4-57　球面法求结合线

3）为使图面清晰，将图 4-57 视图照录重出如图 4-58 所示，并于锥底画出两锥管的同心断面。4 等分壶嘴辅助断面半圆周，由等分点 1、2、3、4、5 向锥底引垂线，并向锥顶 O_2 连素线，则分壶嘴为 8 个展开单元三角形。

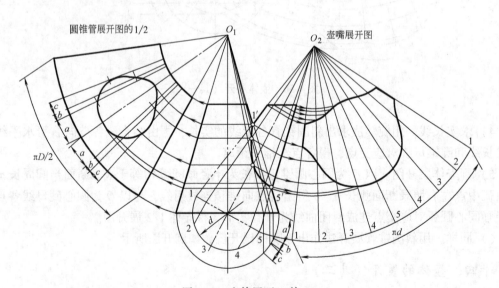

图 4-58　壶体展开（其二）

4）由结合线各点向锥顶 O_1 引素线至锥底，再投影到底断面圆周上。

5）求实长线。由结合线各点分别引对各自轴线的垂线，得与圆锥母线交点，则反映各点至锥顶距离，再作出与壶嘴斜口相交部分素线的实长。

6）画壶嘴展图。以 O_2 为圆心，O_2—5 为半径画圆弧 $\widehat{1—1}$ 等于辅助断面圆周长度 πd，并作 8 等分。由等分点向 O_2 引放射线，与以 O_2 为圆心到 O_2—5 线各点作半径所画同心圆弧对应交点分别连成光滑曲线，得壶嘴展开图。

7）同样用放射线法作出壶体的展开，如图 4-58 所示。

十五、圆锥斜交椭圆管的展开

圆锥与椭圆管相贯结合线为空间封闭曲线，结合线的投影也可用辅助球面法通过球内截割相贯体以获共有点作出。由于椭圆管不属于回转体，用球面法求结合线时，球心不在两轴交点上，而是位于交点外的圆锥轴线上，如图 4-59 直观图所示。已知尺寸为 d、D、h、l_1、l_2、L 及 β。作图步骤如下：

1）用已知尺寸画出主视图和两管 1/2 断面。

2）求结合线。用球面法求结合线的原理是在形体相贯区域内取适宜长为半径画圆（球面）。球面与相交两形体相截，截交线为相交两纬圆，反映在投影图中为相交两纬线，其交点即为结合线上的点。在具体作图时，先画球面与椭圆管相截的纬线（水平线），并求出球心作圆。如图 4-59 所示。以 O_1、O_2 为球心，R_1、R_2 为半径所画的两个辅助球面求出其共有点（没注符号）。过各点连成 $\overset{\frown}{1—5}$ 曲线，即为所求结合线。

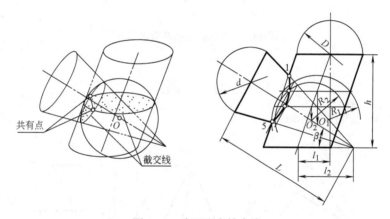

图 4-59　球面法求结合线

3）为使图面清晰，将图 4-59 视图照录重出，如图 4-60 所示，并画出两管 1/2 断面。

4）用素线分割两管，即 4 等分圆锥管断面半圆周，由等分点引锥底垂线，画出各素线的投影。则分圆锥面为 8 个展开单元三角形；6 等分椭圆管断面半圆周，由等分点引下垂线，并画出各点素线的投影。再由结合线各点引素线，投影到断面圆周上。

5）用旋转法求出圆锥管各素线实长，即由结合线各点引与锥底平行线得与圆锥母线交点，则反映各点至锥底素线的实长。

6）画圆锥管展开图。以 O 为圆心，O—5 为半径画圆弧 $\overset{\frown}{1—1}$ 等于圆锥断面圆周长度 πd，并作 8 等分。由等分点向 O 连放射线，与以 O 为圆心，到 O—5 线各点距离作半径画同心圆弧相交，将对应交点连成光滑曲线，得圆锥管展开图。

7）用平行线法作出椭圆管的展开，如图 4-60 所示。

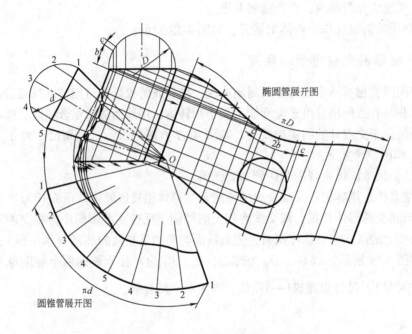

椭圆管展开图

πD

2b

圆锥管展开图

πd

图 4-60　圆锥斜交椭圆管的展开

习　题

1. 试作题图 4-1 各构件展开图。

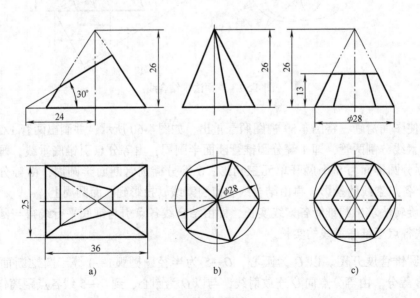

a)　　　　　　　　b)　　　　　　　　c)

题图 4-1　作各构件展开图

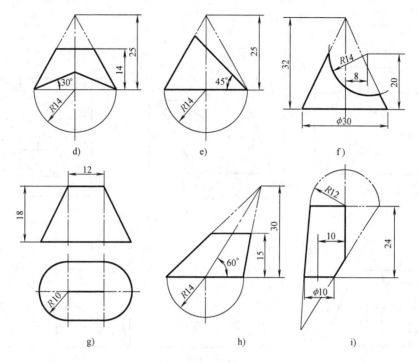

题图 4-1 作各构件展开图（续）

2. 求作题图 4-2 各构件结合线，并作展开图。

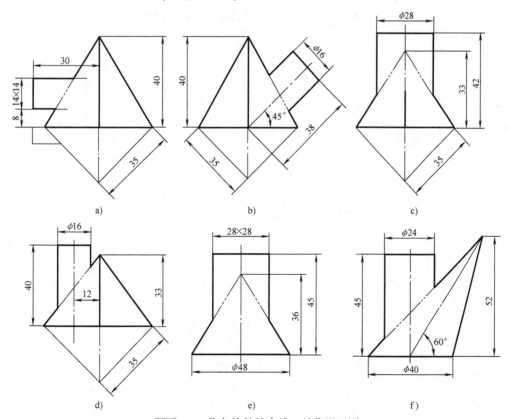

题图 4-2 作各构件结合线，并作展开图

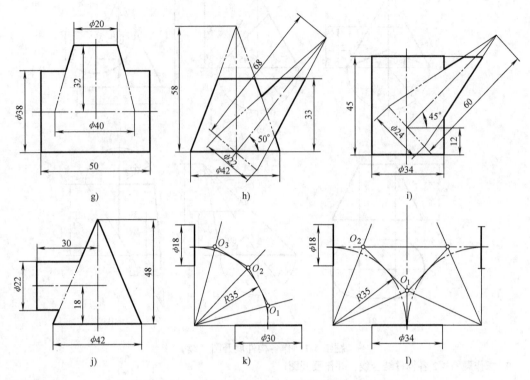

g)   h)   i)

j)   k)   l)

题图4-2　作各构件结合线，并作展开图（续）

第五章

三 角 形 法

若构件表面既无平行的边线又无集中于一点斜边的锥体时，如各种过渡接头及一切表面成复杂形状的构件，均可用三角形法作出展开图。三角形法实际上就是构件表面依复杂形状分成一组或多组三角形平面，然后求出三角形各边的实长，并将其实形依次画在平面上，从而得到构件的展开图。

三角形展开法适用于各类构件。其作图步骤大体如下：

1）画出构件的必要视图。
2）用三角形分割构件的表面。
3）求出三角形各边的实长。
4）按三角形次序画出展开图。

第一节　方锥台及变口连接管的展开

一、长方敞口槽的展开

长方敞口槽由四块板料组成。其中，相对两板大小相同，相邻两板不同（见图5-1）。各板在基本视图中均不反映实形，图中已知尺寸为 a、b、c、d、h。作图步骤如下：

1）用里口尺寸画出主视图和俯视图。

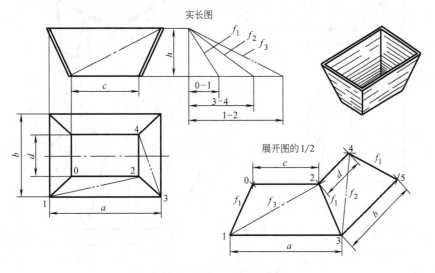

图 5-1　长方敞口槽的展开

2）用三角形分割构件前、右板，即在俯视图中画辅助线 1—2、3—4，则分敞口槽为 8 个三角形。

3）求实长线。如图 5-1 所示，以主视图高 h 为对边，用俯视图两面交线 O—1 及辅助线 1—2、3—4 为底边所作直角三角形，其斜边则反映上述各线的实长。

4）作展开图。画水平线 1—3 等于俯视图顶口 a，以 1 为圆心，实长图 f_3 为半径画弧，与以 3 为圆心，实长图 f_1 为半径画弧相交于 2 点。以 2 为圆心，底口 C 为半径画弧，与以 1 为圆心，f_1 为半径画弧相交于 O 点。连接 O—1、O—2、2—3，得前板展开。以下用同样方法作出右侧板展开，如图 5-1 所示，说明从略。

二、异方偏心台的展开

图 5-2 所示为上下口平行大小方口偏心台。已知尺寸为 a、b、h、l。作图步骤如下：

1）用已知里口尺寸画出主视图和俯视图。

2）用辅助线分割前板及右侧板（结口在右侧板中线）。即在俯视图用点划线连接 2—3、4—5，则分前板及 1/2 右侧板为 4 个三角形。

3）求实长线。以主视图 h 为对边，取俯视图 2—3、3—4、4—5 为底边所作三组直角三角形，其斜边则反映各线的实长。

4）作展开图。用上下口 a、b 及侧高 f_1 尺寸先作出左侧板展开图——等腰梯形 1—2—2—1。以 1 为圆心 a 为半径画弧，与以 2 为圆心实长线 f_2 为半径画弧相交于 3 点。以 3 为圆心 f_3 为半径画弧，与以 2 为圆心 b 为半径画弧相交于 4 点。以 4 为圆心 f_4 为半径画弧，与以 3 为圆心 $a/2$ 为半径画弧相交于 5 点。再以 5 为圆心主视图 f_5 为半径画弧，与以 4 为圆心 $b/2$ 为半径画弧相交于 6 点。同样方法作图得出右侧各点，通过各点连成直线，即得所求展开图。

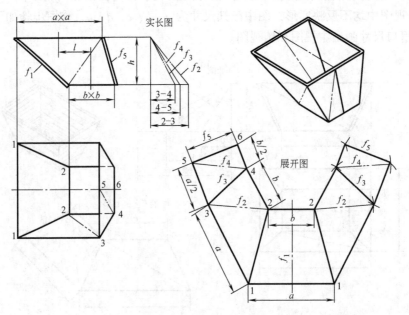

图 5-2　异方偏心台的展开

三、上下口互成45°方锥台的展开

方锥台上下口平行互成45°，形成八个三角形平面。三角形边长相等，其中相对三角形大小相等，如图5-3所示。已知尺寸为 a、b、h。作图步骤如下：

1）用已知尺寸画出主视图和俯视图。

2）用旋转法求出等腰三角形边线实长。即将 C—3 旋转成水平位置，其正面投影 C′—3′反映实长，并以 f 表之。

3）作展开图。画 AB 等于底口 a。以 A、B 为圆心实长线 f 为半径分别画弧相交于 1 点。以 1 为圆心顶口 b 为半径画弧，与以 B 为圆心 f 为半径画弧相交于 2 点。以 2 为圆心 f 为半径画弧，与以 B 为圆心 a 为半径画弧相交于 C 点。以 C 为圆心 f 为半径画弧，与以 2 为圆心 b 为半径画弧相交于 3 点。再以 3 为圆心主视图斜高 c 为半径画弧，与以 C 为圆心 $a/2$ 为半径画弧相交于 E 点。同样方法作图得出左侧各点，通过各点连成直线，即为方锥台的展开，如图5-3所示。

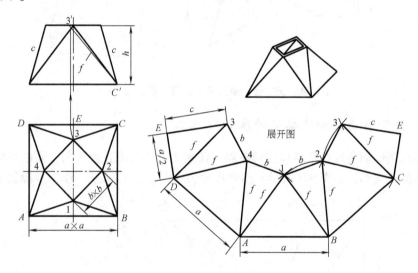

图5-3　上下口互成45°方锥台的展开

四、长方管直角换向连接管的展开（其一）

图5-4所示为等口长方丁字形直角换向连接管。已知里口尺寸为 a、b、h。作图步骤如下：

1）用已知尺寸画出主视图和俯视图。

2）用辅助线分割前板及右侧板（结口在右侧板中线）。即在俯视图用点划线连接2—3、4—5，则分前板及 1/2 右侧板为四个三角形平面。

3）求实长线。以主视图高 h 为对边，取俯视图2—3、3—4、4—5为对边所作直角三角形，其斜边则反映各线的实长。

4）展开图法。左侧板为侧平面，左视图反映实形。先用 a、b 及主视图 h 作出左侧板展开图——等腰梯形1—2—2—1。以 2 为圆心实长线 f 为半径画弧，与 1 为圆心 b 为半径画弧相交于 3 点。以 3 为圆心实长线 l 为半径画弧，与以 2 为圆心 a 为半径画弧相交于 4 点，以 4 为圆心 l 为半径画弧，与以 3 为圆心 $a/2$ 为半径画弧相交于 5 点。再以 5 为圆心主视图斜

高 c 为半径画弧，与以 4 为圆心 b/2 为半径画弧相交于 6 点。以直线连接各点，即得所求展开图。

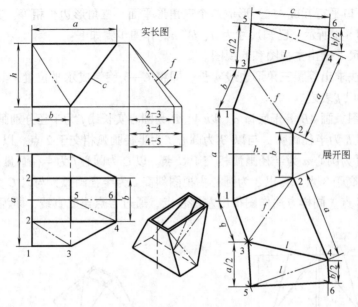

图 5-4　长方管直角换向连接管的展开（其一）

五、长方管直角换向连接管的展开（其二）

本例与前例不同之处在于顶口前倾左斜成任意角与底口成直角转向，而使各面与基本投影面倾斜不反映实形，如图 5-5 所示。已知尺寸为 a、b、c、h 及 β。作图步骤如下：

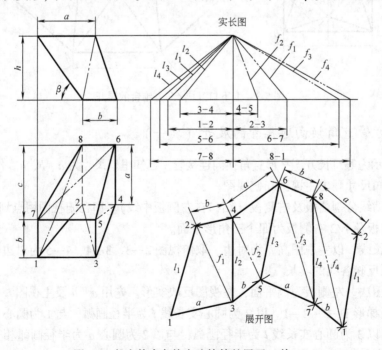

图 5-5　长方管直角换向连接管的展开（其二）

1）用已知尺寸画出主视图和俯视图。

2）用辅助线依次分割各面为三角形平面。即在俯视图连接 2—3、4—5、6—7、8—1，则分四个面为 8 个不等三角形平面。

3）求实长线。由于各面交线（棱线）及辅助线均倾斜于基本投影面不反映实长，均须求出其实长。如实长图，以主视图 h 为对边，用俯视图各面交线及辅助线为底边分别作出直角三角形，共斜边则反映各对应线的实长。

4）以前平面 1—2 线为结口，画 1—3 等于顶口 a，以 1 为圆心实长线 l_1 为半径画弧，与以 3 为圆心实长线 f_1 为半径画弧相交于 2 点。以 2 为圆心俯视图 b 作半径画弧，与以 3 为圆心 l_2 为半径画弧相交于 4 点。以下用同样方法依次作出各三角形平面的展开，得出各点连成直线，即得所求展开图。

六、长方管成任意角度转向接头的展开

图 5-6 所示长方管的后板为正平面，主视图反映实形，前板顶口向前倾斜，顶口与后板成 β 角转向连接。图中已知里口尺寸为 a、b、c、d、h 及 β。作图步骤如下：

1）用已知尺寸画出主视图及左视图。

2）用辅助线分割左侧板及 1/2 前板为四个三角形平面（见直观图）。即在主、左视图中分别用点划线连接 4（2）—5、2′—3′，则分侧面与 1/2 前面为四个三角形平面。

3）实长线求法。用直角三角形法求各线实长。即以主视图各线投影高为对边，取左视图各线投影长为底边所作三组直角三角形，其斜边则反映各对应线段的实长，如实长图所示。

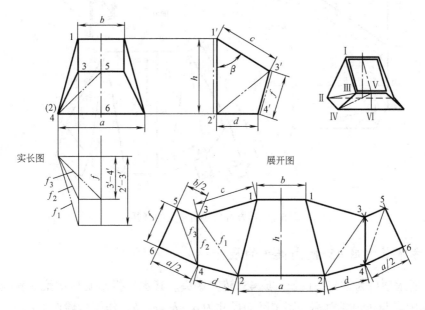

图 5-6　长方管成任意角度转向接头的展开

4）作展开图。先将主视图后板照录重出如展开图。以 1 为圆心左视图顶口 c 为半径画弧，与以 2 为圆心实长线 f_1 为半径画弧相交于 3 点。以 3 为圆心实长线 f_2 为半径画弧，与以 2 为圆心左视图底口 d 为半径画弧相交于 4 点。以 4 为圆心 f_3 为半径画弧，与以 3 为圆心

顶口 $b/2$ 为半径画弧相交于 5 点。再以 5 为圆心左视图侧高 f 为半径画弧，与以 4 为圆心 $a/2$ 作半径画弧相交于 6 点。以直线连接各点，即得所求展开图。

七、异方直角换向接头的展开

图 5-7 所示为大小方口直角换向接头。已知尺寸为 a、b、l、h。作图步骤如下：

1）用已知尺寸画出主视图和 1/2 俯视图。

2）用辅助线分割前板及 1/2 左板为三角形平面。即在俯视图用点划线连接 1—4、4—5，则分前板及左侧板为四个三角形平面。

3）求实长线。用直角三角形法求出棱线及各辅助线实长。即在主视图右侧以 h 为对边，取俯视图 1—4、4—5、3—4（3—4 = 4—5）为底边所作直角三角形。其斜边则反映各线的实长。

4）作展开图。先以主视图 f 为高，a 和 b 为上、下底作出右侧板展开图——等腰梯形 1—2—2—1。以 1 为圆心实长线 f_1 为半径画弧，与以 2 为圆心 b 为半径画弧相交于 4 点。以 4 为圆心实长线 f_2 为半径画弧，与以 1 为圆心 a 为半径画弧相交于 3 点。以 3 为圆心 $a/2$ 为半径画弧与以 4 为圆心 f_2 为半径画弧相交于 5 点。再以 5 为圆心主视图 f_3 为半径画弧，与以 4 为圆心 $b/2$ 为半径画弧相交于 6 点。通过各点依次连成直线，即得所求展开图。

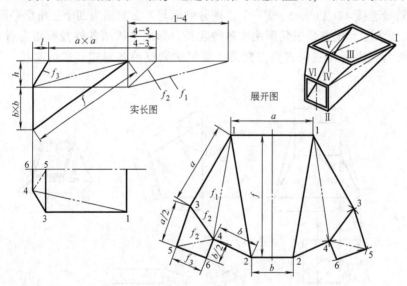

图 5-7 异方直角换向接头的展开

八、方顶长方底 45°换向接头的展开

图 5-8 所示顶口为方与底口长方成 45°转向接头。其水平投影底口积聚成直线，并过方口垂直两边中点与对角成对称。图中已知尺寸为 a、b、c、h。作图步骤如下：

1）用已知尺寸画出主、俯视图上、下口的投影，及底口断面。

2）在主、俯两视图中对应连接上、下口角点，为各面交线（均不反映实长），则分构件为八个三角形平面。

3）求实长线。以主视图各三角形投影为高，取其水平投影为底边所作直角三角形，其斜边则反应各对应线段的实长，如实长图所示。

4）作展开图。本例以0—1线为结口，画0—2等于顶口方边 a，以0为圆心实长线 f_1 为半径画弧，与以2为圆心实长线 f_2 为半径画弧相交于1点。以1为圆心底口短边 b 为半径画弧，与以2为圆心实长线 f_3 为半径画圆弧相交于3点。以3为圆心实长线 f_4 为半径画弧，与以2为圆心 a 为半径画弧相交于4点。以下同样方法，用上、下口尺寸及各线实长依次作图得出各点顺次连成直线为各三角形展开，即得所求展开图。

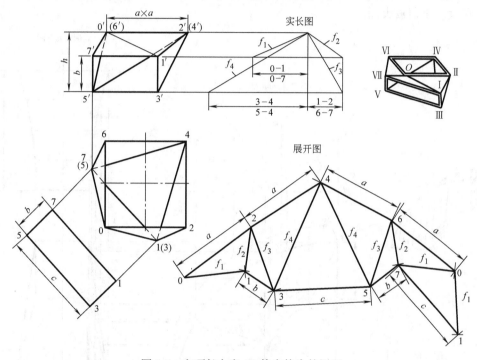

图5-8 方顶长方底45°换向接头的展开

九、方口渐缩直角弯头的展开

方口渐缩直角弯头是由部分圆柱面和螺旋面组合而成。圆柱面可用平行线法作展开；螺旋面则用三角形法作近似展开。为使图面清晰，本例以薄板为例。图中已知尺寸为 a、b、R（见图5-9）。作图步骤如下：

1）用已知尺寸画出主视图和左视图。

2）用三角形分割螺旋面。即在主视图适当划分内外螺旋面各为4等分，等分点为0、2、4、6、8、1、3、5、7、9。以点划线和细实线顺次连接各点（盘线），并求出各点的侧面投影，则分螺旋面为八个展开单元三角形平面。

3）求实长线。主视图中各细实线2—3、4—5、6—7为正平线反映实长，勿须再求。各点划线可用直角三角线法求其实长。即以各线投影高度为对边、以其侧面投影长为底边所作直角三角形，其斜边则反映各对应线段的实长，如实长图所示。

4）作展开图。在左视图上下用平行线法分别作出内、外侧板的展开，如展开图所示，说明从略。

前（后）板展开法：画1″—0″等于大口边长 a。以1″为圆心实长图 f_1 为半径画弧，与以

O''为圆心外侧板展开图 L_1 为半径画弧相交于 2″点。以 2″为圆心主视图 f_2 为半径画弧，与以 1″为圆心内侧板展开图 l_1 为半径画弧相交于 3″点。以下同样用实长线和内外侧板展开图各弧长依次求出各点，分别连成光滑曲线，得前板展开图。

若为厚板件须进行板厚处理。内、外侧板展开长度 L、l 取板厚中心弧长，a、b 为里口尺寸，主视图以板厚中心弧为准作图。

四板连接形式采用前、后板半搭左、右板。前板大口尺寸为 $a+\delta$、a，小口尺寸为 $b+\delta$、b，见大、小口放大图。

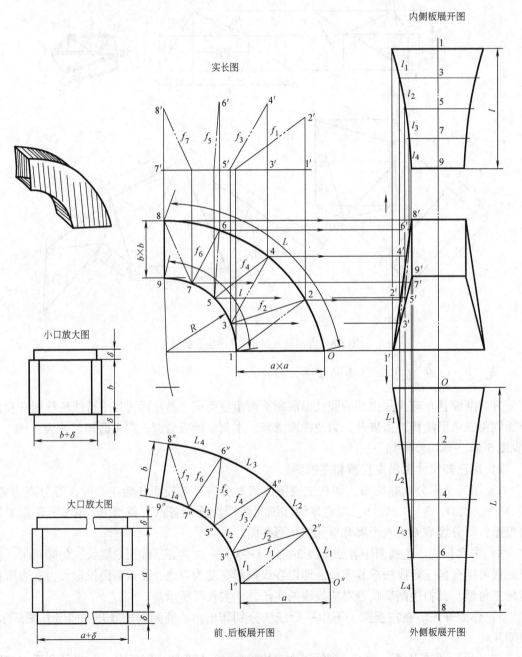

图 5-9　方口渐缩直角弯头的展开

十、鼓风机用导风管的展开

图 5-10 所示为鼓风机用导风管。它是由不同曲率圆柱面和螺旋面组合而成。图中已知尺寸为 a、b、c、d、f、R、r 及 β。作图步骤如下：

1）先用已知尺寸画出主视图，并适当划分内、外轮廓线各为 6 等分。等分点为 1、3、5、…、13，2、4、6、…、14。以点划线和细实线顺次连接各点，则分螺旋面为 12 个三角形。

2）依据主视图内外轮廓线 l、L 及导风管侧视投影尺寸 c、d，在左视图上、下位置先作出内、外侧板的展开图。

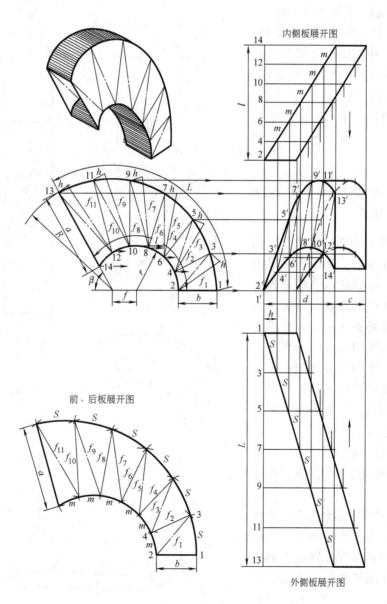

图 5-10　鼓风机用导风管的展开

3）画左视图。由主视图内、外轮廓线各点向右引水平线，与由内、外侧板展开图各点上、下所引竖直线对应交点连成曲线为导风管侧面投影，完成左视图。

4）求实长线。用支线法求实长。即在主视图以各点划线为底边，由线的任意端点引垂线为对边等于左视图 h 所作直角三角形，其斜边则反映各点划线的实长，并分别以 f_1、f_3、f_5、…、f_{11} 表之。主视图中各细实线 f_2、f_4、…、f_{10} 为正平线反映实长，勿须另求。

5）作展开图。画 1—2 等于主视图 b，以 1 为圆心外侧板展开图 S 为半径画弧，与以 2 为圆心主视图实长线 f_1 为半径画弧相交于 3 点。以 3 为圆心主视图 f_2 为半径画弧，与以 2 为圆心内侧板展开图 m 为半径画弧相交于 4 点。以下同样用实长线 f_n 及内、外侧板展开图 m、s 顺次作图得出各点，分别连成光滑曲线，得前、后板的展开图。

若为厚板件，须进行板厚处理。即主视图内、外轮廓线为板厚中心弧；b、c 为里口尺寸，δ 为板厚。四板连接形式：前、后板半搭内、外侧板（见前例上下口断面尺寸）。上口尺寸为 $a+\delta$、c，下口尺寸为 $b+\delta$、c。

十一、方顶直角换向长方底连接管的展开

图 5-11 所示为顶口为方，直角换向长方底连接管。为减少通风换气压力损失，连接管以圆柱面光滑过渡。从视图中不难看出因底口前倾而使连接管各面不同。本例以主视图内、外圆弧切点连线为界，分连接管为上、下两部分作展开。上部分由圆柱面和螺旋面组成，展开方法与前例相同；下部分属于平面立体。图中已知尺寸为 a、b、c、d、e、h、R。作图步骤如下：

1）用已知尺寸画出主视图和左视图。

2）用辅助线分别划分内、外圆柱面和螺旋面为若干梯形和三角形作为展开各面的单元。即适当划分主视图内、外圆弧各为 3 等分，等分点为 1、3、5、7、2、4、6、8。以点划线和细实线顺次连接各点，

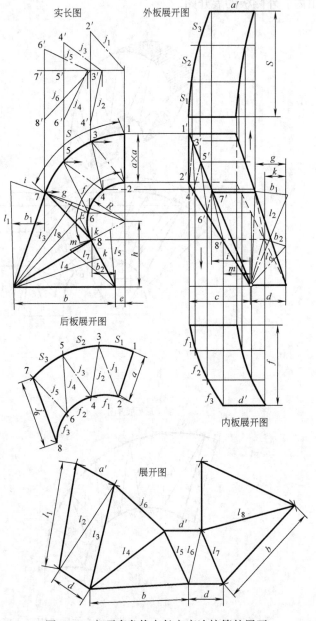

图 5-11 方顶直角换向长方底连接管的展开

并作出各线的侧面投影。

3）求实长线。用直角三角形法求出主视图螺旋面各辅助线实长。即以主视图各线投影高度为对边，以各线侧面投影长度为底边所作直角三角形。其斜边则反映各对应线段的实长。若求 2—3 线实长，以主视图 2—3 投影为对边，取其侧面投影 $2'$—$3'$ 为底边所作直角三角形，斜边 j_1 则反映实长。下部平面立体各面交线及辅助线，求实长用支线法直接在两面视图中作出。若求左轮廓线实长，过点 7 引垂线，取其长等于左视图该线两端支出距 i 所作直角三角形，其斜边 l_1 反映实长。

4）作内、外板展开。在左视图上、下所引竖直线上分别截取主视图内、外弧长，得出各点引水平线，与结合线各点上、下所引垂线对应交点分别连成光滑曲线，得内外板的展开图。

5）后板展开法。画竖直线 1—2 等于顶口 a。以 1 为圆心外板展开图 s_1 弧长为半径画弧，与以 2 为圆心实长线 j_1 为半径画弧相交于 3 点。以 3 为圆心实长线 j_2 为半径画弧，与以 2 为圆心里板展开图 f_1 弧长作半径画弧相交与 4 点。以下同样用实长线和内、外板展开图弧长顺次作图求出各点分别连成曲线，得后板展开图。

6）下部过渡连接管属于平面立体，用三角形法作展开，如展开图所示，说明从略。

7）主视图中螺旋面前、后板重合，因底口前倾，前后板侧面投影相异。这说明两板仅相似而不全等。前板展开需另求实长作出，本例没作。

8）若为厚板件，圆柱面板厚处理可参阅前两例进行，下部平面立体按里口尺寸作图。

第二节　变径过渡连接管及其组合构件的展开

一、异径错心连接管的展开

图 5-12 所示为上、下口平行异径圆管错心连接管，它属于斜圆锥管。由于锥顶较远，不易用放射线法展开，可用三角形法。图中已知尺寸为大、小口中径 D（$D = 2R$）、d（$d = 2r$）、错心距 l 及高 h。作图步骤如下：

1）用已知尺寸画出主视图，并在底口线画出 1/2 俯视图。

2）用三角形分割斜圆锥面。即在俯视图中分别对大小口半圆周作 6 等分，等分点为 0、2、4、…、12，1、3、5、…、13。以点划线和细实线顺次连接各等分点，则分 1/2 连接管为 12 个展开单元三角形。

3）求实长线。用直角三角形法分别求出俯视图各点连接（盘线）的实长。即以主视图 h 为对边，以各线水平投影长为底边所作直角三角形，其斜边则反映实长。如实长图，以 1—2 线为底边，h 为对边的直角三角形，斜边 j_1 为其实长。

4）作展开图。画竖直线 1—0 等于主视图左轮廓线 f_1。以 1 为圆心实长图 j_1 为半径画弧，与以 0 为圆心俯视图大圆等分弧长为半径画弧相交于 2 点。以 2 为圆心实长图 f_2 为半径画弧，与以 1 为圆心俯视图小圆等分弧长为半径画弧相交于 3 点。以下同样用各实长线和大、小口断面等分弧长顺次作图得出各点分别连成光滑曲线，即得所求展开图。

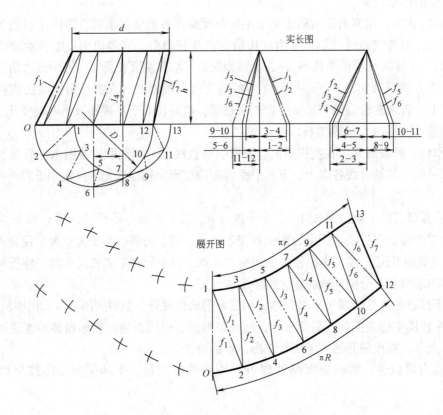

图 5-12　异径错心连接管的展开

二、异径斜马蹄的展开

异径斜马蹄其表面为扭曲面，它不属于圆锥面或斜圆锥面。因此，不能用上述两管展开法展开，可用三角形法作近似展开，如图 5-13 所示。已知大、小口板厚中心半径 R、r、l、h 及 β。作图步骤如下：

1）用已知尺寸画出主视图和上、下口 1/2 断面图。

2）用盘线分割斜马蹄为若干三角形。即适当划分上、下口断面半圆周各为 6 等分。由等分点分别引对上、下口垂线，得交点为 1、3、…、13，0、2、4、…、12。以点划线和细实线顺次连接各点，则分 1/2 扭曲面为 12 个展开单元三角形。

3）求实长线。用直角梯形法求各盘线实长。即以各线正面投影长为底边所作梯形的两边分别等于各线上、下口断面弦长，其斜边则反映实长。如实长图所示，具体作法，说明从略。

4）作展开图。画竖直线 1—0 等于主视图左轮廓线 f_0。以 1 为圆心实长图 j_1 为半径画弧，与以 0 为圆心底断面等分弧长为半径画弧相交于 2 点。以 2 为圆心实长线 f_1 为半径画弧，与以 1 为圆心顶断面等分弧长为半径画弧相交于 3 点。以下同样用各实长线和上、下口断面等分弧长顺次作出各三角形展开，得出各点并分别连成曲线，即得所求，如展开图所示。

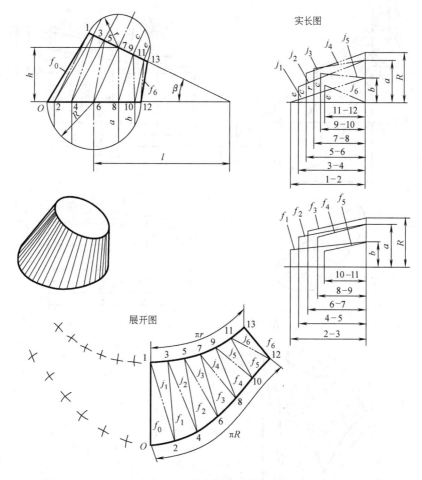

图 5-13　异径斜马蹄的展开

三、异径直角过渡连接管的展开

异径直角过渡连接管属于扭曲面,需用三角形法作近似展开,如图 5-14 所示。图中已知大、小口板厚中心半径 R、r 及 h、l。作图步骤如下:

1)用已知尺寸画出主视图及大、小口 1/2 断面图。

2)用盘线分割扭曲面为若干三角形,即适当划分主视图大、小口断面半圆周各为 6 等分。由等分点分别引大、小口垂线得出交点为 0、2、4、…、12,1、3、5、…、13。以点划线和细实线顺次连接各点,则分 1/2 扭曲面为 12 个展开单元三角形。

3)求实长线。用直角梯形法求各盘线实长。即以各线正面投影长为底边所作梯形两边分别截取主视图各线上、下口对应弦长,其斜边则反映实长,如实长图所示。

4)作展开图。画竖直线 1—0 等于主视图右轮廓线 f_0。以 1 为圆心实长线 j_1 为半径画弧,与以 0 与圆心底断面等分弧长为半径画弧相交于 2 点。以 2 为圆心实长线 f_1 为半径画弧,与以 1 为圆心顶断面等分弧长为半径画弧相交于 3 点。以下同样用各实长线和大、小口断面等分弧长顺次作图得出各点并分别连成曲线,即得所求展开图。

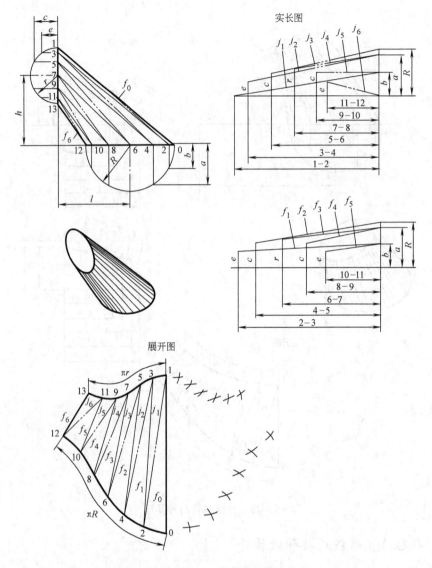

图 5-14　异径直角过渡连接管的展开

四、圆顶长圆底台的展开

圆顶长圆底台是由斜圆锥面与三角形平面组成。当锥度较小锥顶至锥底较远时，不易用放射线法展开，可用三角形法，如图 5-15 所示。图中已知尺寸为顶圆中径 d、底长圆板厚中心半径 r、三角形底边 l 及高 h。作图步骤如下：

1）用已知尺寸画出主视图，并在底边画出 1/2 俯视图。

2）用盘线分割斜圆锥面为若干三角形。即适当划分俯视图 1/4 圆周各为 3 等分，等分点为 1、3、5、7，2、4、6、8。以点划线和细实线顺次连接各点，则分 1/4 斜圆锥面为 6 个展开单元三角形。

3）求实长线。用直角三角形法求各盘线实长。即以各线正面投影高 h 为对边。用各线水平投影长为底边所作直角三角形，其斜边则反映实长。如实长图所示。

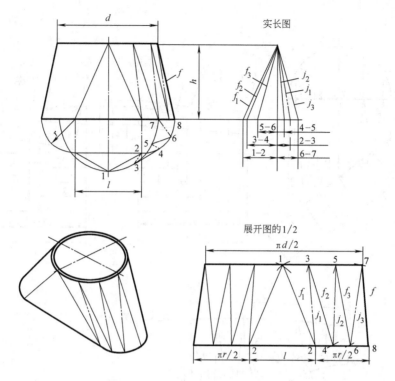

图 5-15　圆顶长圆底台的展开

4）作展开图。画水平线 2—2 等于主视图 l，以 2、2 为圆心实长图 f_1 为半径画弧相交于 1 点。以 1 为圆心俯视图 1—3 弧长为半径画弧，与以 2 为圆心实长图 j_1 为半径画弧相交于 3 点。以下同样用各实长线和俯视图各等分弧长顺次作图求出各点分别连成曲线，即得所求 1/2 展开图。

五、圆顶任意角度过渡长圆底连接管的展开

圆顶任意角度过渡长圆底连接管是由扭曲面与三角形平面组成，需用三角形法作近似展开，如图 5-16 所示。图中已知上、下口中心半径 R、r，l、h 及 β。作图步骤如下：

1）用已知尺寸画出主视图和上、下口 1/2 断面图。

2）用盘线分割扭曲面为若干三角形。即适当划分顶断面半圆周为 6 等分；分底断面 1/4 圆周为 3 等分。由等分点分别引对其上、下口垂线得出各点。以点划线和细实线首尾连接各点，则分 1/2 扭曲面为 12 个展开单元三角形。

3）求实长线。用直角梯形法求出主视图各盘线实长。即以各线正面投影长为底边所作梯形，两边分别等于主视图各线上、下口断面弦长，其斜边则反映实长，如实长图所示。

4）作展开图。画竖直线 1—0 等于主视图右轮廓线 f_0，以 1 为圆心实长图 j_1 为半径画弧，与以 0 为圆心底断面等分弧长为半径画弧相交于 2 点。以 2 为圆心实长图 f_1 为半径画弧，与以 1 为圆心顶断面等分弧长为半径画弧相交于 3 点。以下同样用各实长线和上、下口断面尺寸顺次作图得出各点分别连成曲线和直线，即得所求展开图。

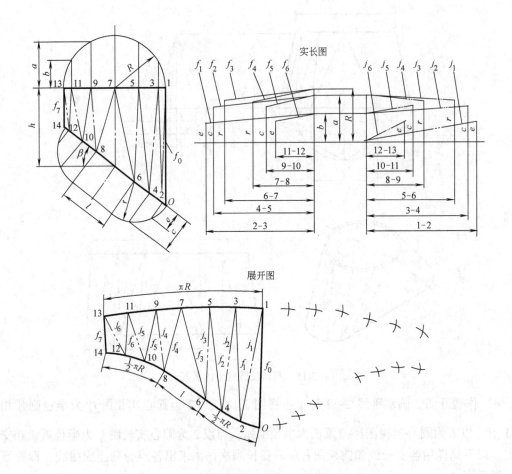

图 5-16 圆顶任意角度过渡长圆底连接管的展开

六、长圆管直角换向连接管的展开

等面积长圆直角换向连接管是由椭圆柱面与三角形平面组成,如图 5-17 所示。已知尺寸为板厚中心半径 R、高 h。作图步骤如下:

1) 用已知尺寸画出主视图和俯视图。

2) 用盘线分割曲面为若干三角形。即适当划分上、下口端面 1/4 圆周各为 2 等分,以点划线和细实线首尾连接各点,并用 c、f 表示各点连线长。

3) 求实长线。用直角三角形法求出各线实长。即以各线正面投影高度 h 为对边。以其水平投影 c、f 为底边所作直角三角形,其斜边 c'、f' 反映实长,如实长图所示。

4) 作展开图。先以 R 为底边,主视图轮廓线 f_0 为对边作直角三角形。以 1 为圆心实长线 f' 为半径画弧,与以 O 为圆心俯视图等分弧长为半径画弧相交于 2 点。以 2 为圆心实长线 c' 为半径画弧,与以 1 为圆心俯视图等分弧长为半径画弧相交于 3 点。以下同样用实长线和上、下口断面等分弧长及 R 顺次作图,得出各点分别连成曲、直线,即得所求展开图。

七、圆顶椭圆底台的展开

圆顶椭圆底台多属于不可展曲面，通常用三角形法作近似展开，如图 5-18 所示。已知尺寸为顶圆中径 d、底口椭圆板厚中心长短轴 a、b 及台高 h。作图步骤如下：

1）用已知尺寸画出主视图和俯视图。

2）用盘线分割椭圆锥曲面为若干三角形。即适当划分俯视图上、下口 1/4 圆周、椭圆周各为 3 等分，并以点划线和细实线首尾连接各点，则分 1/4 曲面为 6 个展开单元三角形。

3）求实长线。用直角三角形法求各盘线实长。即以各线水平投影长为底边，以其正面投影高度为对边所作直角三角形。其斜边则反应各对应线段的实长，如实长图所示。

4）作展开图。画竖直线 1—0 等于主视图右轮廓线 f_0，以 1 为圆心实长图 f_1 为半径画弧，与以 0 为圆心椭圆周等分弧长 $\overset{\frown}{0-2}$ 为半径画弧相交于 2 点。以 2 为圆心实长线 f_2 为半径画弧，与以 1 为圆心顶圆等分弧长 $\overset{\frown}{1-3}$ 为半径画弧相交于 3 点。以下同样用各实长线和俯视图上、下口等分弧长顺次作图求出各点，分别连成光滑曲线，即得所求 1/2 展开图，如展开图所示。

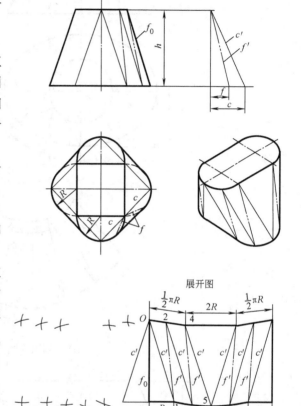

展开图

图 5-17　长圆管直角换向连接管的展开

八、圆顶椭圆底过渡连接管的展开

图 5-19 所示为与大圆筒相贯连接的圆顶椭圆底过渡连接管。已知尺寸为顶圆中径 d、椭圆板厚中心长、短轴 a、b，高 h 及大圆筒外半径 R。

本例与前例不同之处仅在于大口与圆筒相贯，其水平投影椭圆不反映实形，作展开时还需求出椭圆周的实长（可分段求之），如实长图所示。作图步骤、方法与前例相同，说明从略。

九、圆方过渡连接管的展开

圆方过渡连接管是工厂中应用较广的一种变口连接管。其表面是由四个全等斜圆锥和四个三角形平面组成。这类构件通常为薄板，放样尺寸：圆为中径、方为里口、高为中径至里口方垂直距离，如图 5-20 所示。图中已知外形尺寸为 A、D、H 及板厚 δ。作图步骤如下：

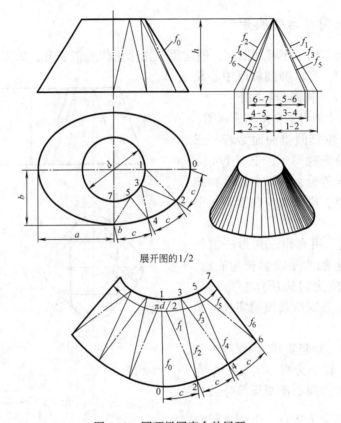

图 5-18　圆顶椭圆底台的展开

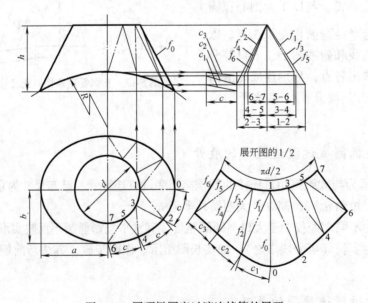

图 5-19　圆顶椭圆底过渡连接管的展开

1) 用已知尺寸画出主视图，并经板厚处理画出放样图（轴线以右为视图，轴线左为放样图）。

2) 用素线分割 1/4 斜圆锥面为若干三角形。即 3 等分放样图 1/4 圆周，等分点为 1、

2、3、4。连接各点与 B（$B\!-\!1 = B\!-\!4$，$B\!-\!2 = B\!-\!3$）。

3）求实长线。以各素线水平投影长为底边，以其正面投影高度为对边所作直角三角形，其斜边则反映实长，如实长图所示。

4）作展开图。画水平线 BC 等于里口 a。以 B、C 与圆心实长图 f_1' 为半径分别画圆弧相交于 1 点。以 B 为圆心，实长图 f_2' 为半径画弧，与 1 为圆心俯视图 $1\!-\!2$ 弧长为半径所画弧相交得交点 2、3。以 3 为圆心同上弧长为半径画弧，与 f_1' 半径弧相交于 4 点。再以 4 为圆心主视图 f_0 为半径画弧，与以 B 为圆心 $a/2$ 为半径画弧相交于 O。同样方法依次求出左侧各点，通过各点分别连成直线和曲线，即得所求 1/2 展开图。

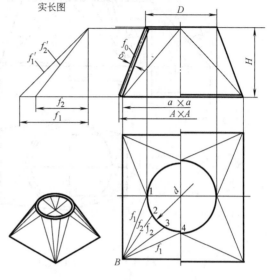

十、圆顶长方底过渡连接管的展开

图 5-21 所示为圆顶长方底过渡连接管。过渡线由底口长方四角点与顶圆直径端连线，则分连接管为四个全等斜圆锥面和两组不同等腰三角形面。图中已知外形尺寸为 A、B、D、h、t。作图步骤如下：

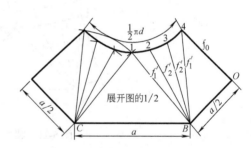

图 5-20 圆方过渡连接管的展开

1）用已知尺寸画出主、俯、左三视图，并经板厚处理同时画出放样图（轴线以右为视图，轴线以左为放样图）。放样图尺寸为：顶口按中径 d，底口按长方里口 a、b，高按中径至底里口垂直距离 h。

2）用素线分割 1/4 斜圆锥面为若干三角形。即适当划分放样图 1/4 圆周为 3 等分，等分点为 1、2、3、4。连接各点与 C，则分 1/4 斜圆锥面为三个展开单元三角形。

3）求实长线。用直角三角形法求各素线实长。即以各素线水平投影长为底边，以其正面投影高度为对边所作直角三角形，共斜边则反映实长，如实长图所示。

4）作展开图。画水平线 CC 等于长方里口 a，以 C、C 为圆心实长图 f_1 为半径分别画弧相交于 1 点。以 1 为圆心俯视图等分弧 $1\!-\!2$ 长为半径画弧，与以 C 为圆心实长图 f_2 为半径画弧相交于 2 点。以 2 为圆心俯视图等分弧 $2\!-\!3$ 长为半径画弧，与以 C 为圆心实长图 f_3 为半径画弧相交于 3 点。以 3 为圆心等分弧 $3\!-\!4$ 长为半径画弧，与以 C 为圆心实长线 f_4 为半径画弧相交于 4 点。再以 4 为圆心主视图 f 为半径画弧，与 C 为圆心 $b/2$ 为半径画弧相交于 5 点。通过各点分别连成曲线和直线，即得连接管 1/2 展开图。

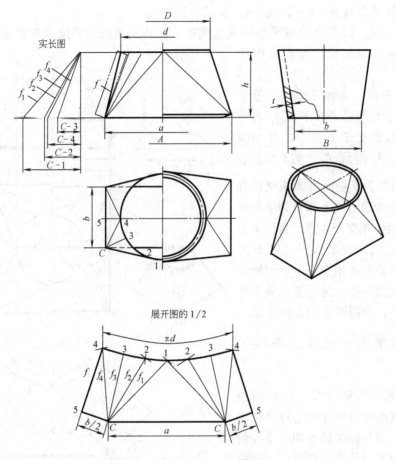

图 5-21　圆长方过渡连接管的展开

十一、圆方偏心过渡连接管的展开

图 5-22 所示为上下口平行圆方偏心过渡连接管。过渡线由顶口方四角与底口圆直径端连线，由于顶口右斜，则使连接管表面形成的斜圆锥面和三角形平面左右不对称，前后对称。图中已知顶方里口 a、底圆中径 d、高 h 及 l。作图步骤如下：

1）用已知尺寸画出主视图，并在底口线画 1/2 俯视图。

2）用素线分割斜圆锥面为若干三角形。即 6 等分俯视图半圆周，等分点为 1、2、3、…、7。连接 1、2、3、4 与 A；4、5、6、7 与 B，则分两斜圆锥面为六个展开单元三角形。

3）求实长线。用直角三角形法求各素线实长。即以各素线水平投影长为底边，以其正面投影高为对边所作直角三角形，其斜边则反映实长，如实长图所示。

4）作展开图。画水平线 AB 等于顶口里口 a，以 A、B 为圆心实长图 f_1 为半径分别画弧相交于 1 点。以 A 为圆心实长圆 f_2、f_3、f_4 为半径画弧，与以 1 为圆心俯视圆半圆周等分弧长依次画弧得 2、3、4 点。以 4 为圆心实长图 f_5 为半径画弧，与以 A 为圆心 a 为半径画弧相交于 C 点。以 C 为圆心实长图 f_5、f_6、f_7 为半径分别画弧，与俯视图圆周等分弧长依次画弧得 5、6、7 点，再以 7 为圆心主视图 f 为半径画弧，与以 C 为圆心 $a/2$ 为半径画弧相交于 8 点。以直线和曲线分别连接各点，即得所求展开图。

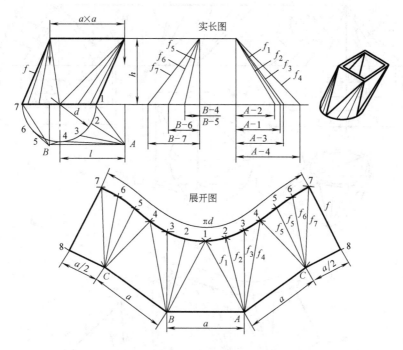

图 5-22 圆方偏心过渡连接管的展开

十二、圆长方偏心过渡连接管的展开

图 5-23 所示为上下口平行圆顶向右后长方底过渡连接管。过渡线由底四角向顶圆直径端连线。形成四个大小不等斜圆锥面和三角形平面。图中已知顶圆中径 d、长方里口尺寸 a、b、高 h 及上下口偏心距 e、i。作图步骤如下：

1）用已知尺寸画出主视图和俯视图。

2）用素线分割各斜圆锥面为若干三角形。即 12 等分俯视图圆周，等分点为 1、2、3、…、12。连接 1、2、3、4 与 A，4、5、6、7 与 D，7、8、9、10 与 C，10、11、12、1 与 B。则分四个不等 1/4 斜圆锥面为 12 个展开单元三角形。

3）求实长线。用直角三角形法求各素线实长。即以各素线水平投影长为底边，以其正面投影高度 h 为对边所作直角三角形，其斜边则反映实长，如实长图所示。

4）作展开图。画水平线 AB 等于长方里口 a。以 A 为圆心实长图 f_1 为半径画弧，与以 B 为圆心实长图 f_1' 为半径画弧相交于 1 点。以 A 为圆心实长图 f_2、f_3、f_4 为半径分别画同心圆弧，与俯视图圆周等分弧长依次画弧相交，得与各同心圆弧交点为 2、3、4。以 4 为圆心实长图 f_4' 为半径画弧，与以 A 为圆心长方里口 b 为半径画弧相交于 D 点。以 D 为圆心实长图 f_5、f_7 为半径分别画同心圆弧，与 4 为圆心顶圆等分弧长依次画弧相交，得与各同心圆弧交点为 5、6、7。再以 7 为圆心主视图 f 为半径画弧，与以 D 为圆心俯视图 j 为半径画弧相交于 E 点。以下用同样方法顺次作图得出右侧各点，通过各点分别连成直线和曲线，即得所求展开图。

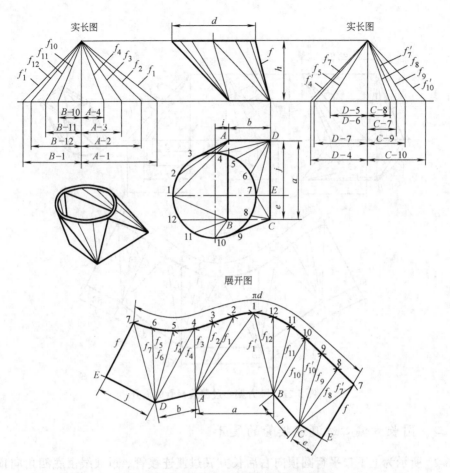

图 5-23 圆长方偏心过渡连接管的展开

十三、圆方任意角度过渡连接管的展开

图 5-24 所示为上下口成 β 角倾斜圆方过渡连接管。其表面是由平面和不同锥度部分斜圆锥面组成，左右侧平、曲面过渡点为顶口圆直径端 $1'$、$6'$；前后平曲面过渡点不重合于顶口直径端，过渡线右移待出，作展开时需准确求出过渡点及过渡线，否则，将会影响制作质量，甚至难以加工成形。图中已知顶圆中径 d、底方里口 a、圆心至底里口垂直高 h 及 l、β。作图步骤如下：

1) 用已知尺寸画出主视图，并沿顶口垂直方向画出 C 向视图。

2) 求过渡线的投影。由主视图 S' 向 C 向视图引垂线，交底口边的延长线于 S 点。由 S 点引圆切线得切点 k、k 为过渡点，并向左右方角点连线，即为平、曲面过渡线。再按投影关系作出其正面投影。

3) 用素线分割斜图锥面为若干三角形，即适当划分 C 向视图顶断面半圆周为 5 等分（$\overset{\frown}{1-k}$ 为 2 等分，$\overset{\frown}{k-6}$ 为 3 等分）。连接 1、2、k 与 A，k、4、5、6 与 B，则分左、右侧 1/4 斜圆锥面为 5 个展开单元三角形。

4) 求实长线。用直角三角形法求各素线实长。即以 C 向视图各素线投影长为底边，以

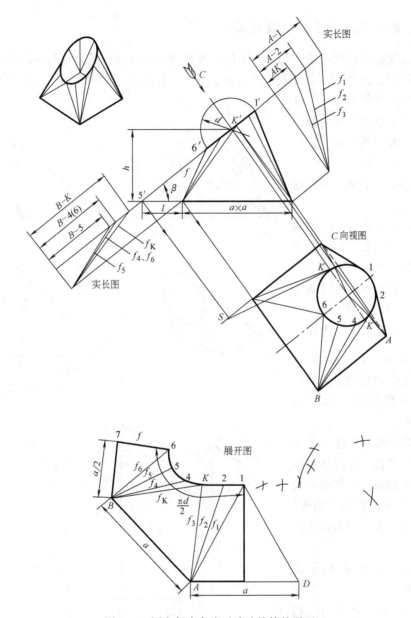

图 5-24　圆方任意角度过渡连接管的展开

其正面投影高为对边所作直角三角形。其斜边则反映实长，如实长图所示。

5）作展开图。画水平线 AD 等于底方里口 a。以 A、D 为圆心实长图 f_1 为半径分别画圆弧相交于 1 点。以 A 为圆心实长图 f_2、f_3 为半径画同心圆弧，与以 1 为圆心 C 向视图1—2弧长为半径依次画弧得 2、k 点。以 k 为圆心实长图 f_k 为半径画弧，与 A 为圆心 a 作半径画弧相交于 B 点。以 B 为圆心实长图 f_4、f_5、f_6 为半径分别画同心圆弧，与以 K 为圆心 C 向视图等分弧长k—4为半径依次画弧，得与各同心圆弧交点为 4、5、6。再以 6 为圆心主视图左轮廓线 f 为半径画弧，与以 B 为圆心 $a/2$ 为半径画弧相交于 7 点。以直线和曲线分别连接各点，即得所求展开图。

十四、圆顶长方底直角过渡连接管的展开

圆顶长方底直角过渡连接管是以方四角为锥顶两种不同锥度部分斜圆锥面和四个三角形平面组成，如图5-25所示。圆上过渡点为最高点1、最低点7和切点 k、k（k 点不在水平直径端），作展开时需准确求出 k 点的投影。图中已知尺寸为顶圆中径 d、长方里口长短边 a、b、高 h 及 l。作图步骤如下：

1) 用已知尺寸画出主视图和左视图。

2) 在主视图由 A、C 引圆切线，得切点 k、k，并作出该点的侧面投影 k' 点。

3) 用素线划分斜圆锥面为若干三角形。即以过渡点1、k、7为限划分主视图半圆周为6分（$\overset{\frown}{1-k}$ 为2等分，$\overset{\frown}{4-7}$ 为3等分）。由各分点向底角点连线，则分两1/4斜圆锥面为12个展开单元三角形。

4) 求实长线。用直角三角形法求各素线实长。即以各素线正面投影长为底边，以其侧面投影高度为对边所作直角三角形，其斜边则反映实长，如实长图所示。

5) 作展开图。画水平线 AC 等于长方里口 a。以 A、C 为圆心实长图 f_1 为半径分别画弧相交于1点。以 A 为圆心实长图 f_2、f_3 为半径画弧，与以1为圆

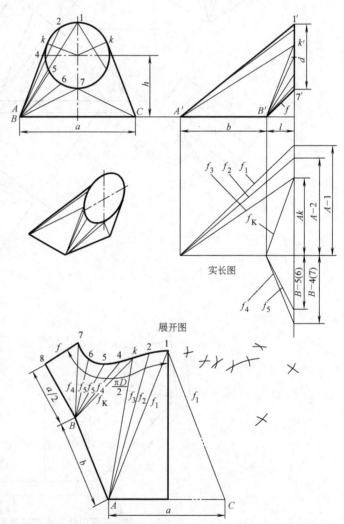

实长图

展开图

图5-25 圆顶长方底直角过渡连接管的展开

心主视图1—2弧长为半径依次画弧得2、k 点。以 k 为圆心实长图 f_k 为半径画弧，与以 A 为圆心里口 b 为半径画弧相交于 B 点。以 B 为圆心实长图 f_4 为半径画弧，与 k 为圆心主视图 $\overset{\frown}{k-4}$ 弧长为半径画弧相交于4点。以 B 为圆心实长图 f_4、f_5 为半径画同心圆弧，与以4为圆心主视图圆周等分弧4—5长为半径依次画弧，得与各同心弧交点为5、6、7。再以7为圆心左视图右轮廓线 f 为半径画弧，与以 B 为圆心 $a/2$ 为半径画弧相交于8点。通过各点分别连成直线和曲线，即得所求展开图。

十五、方圆漏斗的展开

顶方底圆漏斗由斜圆锥面和三角形平面组成。由于尺寸较大，漏斗由三节组成方圆过渡接头，如图 5-26 所示。已知尺寸为顶方里口 a、底圆中径 d、漏斗高 h（里口至中径垂直距）。作图步骤如下：

1）用已知尺寸画出主视图和俯视图。

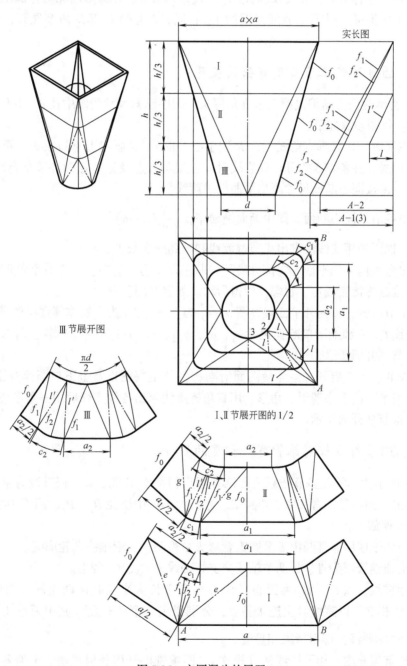

图 5-26 方圆漏斗的展开

2）用素线划分斜圆锥面为若干三角形。本例中，分对称的右下角斜圆锥面为两个三角形。即分底口圆 1/4 圆周为 2 等分，由等分点向近角点连线。

3）求实长线。按展开需要，在俯视图各节中加画必要的辅助线如 l，并用直角三角形法求出各节过渡线和辅助线实长，如实长图所示。

4）作展开图。在作第 I 节展开时，以上下口 a、a_1 为上、下底以主视图侧高 f_0 为高，作出平面展开等腰梯形后，以实长线 f_1、f_2 及过渡圆弧 $\overset{\frown}{c_1}$，在梯形两侧对称画出曲面部分展开。再接画 1/2 梯形。得第 I 节展开图的 1/2；同样方法作出其余两节展开，如展开图所示。

十六、圆方过渡三节直角弯头的展开

图 5-27 所示为圆方渐缩过渡三节直角弯头。图中已知尺寸为圆中径 d、方里口 a 及上下口中心距 R。作图步骤如下：

1）画主视图。在互垂直角线上以 R 定中心，取 a、d 画出上下口投影，再以适宜曲线画出内外轮廓线，并各作 3 等分。以直线对应连接等分点及近邻点为各节结合线及轮廓线，完成主视图。再按同心断面尺寸画出平曲面过渡线。

2）画出各节的同心断面。图中断面渐缩率 $\rho = \dfrac{1}{6}(a-d)$。

3）在主视图中用支线法求出 I 节过渡线和辅助线实长 f_n。

4）作出弯头内外侧平面 1/2 部分展开。即在以 a 为底边中垂线上分别截取主视图内外轮廓线，由截点连接底线左、右端，即得所求。如展开图所示。

5）作 I 节展开，以内外平面展开图 a、a_1 为上下底，f 为高所作等腰梯形两侧，以主视图中各实长线 f_n、h 和上下口断面尺寸 c_1、a_1、$a_{1/2}$、a、$a/2$ 依次作出各三角形的展开即为所求，如 I 节展开图所示。

6）在作 II、III 节展开时，为使图面清晰将各节主视图以及上下口断面分别照录重出，并用盘线分割平、曲面为若干三角形，用直角梯形法求出各线实长后用三角形法分别作出展开，如 II、III 节展开图所示。

十七、圆管与多节圆锥管弯头相贯的展开

图 5-28 所示为圆管与多节任意角圆锥管弯头相贯于中间三节。相贯线为空间曲线，可用球面法求出。图中已知弯头中心半径 R、弯头大小口中半径 R_1、R_2、圆管中半径 r，l、α 及 β。作图步骤如下：

1）用公切于球面原理画出五节圆锥管弯头主视图、支管轴线及轮廓线。

2）画出圆锥管弯头 III、IV 两节轴线交支管轴线于 O_3、O_4 两点。

3）求相贯线。以 O_3、O_4 为圆心（球心）适宜长为半径画出两组同心圆弧（球面），与三管轮廓线相交，以直线对应连接各点，分别得出 4 个共有点（其中两点在相贯线上）。通过各点连成 $\overset{\frown}{AB}$ 曲线，即得所求相贯线。

4）作支管展开图，用平行线法（没作）；圆锥管展开用放射线法。本例各圆锥管锥度较小，在有限平面内锥顶不可及。这里断面取圆，用三角形法作近似展开。如作第三节展

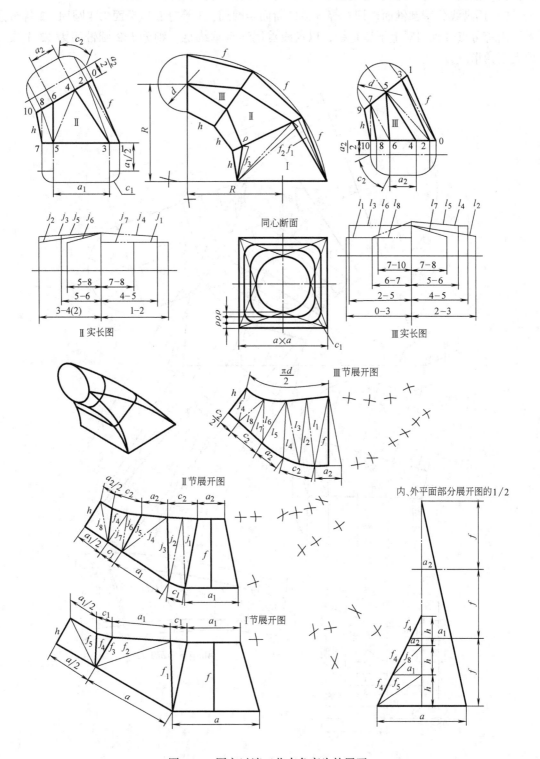

图 5-27 圆方过渡三节直角弯头的展开

开：为使图面清晰，将该节主视图照录重出，并画出上、下口 1/2 断面。

5）用盘线分割圆锥面。即 6 等分顶口断面半圆周；3 等分底口断面 1/4 圆周、2 等分余弧。由等分点分别引对上下口垂线，以盘线首尾连接垂线足、则分 1/2 圆锥面为 12 个展开单元三角形。

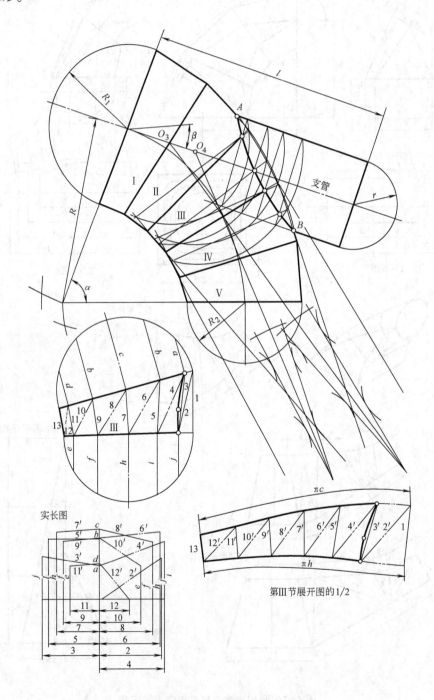

图 5-28　圆管与多节圆锥管相贯的展开

6）求实长线。用直角梯形法求出各盘线实长。即以视图中各盘线长为底边两端作垂线，对应截取该点所在断面弦长所作梯形、斜边反映实长。如实长图所示。

7）作第Ⅲ节展开，用所求各实长线和上下口断面等分弧长依次作图即可作出各三角形展开，如展开图所示，说明从略。

用同样方法可作出其余各节展开，读者可自作。

十八、椭圆渐缩圆管直角弯头的展开

作图步骤如下：

1）图5-29为实物立体图，工厂及轮船常用这种弯头作通风管。如图5-30，先用已知尺寸画出主视图第一节圆管 $ABMN$，外侧轮廓是以 O_1 为圆心 R 为半径所画的 BG 圆弧，内侧轮廓是以 O_2 为圆心 r 为半径所画的 MH 圆弧。5 等分 BG 和 MH 两圆弧得 B、C、D、$\cdots$、M 点。连接 CL、DK、EJ、FI 为各节结合线，完成主视图。

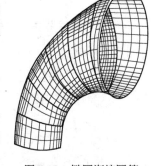

图5-29 椭圆渐缩圆管
直角弯头实物立体图

2）左视图 $G'P'H'P''$ 表示主视图 GH 的断面实形，P'—6、P''—6″为适宜曲线成对称形（本例以 R' 为半径所画圆弧）。由主视图各结合线中点向右引水平线得与左视图轮廓线交点，得出各节渐缩宽度，并以 b_2、c_2、d_2、e_2、f_2 表示各点至中心线的距离。

3）作第Ⅰ节展开图用平行线法，说明省略；作其余各节展开图均用三角形法。如作第Ⅱ节的展开图：画 $BCLM$ 等于主视图第二节，并在 BM 上照录2′、4′、6′、8′、10′各点。以 6′ 为圆心 6′—B 为半径画半圆，由各点引对 BM 垂线，得出各线长度 a、a_1、a_2。由 CL 中点 5′ 引对 CL 垂线，取 5′—5 等于左视图 b_2，以 CL、5′—5 作长短轴画1/2 断面，6 等分断面半椭圆周 C—5—L 等分点为1、3、5、7、9。由各等分点引对 CL 直角线得1′、3′、5′、7′、9′点，以点划线和实线交互连接各点。

4）实长线求法。画水平线 BL，取 B—1′、1′—2′、2′—3′、$\cdots$、10′—L 分别等于主视图相同符号各盘线长度，由 1′、2′、3′、$\cdots$、10′各点引上垂线，取 1′—1、9′—9 等于顶断面图 b，3′—3、7′—7 等于 b_1，5′—5 等于 b_2；取 2′—2、10′—10 等于底断面图 a_2，4′—4、8′—8 等于 a_1，6′—6 等于 a，连接 B—1、1—2、2—3、$\cdots$、10—L 得第Ⅱ节主视图各盘线的实长。

5）展开图法。画 BC 等于第Ⅱ节 BC，以 B 为圆心实长图 B—1 为半径画圆弧，与以 C 为圆心顶断面 $\overset{\frown}{C—1}$ 弧长作半径画圆弧交于 1 点。以 1 为圆心实长图 1—2 为半径画圆弧，与以 B 为圆心底断面 $\overset{\frown}{B—2}$ 弧长作半径画弧交于 2 点。以 2 为圆心实长图 2—3 为半径画圆弧，与以 1 为圆心顶断面 $\overset{\frown}{1—3}$ 弧长作半径画弧交于 3 点。以 3 为圆心实长图 3—4 为半径画圆弧，与以 2 为圆心底断面 $\overset{\frown}{2—4}$ 弧长作半径画弧交于 4 点。以下用同样方法顺次求得各点分别连成直线和曲线，得第Ⅱ节的展开图。同样求出其余各节展开图，如图 5-30 所示，说明省略。

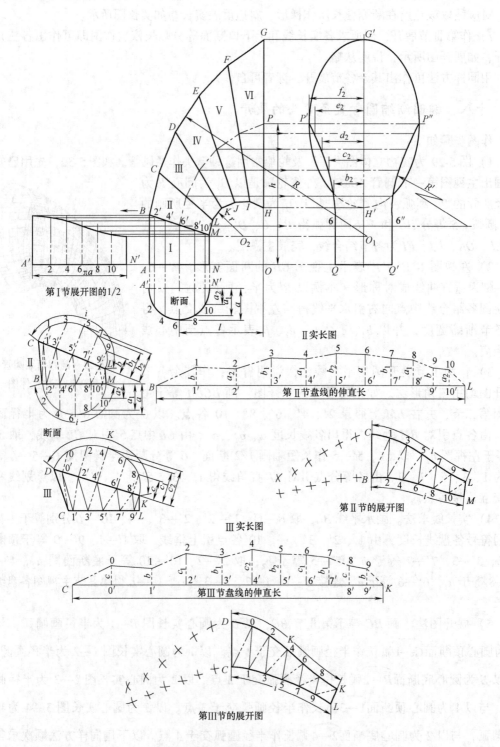

图 5-30 椭圆渐缩圆管直角弯头的展开

第三节 裤形管的展开

裤形管是异径或变口连接的三通管，有多种不同结构形式，在工厂中应用较广。在前几章中，依据展开方法不同均有介绍。这里仅就适于三角形法作展开的变口裤形管典形实例作一介绍，以供借鉴。

一、方口裤形管的展开

图 5-31 所示为用一组视图分别表示两种不同连接形式的裤形管。两腿连接结口形式为：中线以左为梯形（见直观图一）；中线以右为 V 形（直观图二）。图中已知尺寸为 a、b、l、

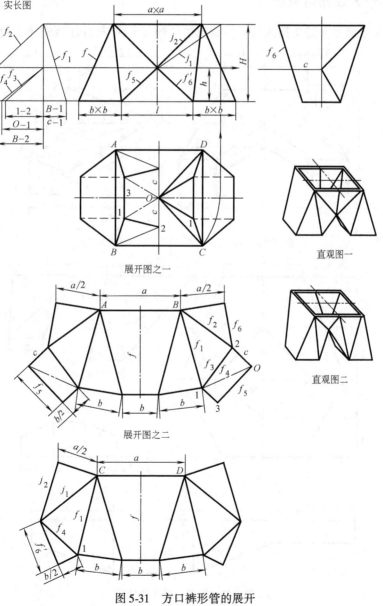

图 5-31 方口裤形管的展开

H 及 h。作图步骤如下：

1）用已知尺寸画出主视图、俯视图和左视图。

2）在俯视图中轴线以左按梯形结口连接，画出其水平投影，并连接 $B—1$、$B—2$，$1—2$ 和 $1—O$；轴线以右按 V 形结口投影，连接 $C—1$、$C—O$。

3）求实长线。用直角三角形法求出俯视图各折线及辅助线实长，如实长图所示。

4）作展开图。以主视图轮廓线 f 为高，a、b 为上下底先作出左侧面梯形展开。再在梯形两侧以上下口尺寸及所求各实长线依次作图得出各点并分别连成直线，即得所求。如展开图之一所示。

5）用同样方法作出 V 形结口连接两腿裤形管的展开，如展开图之二所示。

二、裤形方漏斗的展开

图 5-32 所示裤形方漏斗顶部为大方筒通过前倾 Y 形管向对称两腿小方管过渡连接。图

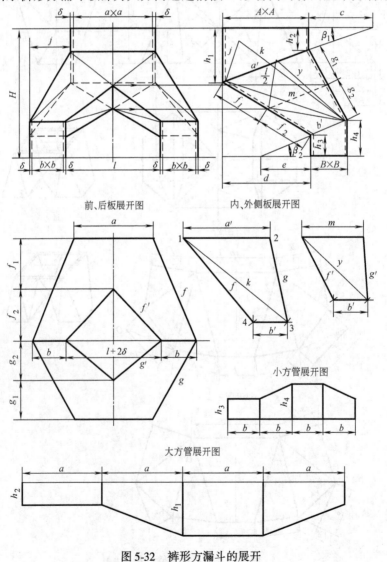

图 5-32　裤形方漏斗的展开

中已知尺寸为 A、B、c、d、e、l、H、δ、β_1 及 β_2。作图步骤如下：

1）用已知尺寸画出主视图及左视图。

2）用平行线法展开大小方管。即以里口尺寸 a、b 为大小方管展开边长，取其侧面投影 h_1、h_2、h_3、h_4 为高分别作出两管的展开，如展开图所示。

3）作前、后板展开。在以 a 为上口所作中垂线上分别截取左视图里口轮廓线 f_1、f_2，由 f_2 截点引水平线，两侧对称截取主视图底口尺寸 $l+2\delta$、b，得出各点对应连线，得后板展开图；用同样方法作出前板展开，如展开图所示。

4）用辅助线划分内、外侧板各为两个展开单元三角形，即在主视图中对角连接内外侧板里口线，并用支线法分别求出各线实长 k、y。

5）作内、外侧板展开。用三角形法展开内、外侧板。画水平线 1—2 等于左视图里口 a'，以 2 为圆心前板展开图 g 为半径画弧，与 1 为圆心实长线 k 为半径画弧相交于 3 点。再以 3 点为圆心左视图 b' 为半径圆弧，与以 1 为圆心后板展开图 f 为半径画弧相交于 4 点。以直线连接各点，得外侧板展开图。用同样方法作出内侧板的展开，如展开图所示。

三、方顶长方底裤形管的展开

图 5-33 所示为两腿对称大口扭成 45° 方顶长方底等面积裤形三通管（顶口面积等于两腿面积之和）。它的单腿由八个三角形面组成，可用三角形法展开。图中已知尺寸为 A、B、C、δ、l、H。作图步骤如下：

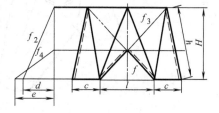

1）用已知尺寸画出主视图和俯视图。

2）用直角三角形法求出各面交线（棱）实长。即以各面交线水平投影长 d、e 为底边，以其正面投影高度为对边所作直角三角形，其斜边 f_2、f_4 反映实长。

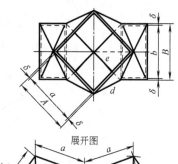

3）作展开图。先作出右侧面三角形展开。即以长方里口 b 为底边，主视图侧高 h 为高作出右侧面等腰三角形。再在三角形两侧以各实长线 f_n 和上下口端面里口尺寸 a、c、$b/2$ 依次作出各三角形面展开，即为所求，如展开图所示。

四、方圆裤形管的展开

方腰圆腿裤形管是由平面和部分斜圆锥面过渡而成，如图 5-34 所示。已知尺寸为顶方里口 a、底圆中半径 r、高 H 及 l。作图步骤如下：

1）用已知尺寸画出单腿主视图、左视图和底圆 1/2 断面。

2）用素线划分斜圆锥面为若干三角形。即 4 等分底断面半圆周、由等分点引对其底垂线得交点 2、3

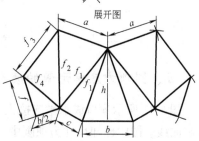

图 5-33 方顶长方底裤形管的展开

4。连接 2、3 与 A，3、4 与 B，则分 1/2 斜圆锥面为 4 个展开单元三角形。

3）求实长线。用直角梯形法求各素线实长。即以各素线正面投影长为底边所作梯形的两边分别截取底断面半径及弦长 r、b，和上、中口宽 $a/2$、$c/2$，其斜边 f_n 则反映实长；再用旋转法求出主视图 AB 及中线实长 f、h。

4）作展开图。先作出右侧面三角形展开。即画水平线 AC 等于顶口 a，以 A、C 为圆心实长图 f_1 为半径分别画圆弧相交于 1 点。连接 A—1、C—1 得平面等腰三角形实形。再在三角形两侧以各实长线 f_n、底断面等分弧长和上、中口尺寸 $a/2$、h、$c/2$ 依次作图得出各点分别连成直线和曲线，即得所求展开图。

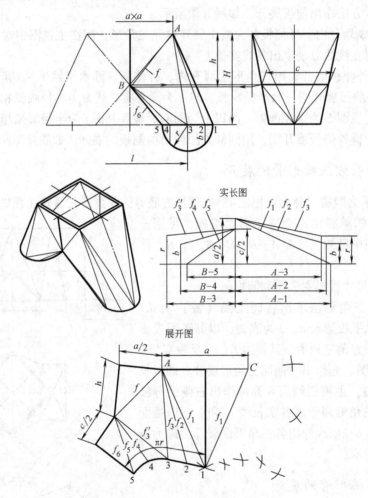

图 5-34　方圆裤形管的展开

五、圆顶方底裤形管的展开

图 5-35 所示顶口成水平连接大圆管，底为对称两腿过渡成小方口，两腿结合线为人为半圆曲线。图中已知尺寸为顶圆中半径 R、底方里口 a、高 h 及分腿距 l。作图步骤如下：

1）用已知尺寸画出主视图、俯视图及顶、腰断面 3/4 圆周。

2）用素线划分斜圆锥面为若干三角形。即分顶、腰 1/4 断面各为 3 等分，等分点为 1、2、3、…、7。由等分点 2、3、4 引下垂线交顶口于 2′、3′、4′点；由 4、5、6 引水平线交结合线于 4′、5′、6′点。连接 2′、3′、4′与 A，4′、5′、6′与 B，则分 1/2 斜圆锥面为 6 个展开单元三角形。

3）求实长线。用直角梯形法求各素线实长。即以主视图各素线投影长为底边所作梯形的两边分别截取顶、腰断面 R、弦长 b、c 和底口 $a/2$，梯形或三角形斜边则反映实长，如实长图所示。

4）作展开图。画水平线 AC 等于方口 a，以 A、C 为圆心实长图 $A—1$ 为半径分别画圆弧相交于 1 点。以 A 为圆心实长图 $A—2$、$A—3$、$A—4$ 为半径画同心圆弧，与以 1 为圆心顶断面等分弧长为半径顺次画弧得 2、3、4 点。以 4 为圆心实长图 $B—4$ 为半径画弧，与以 A 为圆心 a 为半径画弧相交于 B 点。以 B 为圆心实长图 $B—5$、$B—6$、$B—7$ 为半径画同心圆弧，与以 4 为圆心断面等分弧长为半径顺次画弧得 5、6、7 点。再以 7 为圆心主视图 f 为半径画弧，与以 B 为圆心 $a/2$ 作半径画弧相交于 D 点。用同样方法求出右侧各点，以直线和曲线分别连接各点，即得所求展开图。

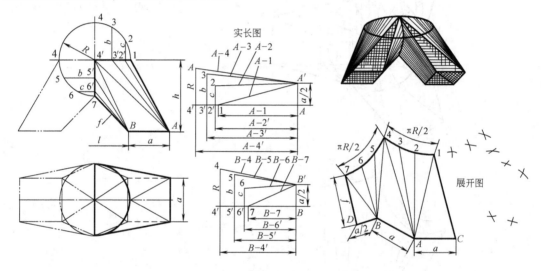

图 5-35 圆顶方底裤形管的展开

六、顶圆底方四通连接管的展开

顶圆底方四通连接管是由三支管成放射状对称组成，各支管则由平面和斜圆锥面过渡形成，如图 5-36 所示。已知尺寸为顶圆中径 R、底方里口 a、高 h 及方口中心距 l。作图步骤如下：

1）用已知尺寸画出主视图和俯视图，并在俯视图中画出汇交于顶圆心互成 $120°$ 的三支管结合线为已知。

2）求结合线的正面投影。在俯视图中，适当划分顶圆周为 12 等分，由等分点向方口里角点对应连线，并作出各素线的正面投影。再由结合线水平投影各点引上垂线与主视图各素线投影对应交点分别连成两条光滑曲线，即为各支管结合线。其中左侧曲线 $3'—6'—8'$ 反映实长。

3）求实长线。用直角三角形法求各素线实长。即以各素线水平投影长为底边，以其正面投影高度为对边所作直角三角形，其斜边则反映实长，如实长图所示。

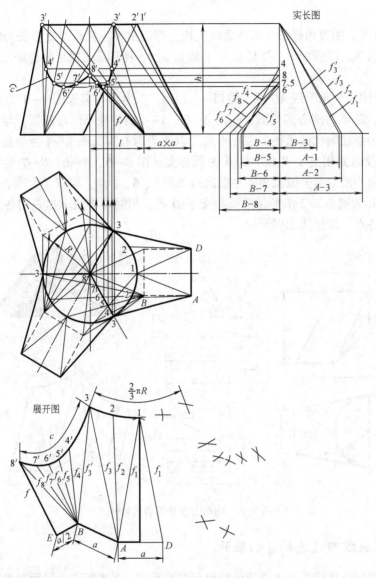

图 5-36　顶圆底方四通连接管的展开

4）作展开图。画水平线 AD 等于底方里口 a，以 A、D 为圆心实长图 f_1 为半径分别画圆弧相交于 1 点。以 A 为圆心实长图 f_2、f_3 为半径画弧，与以 1 为圆心俯视图等分弧 $\overset{\frown}{1—2}$ 长为半径顺次画弧得 2、3 点。以 3 为圆心实长图 f_3' 为半径画弧，与以 A 为圆心 a 为半径画弧相交于 B 点。以 B 为圆心实长图 f_4、f_5、…、f_8 为半径画同心圆弧，与以 3 为圆心取主视图结合线实长弧 $\overset{\frown}{3'—4'}$、$\overset{\frown}{4'—5'}$、…、$\overset{\frown}{7'—8'}$ 为半径顺次画弧得 4'、5'、6'、7'、8' 点。再以 8' 为圆心主视图内轮廓线 f 为半径画弧，与 B 为圆心 $a/2$ 为半径画弧相交于 E 点。通过各点分别连成直线和曲线，即得所求展开图。

七、异径 Y 形管的展开（其一）

图 5-37 所示异径 Y 形管是由两个锥度相同的斜圆锥管截体组成。已知顶圆中径 D（D

=2R)、分腿中径 d、分腿中心距 l、高 h。作图步骤如下:

1)用已知尺寸画出斜圆锥管主视图及 1/2 仰视图。

2)用素线分割斜圆锥面为若干三角形。即适当划分顶圆 1/2 圆周为 6 等分,等分点为 1、2、3、…、7。由等分点向 O 连素线,则分 1/2 斜圆锥面为 6 个展开单元三角形。

3)求实长线。用旋转法求各素线实长。即以 O 为圆心 O—2、O—3、…、O—6 为半径画同心圆弧得与 1—7 交点,连接各点与 O' 得各素线实长。

4)作展开图。先按斜圆锥台展开法作出展开,然后在展开图中截去切缺部分,即得所求。即以 O' 为圆心到 1—7 各点实长为半径画同心圆弧,与以 1 为圆心顶圆周

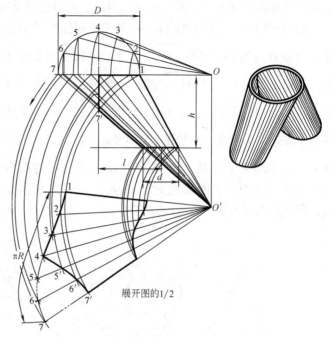

图 5-37 异径 Y 形管的展开 (其一)

等分弧长为半径顺次画弧得 2、3、…、7 点。连接各点与 O' 得斜圆锥展开;再以 O' 为圆心到底口线各点为半径画同心圆弧,得与各素线对应交点。通过各点分别连成两条曲线,得斜圆锥台 1/2 展开图。

5)两腿结合线以左为切缺部分,须求出该部分素线实长,其中 7—7' 反映实长勿需另求;求素线 O—5、O—6 切缺部分须作出该两线的正面投影后作出。即由圆周等分点 5、6 引下垂线得与 1—7 交点。由交点向锥顶 O' 连素线与结合线交点分别引水平线得与各实长线交点 (没注明符号)。以 O' 为圆心到两线交点为半径画同心圆弧交 O'—5、O'—6 于 5'、6' 点。通过 5'、6' 连成 4—7' 曲线,即得所求,如展开图所示。

八、异径 Y 形管的展开 (其二)

图 5-38 所示异径 Y 形管两腿对称,结合线为人为平面曲线——椭圆。这与前例由斜圆锥截体组成的异径 Y 形管不同,它不属于斜圆锥截体(右半部分)。因此,不能用前例方法作展开,须用三角形法。图中已知尺寸为大小口中半径 R、r,中心距 L、高 H、h。作图步骤如下:

1)用已知尺寸画出单腿主视图、1/2 俯视图,并以 O—13、O—7 为长短半轴画出两腿结合断面 1/2 椭圆。

2)用盘线划分曲面为若干三角形。即分俯视图顶断面半圆周为 6 等分,等分点为 O、2、4、…、12;3 等分底断面 1/4 圆周和结口实形 1/4 椭圆周,等分点为 1、3、5、…、13。由椭圆周等分点 9、11 向左引水平线得与结合线交点,并求出该两点的水平投影 9、11。以盘线首尾连接各点,则分 Y 形管曲面为 24 个展开单元三角形。

3）求实长线。用直角三角形法求出视图中各盘线实长。即以各线水平投影长为底边，以其正面投影高度为对边所作直角三角形，其斜边则反映实长，如实长图所示。

4）作展开图。画竖直线 O—1 等于主视图左轮廓线 a，以 1 为圆心实长图 b 为半径画弧，与以 O 为圆心俯视图 $\overparen{O—2}$ 弧长为半径画弧相交于 2 点。以 2 为圆心实长图 c 为半径画弧，与以 1 为圆心俯视图 $\overparen{1—3}$ 弧长为半径画弧相交于 3 点。以下同样方法顺次求得 4、5、6、7、8 点。以 8 为圆心实长图 i 为半径画弧，与以 7 为圆心主视图 $\overparen{7—9}$ 弧长为半径画弧相交于 9 点。以 9 为圆心实长图 j 为半径画弧，与以 8 为圆心俯视图 $\overparen{8—10}$ 弧长为半径画弧相交于 10 点。以下顺次求得 11、12 点。以 11 为圆心主视图 $\overparen{11—13}$ 弧长为半径画弧，与以 12 为圆心主视图 m 为半径画弧相交于 13 点。用同样方法求出右边各点。以直线和曲线连接各点，即得所求展开图。

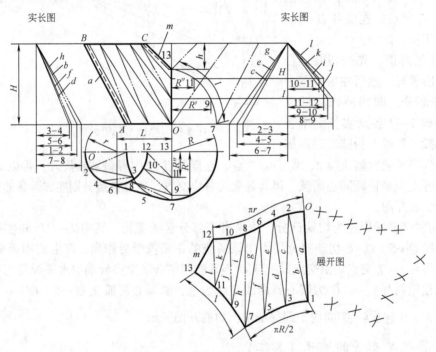

图 5-38　异径 Y 形管的展开（其二）

九、异径五通连接管的展开

图 5-39 所示异径五通连接管是由四个对称支管组合而成，各管间的结合线是人为的球面曲线，R 为中半径；已知底圆中半径 r、高 h 及支管中心距 l。作图步骤如下：

1）用已知尺寸画出支管主视图轮廓和俯视图，并在主视图中以 R 为半径画 3/4 圆周。

2）主视图画法。3 等分主视图 1/4 圆周，由等分点引下垂线得与俯视图水平中心线交点（没注符号），以点 12 为圆心到各交点为半径画同心圆弧，交支管结合线水平投影于 8、10 点。再由 8、10 引上垂线与主视图 1/4 圆周 3 等分点（结合线正面投影）所引水平线对应交点为 8′、10′。通过 8′、10′连成 $\overparen{6′—12′}$ 曲线，完成主视图。

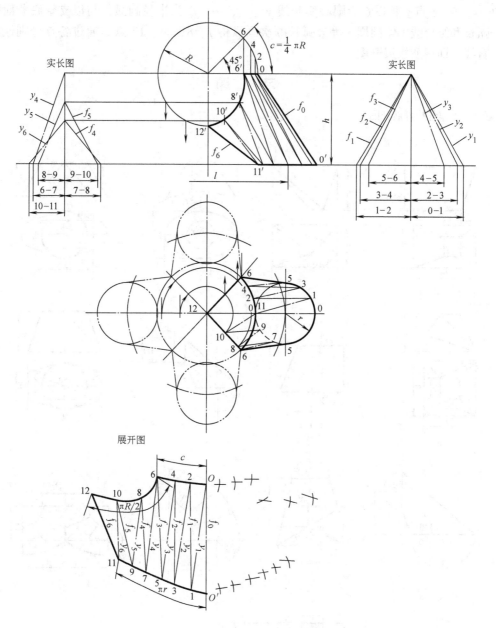

图 5-39 异径五通连接管的展开

3）用盘线划分支管曲面为若干三角形。即 3 等分主管顶口水平投影 1/8 圆周，等分点为 0、2、4、6；6 等分支管水平投影半圆周，等分点为 0、1、3、5、7、9、11。以盘线首尾连接 0—1、1—2、…、10—11，则分支管曲面为 24 个展开单元三角形。

4）求实长线。用直角三角形法求各盘线实长。即以各盘线水平投影长为底边，以其正面投影高度为对边所作直角三角形，其斜边则反映实长，如实长图所示。

5）作展开图。画竖直线 0—0′ 等于主视图右轮廓线 f_0，以 O 为圆心实长线 y_1 为半径画弧，与以 $O′$ 为圆心支管底断面圆周等分弧长 O—1 为半径画弧相交于 1 点。以 1 为圆心实长线 f_1、y_1、f_2、y_2、f_3、y_3、f_4、y_4 为半径画弧，与用上、下口圆周等分弧长顺次交替画弧得

2、3、4、5、6 点。再以 6 为圆心实长线 y_4、f_4、…、f_6 为半径画弧，与以支管底断面圆周等分弧长和结合线 1/4 圆周 3 等分弧长顺次画弧得 7、8、…、12 点。通过各点分别连成曲线和直线，即得所求展开图。

习　题

题图 5-1 作各构件展开图

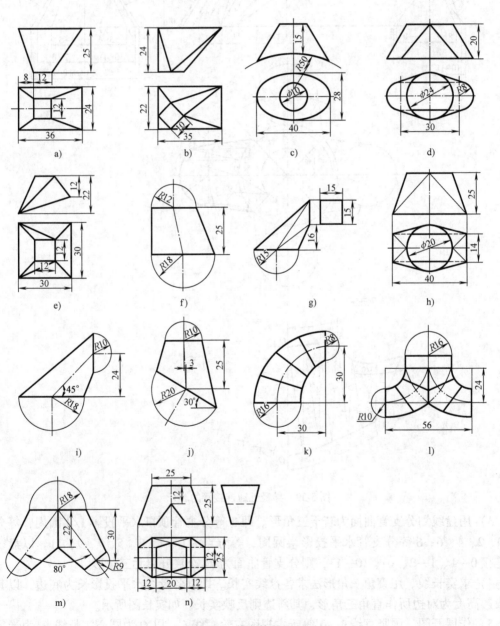

题图 5-1　作各构件展开图

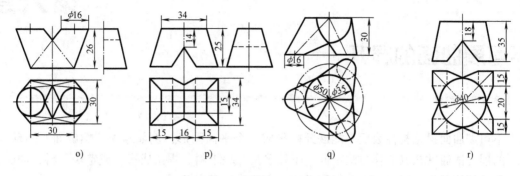

题图5-1 作各构件展开图（续）

第六章

不可展曲面的展开

不可展曲面是指构件表面不能展开摊平成一个平面图形，例如球面、螺旋面、圆环等。它们的展开法通常按其制作方法不同，不外乎是分块下料、焊接成形，或整块下料、冲压成形。不论用哪种方法成形，都只能用近似的方法作出其展开图。

近似展开法就是将不可展曲面分为若干小的部分，然后将每一小部分表面看成是可展的平面、锥面或柱面进行展开。下面将分三节列举典型实例作一介绍。

第一节　扇形片、U 形槽、喇叭管等的展开

一、扇形叶片的展开

图 6-1 所示扭曲面叶片的正面投影为扇形，其水平投影为交叉二曲线成 X 形。因此，主视图扇形曲线不反映实长。作图步骤如下：

1）用已知尺寸画出主视图和俯视图。

2）用盘线分割叶片为若干三角形。即分叶片水平投影曲线各为 4 等分，等分点为 0、2、4、6、8、1、3、5、7、9。用盘线首尾连接各等分点，则分叶片为 8 个展开单元三角形。

3）求实长线。用直角三角形法求各盘线实长。即以各盘线正面投影高度为对边，以其各线水平投影长度为底边所作直角三角形，其斜边则反映实长，如实长图所示。同样求出扇形曲线分段实长。

4）作展开图。画 0 —1 等于实长图 f_1，以 1 为圆心实长图 y_1 为半径画弧，与以 0 为圆心实长图 a' 为半径画弧相交于 2 点。以 2 为圆心实长图 f_2 为半径画弧，与 1 为圆心实长图 b_4 为半径画弧相交于 3 点。以下同样用各盘线实长和扇形分段弧实长顺次画弧求出各点分别连成曲线，即得所求展开图。

若为厚板件按中性层尺寸画视图作展开。

二、内弯 90°∩ 形槽的展开

图 6-2 所示内弯 90° ∩ 形槽为双向弯曲冲压成型的圆环面。本例则按单向弯曲作出其展开图落料后冲压成形。设想，在圆环面上画出若干同心圆弧，在作断面横向展开的同时，将各弧长在纵向展开伸直，便可作出展开图，如展开图所示。已知尺寸为中心半径 R、中性层半径 r、直边 a。作图步骤如下：

1）用已知尺寸画出主视图及断面图。

2）适当划分断面 1/4 圆周为 3 等分，等分点为 1、2、3、4。由等分点引上垂线得与主

视图底口线交点，并画出 1/4 同心圆周。各圆弧为平面曲线平行与正投影面，主视图反映实长。

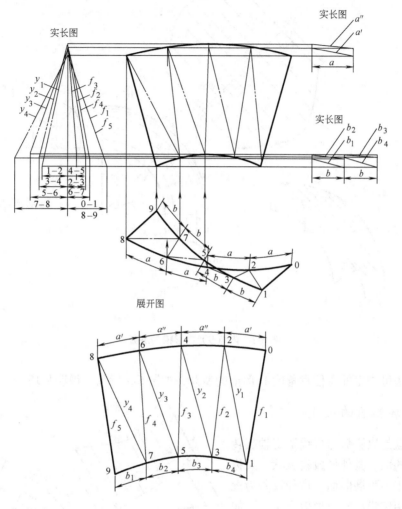

图 6-1 扇形叶片的展开

3）作展开图。画直线 0 —0 等于 U 形槽断面伸直，并由中点 4 左右照录等分点 3、2、1。由各点分别引 0 —0 垂线，并以此线为对称分别截取各线长度对应等于主视图各 1/4 圆周伸直的长度，得出各点并连成直线和曲线，即得所求展开图。

图中

$$l_0 = \frac{\pi}{2}(R - a)$$

$$l_n = \frac{\pi}{2}(R + r\cos\alpha_n)$$

$$\alpha_n = \frac{\alpha}{n}$$

式中 α_n——圆周等分角(°)；

n——圆周等分数。

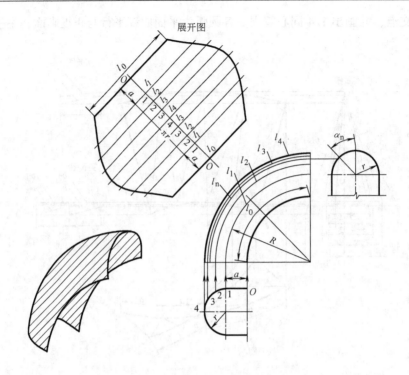

图6-2　内弯90°∩形槽的展开

同样方法可作出外弯任意角度 U 形槽的展开，如图6-3 所示，说明从略。

三、叶轮前盘的展开

叶轮前盘是以圆弧为母线绕定轴旋转一周所形成的面，其外形成喇叭状，又称喇叭管，属于不可展曲面。这种管若为批量生产多采用定模压延成形生产工艺，如图6-4 所示。本例按圆锥管放样，用四块板料拼接压制成形。即假设喇叭管是由某一圆锥管经胎模压制而成，若求出圆锥管母线及锥底直径，则该管展开便迎刃而解了。作图步骤如下：

1）按已知尺寸画出主视图及板厚中性层圆弧。

2）展开半径的经验求法是过弧高 C 点引 $EG /\!/ AB$，并使 $EC = CG = \dfrac{l}{2}$。再作

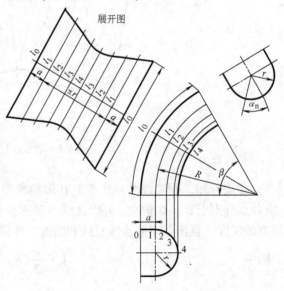

图6-3　外弯任意角度 U 形槽的展开

$HG \perp EG$，取 $HG = \dfrac{h}{3}$，得点 H。连接 EH 并延长交回转轴于 O 点（圆锥顶），得喇叭管展开半径 OE、OH。

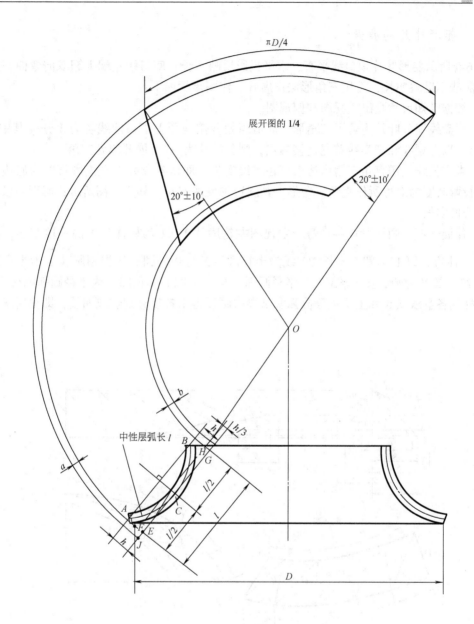

图 6-4　叶轮前盘的展开

3）作展开图。用放射线法作出叶轮前盘 1/4 展开，并按表 6-1 分别画出上下口加工余量 b、a。这里指出，展开图两边结口线不重合于扇形两边，其交角为 $20° \pm 10'$，如展开图所示。

表 6-1　叶轮前盘加工余量表　　　　　　　（单位：mm）

拼接等分数	加工余量（a）	加工余量（b）
2	10	7
3	13	10
4	15	12

四、船形叶片的展开

图 6-5 所示船形叶片顶口线平直，水平投影反映实长；底口线左端上翘双向弯曲，其水平投影曲线不反映实长，需用三角形法作展开。作图步骤如下：

1) 根据已知尺寸画出主视图和俯视图。

2) 用盘线划分叶片为若干三角形。即适当划分俯视图上下口曲线各为 5 分（其中有 4 分相等），以点划线和细实线首尾连接各点，则分叶片为 10 个展开单元三角形。

3) 求实长线。用直角三角形法求出各盘线实长。即以各盘线水平投影长度为底边，以其正面投影高度为对边所作直角三角形，其斜边则反映实长，如实长图所示；同理，求出底边各曲线段实长。

4) 作展开图。画线段 0 —1° 等于主视图左轮廓线 $\overline{1}$（$\overline{1}$ 为标注为 1 的一段直线，同理 $\overline{2'}$、$\overline{3'}$，后同），以 1° 为圆心实长图 $\overline{2'}$ 线为半径画弧，与 0 为圆心俯视图圆弧 $\overset{\frown}{c}$ 为半径画弧相交于 2°。以 2° 为圆心实长图 $\overline{3'}$ 线为半径画弧，与 1° 为圆心实长图 a' 为半径画弧相交于 3°。以下同样用各盘线实长和上下边等分弧实长顺次画弧得出各点分别连成曲线，即得所求展开图。

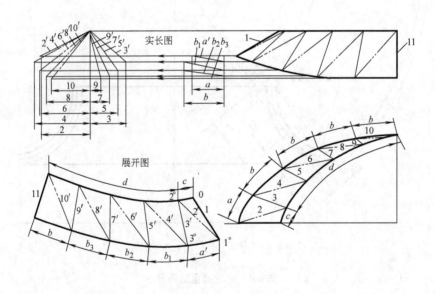

图 6-5 船形叶片的展开

五、导风管弯头的展开

图 6-6 所示为设置在大圆管内壁的导风管与管外斜交圆管组成分流导风管弯头。弯头与大圆管斜交属于异径圆管相贯，用平行线法作展开。导风管侧面投影为椭圆，椭圆部分与大圆管断面圆周重影，需用三角形法作展开。作图步骤如下：

1) 用已知尺寸画出主视图轮廓线及左视图。

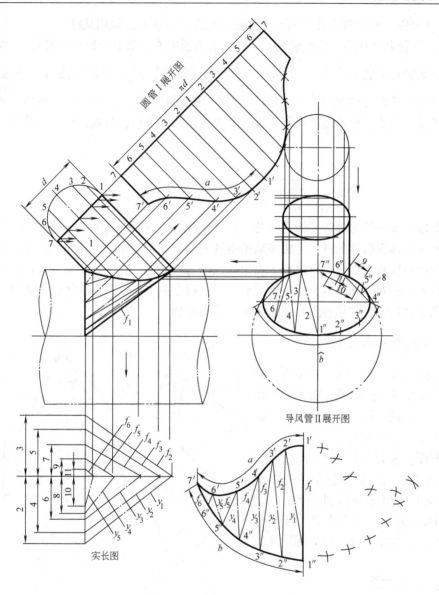

图 6-6　导风管弯头的展开

2）画结合线。在主视图画圆管断面半圆周并作 6 等分，等分点为 1、2、3、…、7。由等分点引素线；在左视图画圆管断面，12 等分断面圆周，由等分点引下素线与大圆管断面相交得交点，由交点向左引水平线，与主视图圆管各素线相交并将对应交点连成曲线为两管结合线，完成主视图。

3）用盘线划分导风管为若干三角形。即适当划分左视图椭圆周为 12 等分，等分点为 1″、2″、3″、…、7″、…、1″。用盘线依次连接等分点与两管结合线交点，并用 $\overline{2}$、$\overline{3}$、$\overline{4}$、…、$\overline{11}$ 表示各线（其中 $\overline{9}$、$\overline{10}$、$\overline{11}$ 与椭圆周重合），则分导风管为 22 个展开单元三角形。

4）求实长线。用直角三角形法求各盘线实长。即以各盘线侧面投影长度为底边，以其正面投影高度为对边所作直角三角形，其斜边则反映实长，如实长图所示。

5）作展开图。作圆管Ⅰ展开用平行线法，如展开图所示，说明从略。

6）作导风管Ⅱ展开图。画竖直线$1'—1''$等于主视图f_1，以$1''$为圆心实长图y_1为半径画弧，与以$1'$为圆心圆管展开图$\overset{\frown}{1'-2'}$弧长为半径画弧相交于$2'$点。以$2'$为圆心实长图f_2为半径画弧，与以$1''$为圆心椭圆周等分弧长$\overset{\frown}{1''-2''}$作半径画弧相交于$2''$点。以下同样用各盘线实长、圆管展开图曲线弧长及椭圆周等分弧长顺次画弧得出各点，分别连成光滑曲线，即得所求展开图。

第二节　球面展开法

球面是以圆或圆弧为母线，绕自身的一条直径旋转一周所形成的面。球面属于不可展曲面，对于不可展曲面构件的展开方法多采用将其表面分成若干小块，而每一小块认为是可展的，只要作出小块料的展开，于是整个表面就近似地展开了。在生产中有时对制件要求整板成形，不许多块拼接，利用本身的塑性变形，通过锤击或热压成形而达到设计要求。例如球体封头及圆形容器等，其坯料直径是圆形板。下面举例：

一、八分之一球面的展开

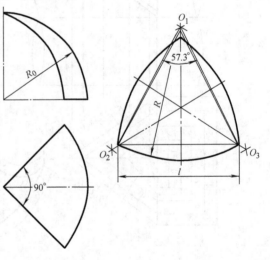

图6-7所示为1/8球面，它相当于无极帽球体封头的1/4，其展开图为三个相同半径圆弧组成的图形。三圆弧交点连线为等边三角形，边长为l。

画展开图。先以l长作等边三角形，然后以R为半径由三角形各角点为中心在各分角线上找出三圆弧圆心O_1、O_2、O_3。再以O_1、O_2、O_3为圆心R为半径分别画圆弧相交，得1/8球面展开图。如展开图所示。

图中：$R = 1.57R_0$
$$l = 0.9589R$$

图6-7　八分之一球面展开

二、半球体封头坯料直径的计算

图6-8所示为半球体封头，要求整板成形。已知尺寸为d、δ。设坯料直径为D。

计算公式：
$$D = 1.4142d + 2t$$
式中　t——加工余量（mm）。

三、球缺体封头坯料直径的计算

图6-9所示为球缺体封头（一），已知尺寸为R、h、δ。设坯料直径为D，

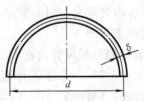

图6-8　半球体封头

计算公式为：

$$D = \frac{\pi R \alpha}{180°} + 2t$$

$$\cos\frac{\alpha}{2} = \frac{R-h}{R}$$

式中　t——加工余量（mm）。

若已知 d、h、t 时（见图6-10），坯料直径用下式计算：

计算公式

$$D = \sqrt{d^2 + 4h^2} + 2t$$

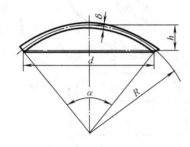

图6-9　球缺体封头（一）

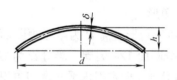

图6-10　球缺体封头（二）

四、椭圆形封头坯料直径的计算

图6-11 所示为现场中经常见到的椭圆形封头。已知封头内径 d，抛高 H 和板厚 δ，其坯料直径通常用近似计算法确定。

计算公式：

$$D = \frac{\pi}{4}\sqrt{2(d^2 + 4H^2) - \left(\frac{d}{2} - H\right)^2} + 2hk$$

式中　k——封头压延时拉伸系数，通常取 $k = 0.75$。

当 $H = \frac{1}{4}d$ 时，坯料直径可用下面经验公式计

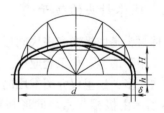

图6-11　椭圆形封头

算：

$$D = d + H$$

五、球面分带的展开

球面分带展开就是将球表面沿纬线方向划分成若干节成圆锥面，用圆锥面取代球面将其一一展开，如图6-12 所示。作图步骤如下：

1）用圆锥面分割球面。即适当划分球面为若干等分（等分越多球面越光滑，但相应的放样成形亦繁），本例为 12 等分。过等分点连纬线，并顺次连接，则分球面为两个极帽、四个圆锥面和一个圆柱面。

2）作展开图。Ⅳ为圆柱面用平行线法作展开，如展开图所示。

3）Ⅱ、Ⅲ节为圆锥面用放射线法作展开，如锥面Ⅲ展开是以 O 为圆心 O—1 为半径画圆弧 $\overset{\frown}{1'—1''}$ 等于 πd 周长，连接 O—1′、O—1″与以 O 为圆心 O—2 为半径所画圆弧相交，交点为 2′、2″。得球面Ⅲ展开图。同样作出球面Ⅱ和极帽Ⅰ展开，如展开图所示。

六、球面分块的展开

球面分块展开是用经线分割球面为若干圆柱面三角形进行展开，各块展开图相同成柳叶形，如图 6-13 所示。作图步骤如下：

1）用已知尺寸 d 画出球面主视图。

2）用经线分割球面为若干三角形，即适当划分主视图圆周为 12 等分，由等分点向圆心（球心）连线，则分球面为 12 个展开单元三角形。

3）以三角形直高 R 为半径画断面半圆周，3 等分断面 1/4 圆周，等分点为 O、1、2、3。由等分点向左引水平线得与主视图结合线交点，分别以 a、b、c 表示叶片宽度。

4）作展开图。画水平线 O—O 等于断面半圆周长并作 6 等分，由等分点引 O—O 垂线，取各线长对应等于主视图叶片宽 a、b、c，得出各点分别连成对称曲线，即得所求展开图。

七、球体封头的展开

球体封头是由极帽和多块同形板料拼接而成，多用于冶金、化工企业中。这种封头放样方法较多，这里仅介绍常用的一种。如图 6-14 所示由极帽与六块同形板料拼接而成的球体封头。作图步骤如下：

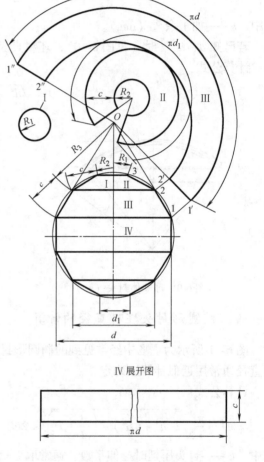

Ⅳ 展开图

图 6-12 球面分带的展开

1）以板厚中心直径画出主视图和俯视图。

2）6 等分俯视图圆周，由等分点向圆心连线交于极帽，则各条连线为各板结合线的水平投影。

3）适当划分主视图轮廓线 $\overset{\frown}{1—5}$ 为若干等分，本例为 4 等分。过等分点画纬线，并在俯视图中画出纬圆。

4）求展开半径。若视球体封头由不同锥度圆锥面组成，求出各圆锥母线，便可作出封头的展开。即由主视图等分点 1、2、3、4 引圆切线交竖直轴延长线于 O_1、O_2、O_3、O_4，得 R_1、R_2、R_3、R_4，可视为与纬圆同底组成球面各不同锥度的圆锥母线。即为所求板料过等分点纬圆展开半径。

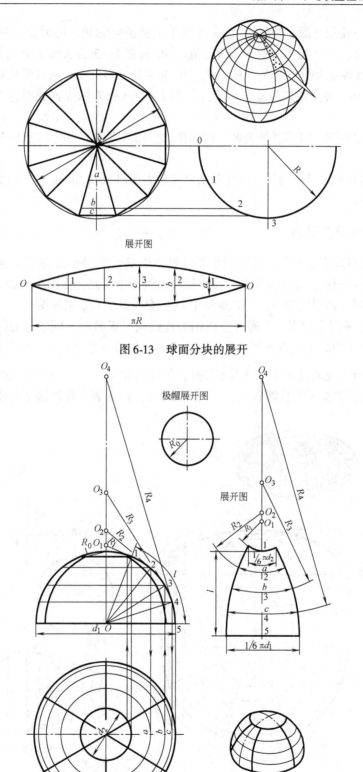

图 6-13　球面分块的展开

图 6-14　球体封头的展开

5）作球面分块展开图。画竖直线 1—5 等于主视图轮廓线1—5伸直，并照录 1、2、3、4、5 点。以 1、2、3、4 为中心取 R_1、R_2、R_3、R_4 长在 1—5 延长线上分别截取得 O_1、O_2、O_3、O_4 点。再以各点为圆心用 R_1、R_2、R_3、R_4 为半径分别画弧，取各弧长对应等于俯视图各纬圆周长的 1/6，得出各点与过点 5 所引水平线等于 $\pi d_1/6$ 两点连成对称光滑曲线，得封头瓣料展开图。

6）作极帽展开图。极帽展开为圆，圆半径取极帽高度的三分之二点的弦长，如极帽展开图所示。

说明：球体封头为厚板构件，放样图结口周边需留出 10~20mm 加工余量，以便按工艺要求配装时修整。

八、椭圆形封头的展开

椭圆形封头可看成是一个锥顶不同半径圆锥面组成，如图 6-15 所示。封头是由极帽和八块同形板料拼接而成，作图原理与作图方法与前例基本相同。作图步骤如下：

1）用已知尺寸画出主视图，并以板厚中心直径 D 画出 1/2 俯视图。

2）4 等分俯视图半圆周，由等分点向圆心连线交于极帽圆，则各连心线为各板结合线的水平投影（水平中线上左右板各占半份，余者三板各占一等分）。

3）适当划分主视图轮廓线1—5为 4 等分，等分点为 1、2、3、4、5。过等分点画纬线，并在俯视图中画纬圆交于结合线各点，并用 a、b、c、d、e 表示各纬圆等分弧长。

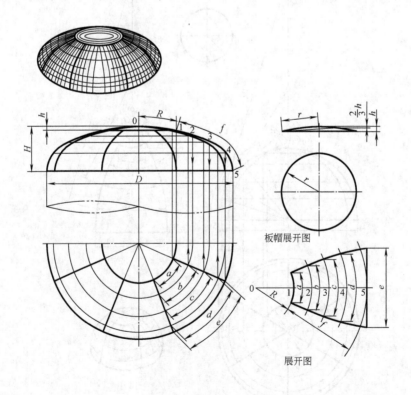

图 6-15　椭圆形封头的展开

4）作展开图。画水平线 O—5 等于主视图右轮廓线$\overset{\frown}{O\text{—}5}$伸直，并照录 2、3、4 点。以 O 为圆心到 1—5 线各点为半径画同心圆弧，取各弧长对应等于俯视图各纬圆周的 1/8，即 $\overset{\frown}{a}$、$\overset{\frown}{b}$、$\overset{\frown}{c}$、$\overset{\frown}{d}$、$\overset{\frown}{e}$，得出各点与过点 5 所引切线交点连成两条对称曲线，即得封头瓣料的展开，如展开图所示。

说明：放样图结口周边需留出 10～20mm 加工余量，以便配装时修整。

5）作极帽展开图为圆形板，圆板半径 r 取极帽高度 h 的 2/3 点弦长，如展开图所示。

九、长方管侧交封头的展开

图 6-16 所示为长方管与椭圆形封头轴线平行侧交，结合线为封闭式平面曲线。图中已知尺寸为 a、b、d、H、h、R、r 及 l。作图步骤如下：

1）用已知尺寸画出主、左两视图轮廓线和长方管里口断面。

2）求结合线。由主视图长方管轮廓线、中线与封头轮廓线交点 1、2、3 引水平线得与左视图中线交点。以 O 为圆心到各交点作半径画同心圆弧交于长方管轮廓线，得结合线的侧面投影；再按"高平齐"的投影关系，作出结合线的正面投影完成主视图。

3）作展开图。主视图长方管前后板为正平面，主视图反映实形，左右板为侧平面，侧面图反映实形。即在左视图长方管端口延长线上顺次截取断面周长 b、a、b、a，得出各点及各边中点引水平线，与结合线各点引水平线对应交点连成曲线，即得所求展开图。

4）封头开孔。封头开孔可在相贯体各件放样成形后装配时划线确定。即按图中尺寸用长方管相贯端的端口尺寸或样板划线孔形，切孔后将方管插入孔内半孔壁焊接，管长尺寸也需相应增加半个板厚，也可按里口尺寸画线孔形，切孔后长方管置于封头外壁上焊接。

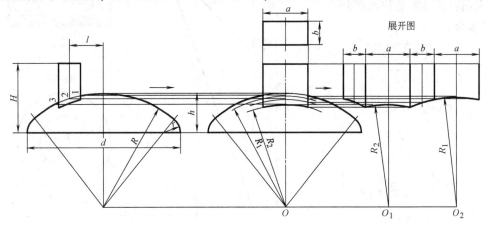

图 6-16　长方管侧交封头的展开

第三节　螺旋面展开法

螺旋面有圆柱螺旋面和圆锥螺旋面之分。由螺旋叶片组成的构件，如螺旋输送器又名搅龙，在工矿企业中用于输送矿粉、煤粉、谷物以及作搅拌器等应用较广。下面通过典型实例介绍其展开法。

一、圆柱螺旋叶片的展开

圆柱螺旋叶片是将叶片沿圆柱螺旋线焊接于机轴上作输送器用，如图 6-17 所示为一个导程螺旋面，已知尺寸为 D、d、P。

螺旋面的展开图为一开口环圆，可用图解法或计算法作展开。

（一）图解法

图解法作展开是通过导程 P 和螺旋面的内外圆柱面周长，用直角三角形法分别求出内外螺旋线实长 l、L。再以二分之一 l、L 及叶片宽 h 作直角梯形，求得展开半径 r 作切口环圆即为所求，如展开图所示。具体作法如下：

1）用直角三角形法求出内外螺旋线实长 l、L。即以导程 P 为对边，取 πd、πD 为底边所作直角三角形，斜边 l、L 即为内外螺旋线实长。

2）作直角梯形 A—2—1—B，使 A—$2 = L/2$，B—$1 = l/2$，1—$2 = h$（面宽）。连接 AB 并延长交 2—1 延长线于 O。O 点即为作展开图环圆中心。

3）以 O 为圆心 O—2 为半径画圆弧 $\overset{\frown}{2-3}$ 等于外螺旋线实长 L。连接 O—3，与以 O 为圆心 O—1 为半径所画圆弧相交于 4 点，即得环圆展开图。

（二）计算法

计算展开法是通过已知尺寸 D、d、P 求出有关参数后作出展开。

计算公式：

$$l = \sqrt{(\pi d)^2 + P^2}$$

$$L = \sqrt{(\pi D)^2 + P^2}$$

$$h = \frac{1}{2}(D - d)$$

$$r = \frac{hl}{L - l}$$

$$\alpha = 360°\left[1 - \frac{L}{2\pi(r + h)}\right]$$

$$c = 2(r + h)\sin\frac{\alpha}{2}$$

式中　α——环圆切缺角（°）；

　　　c——切缺弦长（mm）。

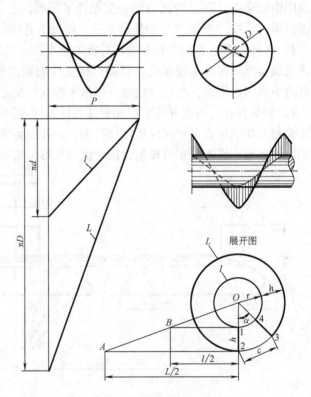

图 6-17　圆柱螺旋叶片的展开

二、矩形螺旋管的展开

矩形断面螺旋管一个导程是由内外两个全等的圆柱螺旋叶片和上下两条长宽不同的圆柱螺旋带组成，如图 6-18 所示。已知尺寸为 a、d、D、P。

圆柱螺旋叶片的展开图为一切口环圆，展开方法与图 6-17 相同，不再重述。

圆柱螺旋带为可展曲面，其展开图为两长条带。长条带以内外螺旋线展开实长 l、L 为长边，a 为短边的两个长条平行四边形，如展开图所示。

三、馒头机用螺旋面的展开

馒头机的工作原理是通过焊接于机轴上的左、右旋两圆柱正螺旋面的回转运动，将合好的面粉挤压成形。螺旋面的结构特点是它的内螺旋线沿圆柱螺旋线上升一个导程，外螺旋线则上升二分之一导程，如图 6-19 所示。已知尺寸为 d、D，P，作图步骤如下：

1）用已知尺寸 d、D 画出左视图同心圆，12 等分大小圆周，由等分点向左引水平线，与过主视图导程 P 相同等分点所引垂线对应相交，过各交点分别连成四条对称曲线完成主视图。

2）用盘线和辅助线分割螺旋面为若干三角形。即在左视图中以盘线首尾连接内外圆周等分点；再由小圆左半圆周等分点向大圆竖直直径端点连线，同时作出各线的正面投影。则分螺旋面为 18 个展开单元三角形。

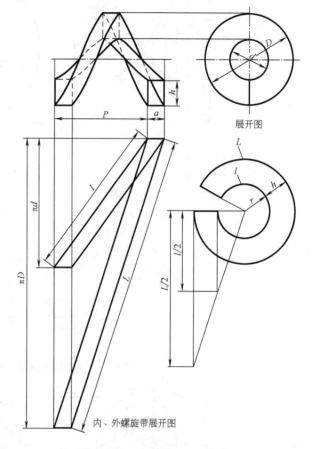

图 6-18　矩形螺旋管的展开

3）求实长线。在左视图中，用支线法求出各盘线实长。即以各盘线投影长度为底边，以主视图 $P/12$ 和 $P/6$ 为对边所作直角三角形，其斜边则反映实长；其中，f_0 为正垂线侧面投影反映实长，勿需另求；f_6 为正平线，正面投影反映实长。再用直角三角形法在主视图左下角求出内外螺旋线一个等分弧的实长 c'、b'。

4）作展开图。画竖直线 1—2 等于左视图 f_0，以 1、2 为圆心用各盘线、辅助线实长 f_n 和内外螺旋线等分弧实长 c'、b' 依次作出各三角形的展开即为所求，如展开图所示。

四、外圆内方螺旋叶片的展开

外圆内方螺旋叶片是直母线以圆柱螺旋线和方柱面四边折线为导线运动所形成，叶片是由螺旋面和三角形平面组成，如图 6-20 所示。已知尺寸为 D、a、P。图解展开法的作图步骤如下：

1）用已知尺寸 a、D 画出右视图。6 等分右视图半圆周，由等分点及方角点向右引水平线，与过主视图导程 $P/12$ 等分点所作垂线相交，将外圆交点连成螺旋曲线，方角点连成折线，完成主视图。

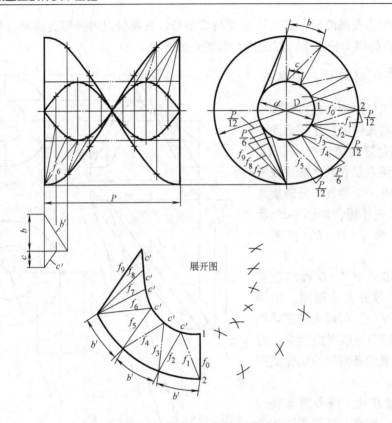

图 6-19　馒头机用螺旋面的展开

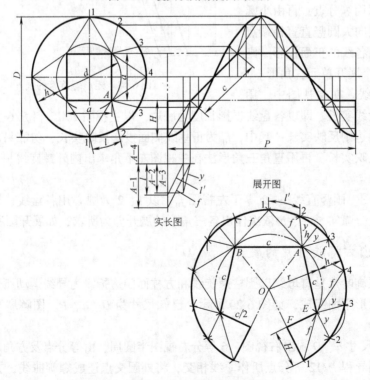

图 6-20　外圆内方螺旋叶片的展开

2）用辅助线分割螺旋叶片为若干三角形。即在侧视图中由半圆周 6 等分点向方角点连线，并作出各线的正面投影，则分叶片为 16 个展开单元三角形。

3）求实长线。在主视图中用直角三角形法求出螺旋叶片辅助线及外螺旋线一个等分弧的实长。即以各线侧面投影长为底边，以其正面投影长为对边所作直角三角形，其斜边 f、y、l' 则反映实长，如实长图所示。

4）作展开图。画水平线 AB 等于方口边实长 c，以 A、B 为圆心实长图 f 为半径画弧相交于 1 点。以 1 为圆心实长图 l' 为半径画弧，与以 A 为圆心 y 为半径画弧相交于 2 点。以下同样用各辅助线实长 f、y、折线 c、等分弧实长 l' 及 H、$c/2$ 依次画弧得出各点分别连成直线和曲线，即得所求展开图。

从展开图不难看出，若以方轴对角尺寸取代圆柱正螺旋面内径 d，则本例就与图 6-17 相似了，也可用计算法求出有关参数作展开。

计算公式：

$$d = 1.414\sqrt{a}$$

$$h = \frac{1}{2}(D - d)$$

$$l = \sqrt{(\sqrt{2}a\pi)^2 + P^2} = \sqrt{19.74a^2 + P^2}$$

$$L = \sqrt{(\pi D)^2 + P^2}$$

$$r = \frac{hl}{L - l}$$

$$c = \sqrt{a^2 + \left(\frac{P}{4}\right)^2}$$

式中　l——以 d 为直径的内螺旋线实长（mm）；

L——外螺旋线实长（mm）；

r——展开半径（mm）；

c——方边 a 的实长（mm）。

例题计算从略。

五、圆锥螺旋面的展开

圆锥螺旋面是由直母线以圆柱、圆锥螺旋线为曲导线，以竖直轴为直导线运动所形成，如图 6-21 所示为一个导程的圆锥螺旋面。已知尺寸为 d、D、D_1、P。

用投影原理作圆锥螺旋面的展开比较繁琐，且误差大易挪错线，尤其是尺寸较大的构件。为了简化作图手续，这里采用递差法作其近似展开。

若将圆锥螺旋面看成是以 d、D 为直径 P 为导程圆柱螺旋面，其外螺旋线沿圆锥面渐缩而成，则圆锥螺旋面的展开便可从圆柱螺旋面的展开图中，用递差法作出。作图步骤如下：

1）以 d、D 为直径 P 为导程用图 6-17 法作出圆柱螺旋叶片的展开图——环圆。

2）分环圆弧 $\overparen{L}$ 及叶片一个导程宽度 a 为相同若干等分（本例为 8 等分），由环圆等分点向圆心连线。

3）在环圆弧 $\overparen{L}$ 等分点向心线上依次截取叶片宽度递差值 Δ、2Δ、3Δ、$\cdots$、$\eta\Delta$，得出各

点连成光滑曲线。即得所求圆锥螺旋面的展开，如展开图所示。

图中：$l = \sqrt{(\pi d)^2 + P^2}$

$$L = \sqrt{(\pi D)^2 + P^2}$$

$$h = \frac{1}{2}(D - d)$$

$$a = \frac{1}{2}(D - D_1)$$

$$r = \frac{hl}{L - l} \quad R = r + h$$

$$\alpha = 360° \left(1 - \frac{L}{2\pi R}\right)$$

$$c = 2R\sin\frac{\alpha}{2}$$

$$\Delta = \frac{a}{n}$$

式中　n——环圆 $\overset{\frown}{L}$ 等分数。

其余各符号之意义参阅图 6-21 所注。

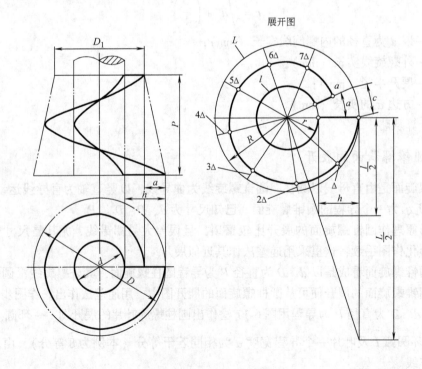

图 6-21　圆锥螺旋面的展开

六、矩形转向圆柱螺旋管的展开

图 6-22 所示为异口长方管沿圆柱螺旋线缠绕半个导程断面转向 90° 的圆柱螺旋管。由于上下口断面尺寸不同且作 90° 转向，而使螺旋管各面不同，因此需分别作展开。作图步骤如下：

1) 先用已知尺寸画出 1/2 俯视图（外螺旋面水平投影为断面渐缩适宜曲线），6 等分俯视图半圆周，由等分点向圆心方向连线与外螺旋面水平投影相交。

2) 画主视图。在主视图中用已知尺寸画出上下口转向断面，并对 1/2 导程 h_1、h_2 分别作与断面半圆周相同等分，过等分点引水平线，与由俯视图半圆周等分点及外螺旋面水平投影各点引上垂线对应交点分别连成曲线，完成主视图。

3) 用辅助线分割螺旋面为若干三角形。即在俯视图中以点划线和细实线首尾连接各点，则分螺旋面为 12 个展开单元三角形。

4) 求实长线。用直角三角形法求出螺旋管上下面叶片各点划线实长。即以主视图上下面各点划线投影高度为对边，而以各线水平投影长度为底边所作直角三角形，其斜边则反映各线实长，如实长图所示。俯视图中各细实线为水平线，水平投影反映实长，勿需另求。

5) 画螺旋带展开图。用平行线法作内、外螺旋带展开，如作外螺旋带展开：在长方底口延长线上截取 a、b、c、…、f 顺次等于外螺旋面水平投影各弧长 $\overset{\frown}{a}$、$\overset{\frown}{b}$、$\overset{\frown}{c}$、…、$\overset{\frown}{f}$ 得出各点。由各点引上垂线，与由主视图内外螺旋线各点向右所引水平线对应交点分别连成曲线，得外螺旋带展开图。同样方法作出内螺旋带的展开，如展开图所示。

6) 画螺旋叶片展开图。螺旋叶片上、下面不同，需分别展开。作上螺旋叶片展开：画 AB 等于主视图 $\overline{1}$ 线长，以 A 为圆心内螺旋带展开图 $l'/6$ 为半径画弧，与以 B 为圆心实长图 $\overline{2'}$ 线为半径画弧相交于 C 点。以 C 为圆心俯视图 $\overline{3}$ 线长为半径画弧，与以 B 为圆心，外螺旋带展开图 a' 为半径画弧相交于 D 点，以下同样用各辅助线、水平线及内外螺旋带展开图各段线长顺次画弧求出各点连成光滑曲线，即得所求螺旋管上叶片的展开图。用同样方法作出下叶片的展开，如展开图所示。

七、长方圆锥螺旋管的展开

长方圆锥螺旋管是由圆锥螺旋面和圆锥螺旋带拼接而成，如图 6-23 所示。已知尺寸为 a、b、H、P、R。作图步骤如下：

1) 用已知尺寸画出圆锥螺旋管辅助投影基准圆和主视图导程 P。12 等分基准圆，由等分点向锥底引垂线，并向锥顶引素线，与过导程 P 相同等分点所引水平线对应交点连成曲线，为圆锥螺旋线的正面投影，同时按"长对正"作出其水平投影；再取断面 b 画与之平行的圆锥螺旋线的水平投影和正面投影，完成主、俯两视图。

2) 画外螺旋带展开图。以锥顶 O 为圆心 $O—1$ 为半径画弧 $\overset{\frown}{1'—1''}$ 等于俯视图基准圆周长度 $2\pi R$，并照录等分点。由等分点向 O 连放射线，与以 O 为圆心到 $O—1$ 线各点为半径画同心圆弧对应交点连成曲线；再取带宽 b 画曲线平行线，得外螺旋带的展开，如展开图所示。

3) 为使图面清晰，将图 6-23 中内螺旋带主视图照录重出，并画出该带锥底辅助图；再用同上方法作出内螺旋带的展开，如图 6-24 所示。

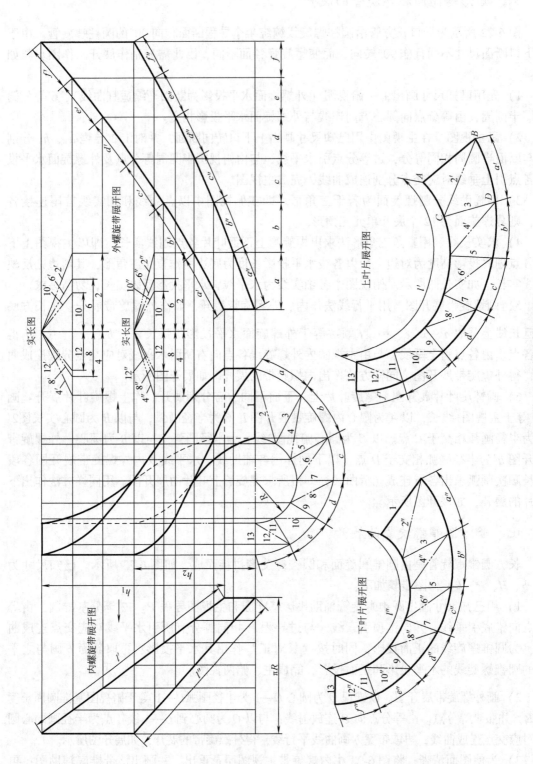

图 6-22 矩形转向圆柱螺旋管的展开

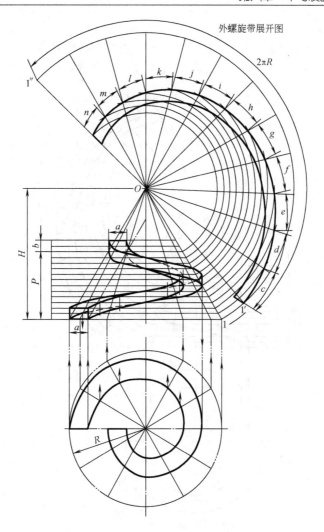

图 6-23　长方圆锥螺旋管

4）在重出图 6-23 圆锥螺旋面主、俯两图的图 6-25 中，用辅助线分割圆锥螺旋面为 24 个三角形。

5）求实长线。用直角三角形法求出俯视图圆锥螺旋面各点划线实长。即以各点划线正面投影高度为对边，以其水平投影长度为底边所作直角三角形，其斜边则反映各线实长，如实长图所示。图中向心方向各细实线$\overline{1}$为水平线，水平投影反映实长，勿需另求。

6）画叶片展开图。用三角形法作螺旋叶片的展开。即取各水平线$\overline{1}$、各辅助线 2′、3′、…、13′及内外螺旋带展开弧长 c、c′、d、d′、…、n、n′依次作出各三角形的展开，得出各点分别连成两条光滑曲线，即得所求圆锥螺旋叶片的展开，如展开图所示。

八、除尘器叶片的展开

除尘器叶片有多种形式，图 6-26 为其中一种，它是由圆柱正螺旋面和 Y 形扭曲面组成的一个导程叶片。已知尺寸为 d、D、P、a、b、H 及 β。本例采用图解与计算相结合的方法作展开，作图步骤如下：

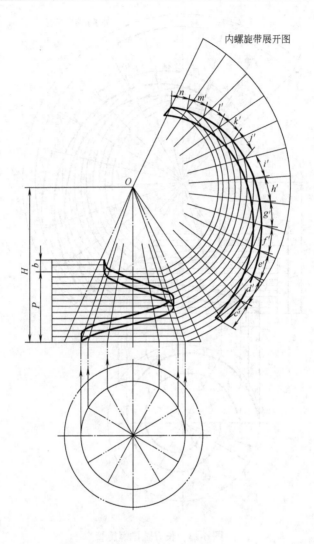

图 6-24 内螺旋带展开图

1）用已知尺寸画出主视图和一个导程的左视图。

2）用辅助线分割 Y 形扭曲面为若干三角形。即适当划分扭曲面内外轮廓线各为 2 等分，以点划线和细实线首尾连接各点，则分 Y 形扭曲面为对称的 10 个三角形。

3）求实长线。用支线法在主视图中求出各点划线实长。即以各点划线正面投影长为底边，而以各线侧面投影高度 k、$i/2$、i 为对边所作直角三角形，其斜边 $\overline{1'}$、$\overline{2'}$、$\overline{4'}$、a' 则反映实长；图中 $\overline{3}$、$\overline{5}$ 线为正平线，在主视图中反映实长，勿需另求；再用直角三角形法在左视图中求出内外轮廓线实长 e'、e''、f'、g'，如实长图所示。

4）作展开图。先以主视图 a' 长为底边，以 $\overline{1'}$ 线为斜边画出等腰三角形。再以辅助线、正平线实长及内外轮廓线实长顺次画弧得出各点连成直线和曲线，即得 Y 形扭曲面展开图。

5）再用计算法求出圆柱螺旋面展开半径 r、R 以及与 β 角相对应的外螺旋线实长 L'，由 Y 形扭曲面展开图 $\overline{5}$ 线起作螺旋面的展开即为所求，如展开图所示，说明从略。

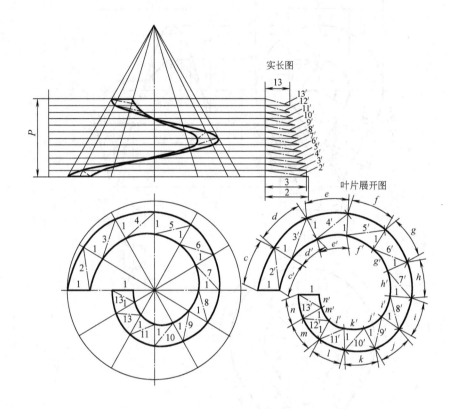

图 6-25　螺旋叶片展开图

计算公式：

$$l = \sqrt{(\pi d)^2 + P^2}$$

$$L = \sqrt{(\pi D)^2 + P^2}$$

$$L' = \frac{\beta L}{360°}$$

$$h = \frac{1}{2}(D - d)$$

$$r = \frac{hl}{L - l}$$

$$R = r + h$$

式中　l、L——内外螺旋线实长（mm）；

　　　L'——对应于 $\angle\beta$ 的外螺旋线实长（mm）；

　　　h——螺旋面宽（mm）；

　　　r、R——内外圆展开半径（mm）。

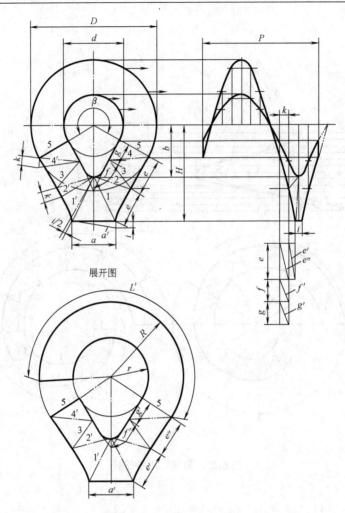

展开图

图 6-26 除尘器叶片的展开

第七章

型 钢 下 料

型钢主要有扁钢、角钢、槽钢、工字钢、圆钢等。型钢构件或制品广泛用于工业、农业、交通、石化、国防、建筑等国民经济建设各部门。与钣金工接触最多的型钢是角钢和槽钢，本章只介绍这两种型钢下料中要解决的问题。

型钢下料过程远比钣金构件展开放样过程要简单得多。通常按型钢构件图样要求，求出料长及切口形状；有时为了增加钣金构件的连接强度，常用角钢内衬方锥形构件内四角，则要求出角钢劈或并的角度大小。以下分三节对上述问题作典型介绍。

第一节　角钢劈并角度法

在大型板材构件中，为增加板材的连接强度，常用角钢内衬四角以加固连接，如图 7-1 所示。欲将角钢的两面往非直角的钣金构件上紧密贴靠连接时，必须根据构件的实际角度，把角钢直角两面劈大或并小，使其与构件角度吻合一致才能紧密连接。本节内容实质就是求出板材构件两面夹角的断面实形。下面举例：

一、菱锥台内四角角钢劈并角度法

菱锥台为四块同形板料并接而成的箱体构件，为增加连接强度用等边角钢内衬箱体四角（见图 7-2）。

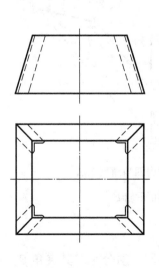

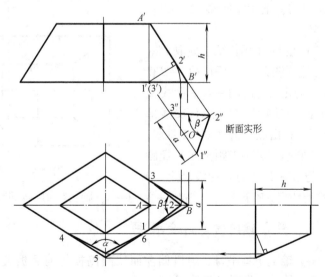

图 7-1　四棱锥台四角内衬角钢　　　　　图 7-2　菱锥台内四角角钢劈并角度法

从视图中不难看出菱锥台上下口平行于水平面，其水平投影反映实形；各板均倾斜投影面，在主、俯视图中不反映实形。各板交线（棱）投影分析，前后板交线为正平线，主视图反映实长，两前板交线为侧平线，侧面投影反映实长。现就相邻各面交角实形求法的步骤介绍如下：

1) 用已知尺寸画出主视图和俯视图。

2) 求相邻两面交角实形可用相邻面局布投影作出。

如在菱锥台右侧角两面局布视图中用一次换面投影求出夹角实形（断面实形）。即在主视图 $A'B'$ 延长线任意点 $2''$ 作垂线，与由 $1'$（$3'$）点引与 $A'B'$ 平行线交点为 O，取 $O—1''$、$O—3''$ 等于俯视图 $A—1$、$A—3$，连接 $1''—2''$、$2''—3''$，则 $\angle 1''—2''—3''$ 即为前后面夹角实形，也就是沿 $1'—2'$ 切断面实形。

若在俯视图中取 $A—2$ 等于断面实形中 $O—2''$，连接 $1—2$、$2—3$，则 $\angle 1—2—3$ 与实形图中 $\angle 1''—2''—3''$ 全等。为了简化作图手续，现场中多将断面实形角 β 直接画在俯视图中。即以主视图 $1'$（$3'$）为圆心到 $A'B'$ 距离长作半径画弧与锥底交点引下垂线交俯视图 AB 于 2 点。连接 $1—2$、$2—3$，即得所求 β 角，而省略一次换面图。

同理，在俯视图右侧画出 1/2 侧视图，通过侧视图求出左右两前面劈角 α（$\angle 4—5—6$）。

二、长方锥台内四角角度求法

长方锥台由四块同形板料拼接而成，相邻各面夹角相同。求各面夹角实形，须用局部视图进行二次换面投影求得。用简捷方法求实形时只需求出两面交线（棱）实长后用前例方法直接在俯视图中作出，如图 7-3 所示。作图步骤如下：

1) 用已知尺寸画出主视图和俯视图。

2) 在俯视图右前角适宜位置画 $1—4$ 垂直 AB 相交于 2 点，并作出该角的正面投影 $1'—2'—A'$（$4'$）。

3) 在 $1—4$ 延长线上截取 $2''—1''$ 等于主视图 h。由 $1''$ 引对 $1''—2''$ 直角线，与由 A 引与 $1—4$ 平行线交点为 A''，连接 $A''—2''$ 为两面交线部分实长。再由点 $1''$ 引对 $A''—2''$ 垂线，以 $1''$ 为圆心到 $A''—2''$ 距离作半径画弧得与 $A''—1''$ 交点，由交点引与

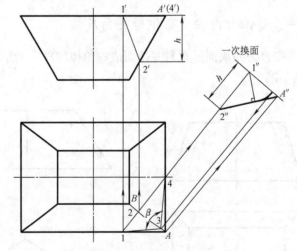

图 7-3　长方锥台内四角角度求法

AA'' 平行线交 AB 于 3 点，连接 $1—3$、$3—4$，则 $\angle 1—3—4$ 即为两面夹角 β。

三、斜方锥内四角角度求法

斜方锥上下口平行，顶口偏左而使两侧板与前后板夹角不同，须分别求其夹角 β、α，如图 7-4 所示。作图步骤如下：

1) 用已知尺寸画出主视图和俯视图。

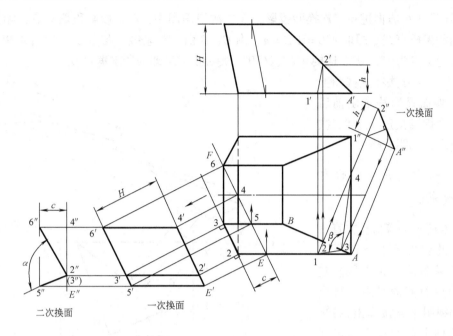

图 7-4　斜方锥内四角角度求法

2）右侧板与前板夹角求法与前例同，即在俯视图右下角通过局部视图用一次换面投影图求出两面交线部分实长后求出夹角 β，说明从略。

3）求左侧板与前板夹角 α，须通过局部视图进行二次换面投影，即在俯视图左下角沿 EF 与交线 2—3 平行位置剖切斜方锥左下角，画出一次换面投影图，在一次换面图中左、前两板交线 2′—3′反映实长。

4）在一次换面图中，沿 2′—3′方向进行二次换面投影。即在 2′—3′延长线上作垂线 E″—4″得交点 2″（3″）。再由 E′—5′、4′—6′引 2′—3′平行线得与 E″—4″交点，取 E″—5″、4″—6″等于俯视图 C，连接5″—2″、2″—6″，则∠5″—2″—6″即为所求两板夹角 α，如二次换面图。

四、方漏斗内四角角度求法

图 7-5 所示为上下口不平行的方漏斗。本例与前两例不同之处在于底口倾斜，左右两侧面高度不同。左、右侧面与前面三角形交线为棱线，前后面三角形交线为稍弯曲的折线。求各面交线夹角，除左侧面与前面三角形与图 7-2 方法相同外，其余各面夹角均须用二次换面法求得。作图步骤如下：

1）用已知尺寸画出主视图和俯视图。

2）左侧面与前面三角形夹角求法与图 7-2 相同，即用局部视图通过一次换面投影图求出两面交线实长后作出 β_1 角。

3）求右侧面与前面三角形夹角。首先通过局部视图用一次换面投影图求出该两面交线实长，即画 FB′∥AB，用一次换面法画出俯视图三角形部分的局部投影图。在此图中 A′B′反映两面交线的实长。

4）再沿 $A'B'$ 方向进行二次换面投影，在二次换面图中，$A'B'$ 投影积聚成点，相交两三角形平面积聚成直线。即取 $A''C = A''D = a$，由 C、D 引 $A''B'$ 垂线，与由 C'、D' 引 $A'B'$ 平行线相交得对应交点为 C''、D''。连接 $A''C''$、$A''D''$，则 $\angle C''A''D''$ 即为所求劈角 β_2。

5）用同样方法在主视图上方用二次换面投影法求出前后面两三角形折线交角 α，如二次换面图所示，说明从略。

五、长方直角转向台内四角角度求法

图 7-6 所示为等口长方直角转向台。此台由于上下口不同心而使相邻各面夹角不同。左侧面与前后面夹角可用一次换面法在俯视图中直接作出，右侧面与前后面夹角大小可用局部视图进行二次换面投影求出，作图步骤：

1）用已知尺寸画出主视图和俯视图。

2）求后面与右侧面夹角。求后面与右侧面夹角，可通过该两面水平投影交线所成局部三角形 1—2—3 和 1—2—4 进行二次换面投影。即画 AB 平行 1—2，与由 1、2、3、4 点分别引对 AB 垂线交点为 A、$1'$、$3'$、$4'$。取 $A—2'$ 等于主视图高 H，连接各点与 $2'$。则 $2'—3'—1'—4'$ 为俯视图两面三角形一次换面投影。在一次换面图中 $1'—2'$ 反映右、后两面交线实长。再沿 $1'—2'$ 方向进行二次换面投影。

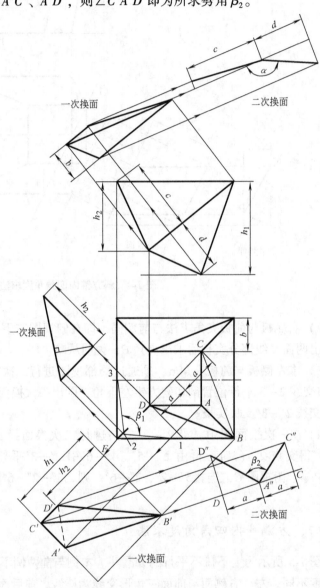

图 7-5　方漏斗内四角角度求法

在二次换面图中交线 $1'—2'$ 投影积聚成点 $1''$；两三角形 $1'—2'—3'$ 和 $1'—2'—4'$ 投影积聚成直线 $1''—3''$ 和 $1''—4''$。则 $\angle 3''—1''—4''$ 即为所求后面与右面夹角 β_1。

3）同样，通过俯视图前面与右侧面两三角形局部视图用二次换面投影求出前面与右侧面夹角 β_2，说明从略。

4）用一次换面法求出后面与左侧面夹角 α，如俯视图左后角所示。

5）用同样方法可求出左侧面与前面夹角，本例没作。

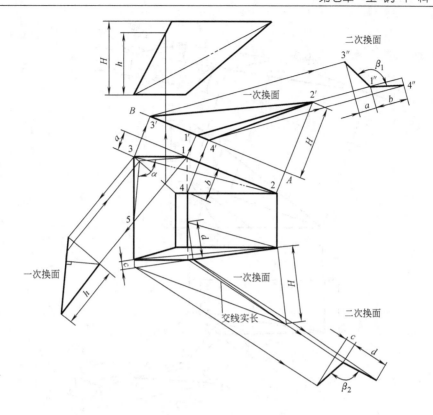

图 7-6　长方直角转向台内四角角度求法

六、直角方弯头内四角角度求法

直角方弯头各面投影不反映实形，各面交线也不反映实长。其中，内、外侧面与前、后面三角形交线为棱线；前、后面两三角形交线为折线。相邻各面夹角不同，均须用局部视图进行二次换面投影求得，如图 7-7 所示。已知尺寸为 A、B、l、h。作图步骤如下：

1）用已知尺寸画出主视图和 1/2 俯视图。

2）求内侧面与前面三角形夹角。求该两面交角实形可用俯视图右下角局部视图进行二次换面投影作出，即在俯视图沿Ⅰ—Ⅰ截切右下角，截交线与上、下口水平投影交点为 D、1、2，并画出该角的正面投影。

画 $1'$—$D' /\!/ CD$，由 D 引 $1'$—D' 垂线，取 $D'D''$ 等于主视图 h。再由点 1、2、C 引 $1'$—D' 垂线，得交点 $1'$、$2'$、C'。连接各点与 D''，得俯视图右下角一次换面投影。在一次换面图中，$C'D''$ 反映内侧面与前面三角形交线实长。再沿 $C'D''$ 方向进行二次换面投影，在二次换面图中 $C'D''$ 积聚成点 C''，三角形 C'—$2'$—D'' 和 C'—$1'$—D'' 投影积聚成直线 C''—$1''$、C''—$2''$，则∠$1''$—C''—$2''$ 即为所求并角 β_1。

3）用同样方法在主视图上方用二次换面投影求出前面两三角形折线角 α，说明从略。

4）求外侧板与前面三角形夹角，可用主、左两视图局部投影进行二次换面投影求得。为使图面清晰，将图 7-7 主视图相关部分重出，如图 7-8 所示，并画出该部分 1/2 左视图。先用一次换面投影求出两面交线实长后，再沿交线实长方向进行二次换面投影，即得所求外侧面与前面夹角 β_2，如二次换面图所示。

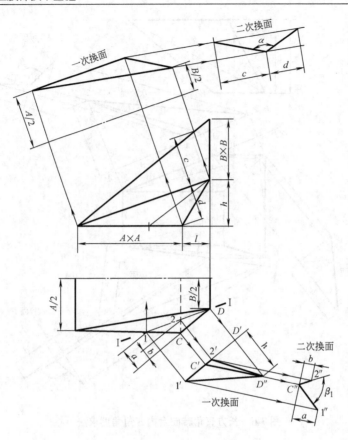

图7-7 直角方弯头内四角角度求法

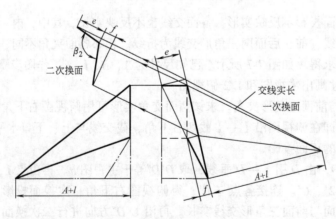

图7-8 外侧面与前面交角求法

七、角钢圈的劈并法

在钣金结构中常用角钢圈来加固构件的连接强度，图7-9表示用外弯角钢圈加固圆管与斜面连接。由于圆管下端与水平倾斜，则使角钢圈各部角度劈并不一。从图中可以看出位于圆管轴线位置角钢圈不劈不并，轴线右边部分则劈，左边部分则并。

求角钢圈劈并角度可用一次换面投影求出角钢圈各等分点位置的立面与斜面的交角，也就是各点的劈并角度。作图步骤如下：

1）用已知尺寸画出主视图和 1/2 俯视图。

2）适当划分俯视图圆管断面半圆周，等分点为 1、2、3、…、7，由等分点向中心 O 连放射线，并向外延长同时分角钢圈外半圆周为 6 等分。

3）角钢圈的立面与圆管外皮密接，立面上各等分点所引素线（铅垂线）的正面投影反映实长；各点的水平投影重合于圆管断面水平投影上。角钢圈的底面与斜面重合为正垂面，其正面投影为斜线，底面上各等分点的水平投影重合于两圆间的放射线上。从投影分析则知由角钢圈中心 O 引向圆管外圆等分点各放射线的正面投影除左右边线 1、7 处反映实形外其余各点均不反映实形。轴线右边各角为劈。左边各角为并，位于轴线上的 4、4 点不劈不并。

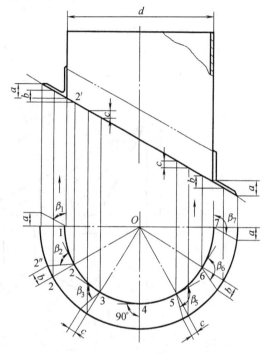

图 7-9 角钢圈的劈并法

4）求 2、3、4、5、6 点角钢劈并角度，用一次换面投影法。现以 2 点为例说明作法如下：

2 点为角钢圈立面铅垂线的水平投影；2—2 为角钢底面上斜线的水平投影不反映实长，其正面投影高度为 b。用一次换面投影，以 2—2 为底线，由 2、2 点引内、外圆切线，取外圆切线 2—2″等于主视图 b，并与内圆点 2 连 2—2″，得 2 点并角 β_2。同理求出其余各点并角和劈角，说明从略。

从图中不难看出，∠2 并∠6 劈，∠2 与∠6 为互为补角；∠3 并∠5 劈，∠3 与∠5 互为补角。

八、连接斜圆锥的角钢圈劈并法

图 7-10 所示为斜圆锥底口通过角钢圈与等径圆管连接。与斜圆锥连接的角钢圈各点劈并角度不一，劈并角度线从底圆等分点引出，在底面指向圆心，其水平投影反映实长，在立面上须与斜圆锥管对应点的表面素线相吻合，角钢立面上各点角度线的正面投影除左右两边线外均不反映实长，须用二次换面投影法求出平、立面角度线的交角实形（角钢圈各点劈并角度）。

连接斜圆锥的角钢圈各点劈并角度大小，视其锥顶倾斜位置而定。当锥顶水平投影在底圆周内只劈不并，若锥顶在底圆周外则劈并兼有，斜圆锥切点位置上不劈不并。切点左边则并，右边则劈。现用二次换面法对角钢圈底角任意点并角求法作一说明：

1）由俯视图切点以左任意点 1 向底圆心连线并向外延长，交外圆周（角钢圈水平面投影）于 2 点，1—2 线为角钢圈 1 点角度线的水平投影，O—1 为立面角度线的水平投影，不反映实长。

2）沿 1—2 线方向进行一次换面投影。即在 1—2 延长线上作垂线 $1'$—B，与 O 引与 1—2 平行线交于 B。取 BO' 等于锥高 h，连接 O'—$1'$（$2'$）。在一次换面图中，1—2 投影积聚成点 $1'$（$2'$），锥顶素线投影为 O'—$1'$，并以 C_n 表示其长度。

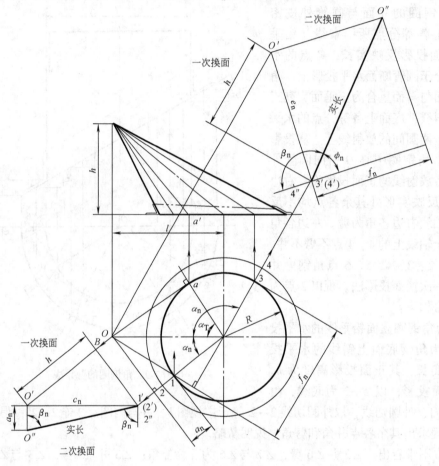

图 7-10　连接斜圆锥的角钢圈劈并法

3）在一次换面图中，沿 O'—$1'$ 垂直方向进行二次换面投影。即由 O' 引对 O'—$1'$ 垂线，取 O'—O'' 等于俯视图 a_n，连接 O''—$1'$，反映 O—1 素线实长。则 $\angle O''$—$1'$—$2''$ 即为点 1 并角 β_n。

4）用同样方法在切线角 α_T 以右底圆周任意点 3 用二次换面法求出该点劈角 β_n，说明从略。

从以上两点看出，用图解法求斜圆锥角钢圈劈并角度，作图繁琐不易采用。用计算法简单易行。现将并劈角计算式分列如下：

并角计算公式：

$$\tan\beta_n = \frac{c_n}{a_n} \qquad （当 0° \leqslant \alpha_n \leqslant \alpha_T 时）$$

$$\cos\alpha_t = \frac{R}{l}$$

$$a_n = l\cos\alpha_n - R$$

$$c_n = \sqrt{h^2 + (l\sin\alpha_n)^2}$$

劈角计算公式：

$$\beta_n = 180° - \phi_n \qquad (\alpha_T < \alpha_n \leqslant 180°)$$

$$\tan\phi_n = \frac{e_n}{f_n}$$

$$f_n = l\cos(180° - \alpha_n) + R$$

$$e_n = \sqrt{h^2 + (l\sin\alpha_n)^2}$$

式中　α_n——任意点圆周角(°)；

　　　β_n——角钢圈任意点并、劈角(°)；

　　　ϕ_n——与 β_n 互为补角(°)；

　　　α_T——切线角(°)。

式中其余各符号之意义可参阅图中所注。

【例1】　如图7-11所示斜圆锥管底口外径 $D = 800\text{mm}(R = 400\text{mm})$，锥高 $h = 660\text{mm}$，$l = 610\text{mm}$，通过角钢圈与等径圆管加固连接，试求角钢圈劈并角度。

设底口外圆周等分数 $n = 12$，则 $\alpha_1 = \dfrac{360°}{12} = 30°$，$\alpha_2 = 60°$，$\alpha_3 = 90°$，$\alpha_4 = 120°$，$\alpha_5 = 150°$，$\alpha_6 = 180°$。

【解】　首先求切线角 α_T。

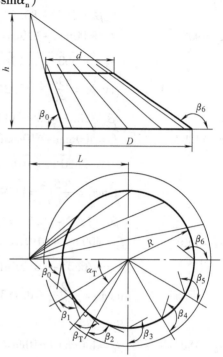

图7-11　角钢圈劈并角计算法

$$\cos\alpha_T = \frac{400}{610} = 0.65574, \alpha_T = 49°$$

当 $\alpha_0 = 0°$ 时　　　$a_0 = 610\cos0°\text{mm} - 400\text{mm} = 210\text{mm}$

$$c_0 = \sqrt{660^2 + (610\sin0°)^2}\,\text{mm} = 660\text{mm}$$

$$\tan\beta_0 = \frac{660}{210} = 3.14286 \qquad \beta_0 = 72.3°$$

$\alpha_1 = 30°$　　　　　$a_1 = 610\cos30°\text{mm} - 400\text{mm} = 128.3\text{mm}$

$$c_1 = \sqrt{660^2 + (610\sin30°)^2}\,\text{mm} = 727\text{mm}$$

$$\tan\beta_1 = \frac{727}{128.3} = 5.6664 \qquad \beta_1 = 80°$$

$\alpha_T = 49°$　　　　　$a_T = 610\cos49°\text{mm} - 400\text{mm} = 0$

$$c_T = \sqrt{660^2 + (610\sin49°)^2}\,\text{mm} = 804.7\text{mm}$$

$$\tan\beta_T = \frac{804.7}{0} = \infty \qquad \beta_T = 90°$$

$$\alpha_2 = 60°$$

$$f_2 = 400 + 610\cos(180° - 60°)\,\text{mm} = 95\,\text{mm}$$

$$e_2 = \sqrt{660^2 + (610\sin 60°)^2}\,\text{mm} = 845.4\,\text{mm}$$

$$\tan\phi_2 = \frac{845.4}{95} = 8.8989 \qquad \phi_2 = 83.6°$$

$$\beta_2 = 180° - 83.6° = 96.4°$$

$$\alpha_3 = 90°$$

$$f_3 = 400\,\text{mm} + 610\cos(180° - 90°)\,\text{mm} = 400\,\text{mm}$$

$$e_3 = \sqrt{660^2 + (610\sin 90°)^2}\,\text{mm} = 898.7\,\text{mm}$$

$$\tan\phi_3 = \frac{898.7}{400} = 2.24675 \qquad \phi_3 = 66°$$

$$\beta_3 = 180° - 66° = 114°$$

$$\alpha_4 = 120°$$

$$f_4 = 400\,\text{mm} + 610\cos(180° - 120°)\,\text{mm} = 705\,\text{mm}$$

$$e_4 = \sqrt{660^2 + (610\sin 120°)^2}\,\text{mm} = 845.4\,\text{mm}$$

$$\tan\phi_4 = \frac{845.4}{705} = 1.19915 \qquad \phi_4 = 50.2°$$

$$\beta_4 = 180° - 50.2° = 129.8°$$

$$\alpha_5 = 150°$$

$$f_5 = 400\,\text{mm} + 610\cos(180° - 150°)\,\text{mm} = 928.3\,\text{mm}$$

$$e_5 = \sqrt{660^2 + (610\sin 150°)^2}\,\text{mm} = 727\,\text{mm}$$

$$\tan\phi_5 = \frac{727}{928.3} = 0.78315 \qquad \phi_5 = 38.1°$$

$$\beta_5 = 180° - 38.1° = 141.9°$$

$$\alpha_6 = 180°$$

$$f_6 = 400\,\text{mm} + 610\cos(180° - 180°)\,\text{mm} = 1010\,\text{mm}$$

$$e_6 = \sqrt{660^2 + (610\sin 180°)^2}\,\text{mm} = 660\,\text{mm}$$

$$\tan\phi_6 = \frac{660}{1010} = 0.65347 \qquad \phi_6 = 33.16°$$

$$\beta_6 = 180° - 33.16° = 146.84°$$

九、连接斜圆锥的角钢圈劈角计算法

如图 7-12 所示，斜圆锥管底口通过角钢圈与圆管加固连接，锥顶水平投影在底圆周内，角钢圈只劈不并。各点劈角除左右两边线反映实形外，其余各点均不反映实形，须用二次换面投影法求得。图中由底圆周任意点 1 和点 3 通过二次换面投影图得出劈角 β_n，从中找出任意点劈角参数计算式。

计算公式：

$$\beta_n = 180° - \phi_n$$

$$\tan\phi_n = \frac{c_n}{a_n}$$

$$a_n = R - l\cos\alpha_n$$

$$c_n = \sqrt{h^2 + (l\sin\alpha_n)^2}$$

式中各符号之意义参阅图中所注。

【例 2】 设已知斜圆锥管底口圆外半径 $R = 650\,\text{mm}$，锥高 $h = 750\,\text{mm}$，锥顶偏心距 $l =$

375mm，通过角钢圈与圆管连接。试求角钢圈各点劈角？

设底口半圆周等分数 $n=6$，则 $\alpha_1 = \dfrac{180°}{6} = 30°$，$\alpha_n$ 以此值递增。

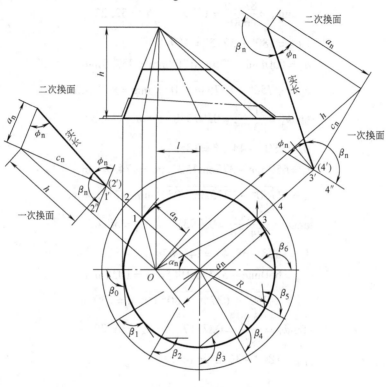

图 7-12 角钢圈劈角计算法

【解】 当 $\alpha_0 = 0°$ 时

$$a_0 = 650\text{mm} - 375\cos0°\text{mm} = 275\text{mm}$$

$$c_0 = \sqrt{750^2 + (375\sin0°)^2}\,\text{mm} = 750\text{mm}$$

$$\tan\phi_0 = \frac{750}{275} = 2.7272 \qquad \phi_0 = 69.9°$$

$$\beta_0 = 180° - 69.9° = 110.1°$$

$\alpha_1 = 30°$

$$a_1 = 650\text{mm} - 375\cos30°\text{mm} = 325.2\text{mm}$$

$$c_1 = \sqrt{750^2 + (375\sin30°)^2}\,\text{mm} = 773\text{mm}$$

$$\tan\phi_1 = \frac{773}{325.2} = 2.377 \qquad \phi_1 = 67.2°$$

$$\beta_1 = 180° - 67.2° = 112.8°$$

$\alpha_2 = 60°$

$$a_2 = 650\text{mm} - 375\cos60°\text{mm} = 462.5\text{mm}$$

$$c_2 = \sqrt{750^2 + (375\sin60°)^2}\,\text{mm} = 817.3\text{mm}$$

$$\tan\phi_2 = \frac{817.3}{462.5} = 1.7671 \qquad \phi_2 = 60.5°$$

$$\beta_2 = 180° - 60.5° = 119.5°$$

$\alpha_3 = 90°$

$a_3 = 650\text{mm} - 375\cos90°\text{mm} = 650\text{mm}$

$c_3 = \sqrt{750^2 + (375\sin90°)^2}\text{mm} = 838.5\text{mm}$

$\tan\phi_3 = \dfrac{838.5}{650} = 1.29 \qquad \phi_3 = 52.2°$

$\beta_3 = 180° - 52.5° = 127.8°$

$\alpha_4 = 120°$

$a_4 = 650\text{mm} - 375\cos120°\text{mm} = 837.5\text{mm}$

$c_4 = \sqrt{750^2 + (375\sin120°)^2}\text{mm} = 817.3\text{mm}$

$\tan\phi_4 = \dfrac{817.3}{837.5} = 0.97588 \qquad \phi_4 = 44.3°$

$\beta_4 = 180° - 44.3° = 135.7°$

$\alpha_5 = 150°$

$a_5 = 650\text{mm} - 375\cos150°\text{mm} = 974.76\text{mm}$

$c_5 = \sqrt{750^2 + (375\sin150°)^2}\text{mm} = 773.08\text{mm}$

$\tan\phi_5 = \dfrac{773.08}{974.76} = 0.7931 \qquad \phi_5 = 38.4°$

$\beta_5 = 180° - 38.4° = 141.6°$

$\alpha_6 = 180°$

$a_6 = 650\text{mm} - 375\cos180°\text{mm} = 1025\text{mm}$

$c_6 = \sqrt{750^2 + (375\sin180°)^2}\text{mm} = 750\text{mm}$

$\tan\phi_6 = \dfrac{750}{1025} = 0.7317 \qquad \phi_6 = 36.2°$

$\beta_6 = 180° - 36.2° = 143.8°$

第二节　型钢弯曲料长计算

本节介绍生产中常遇到的型钢弯曲不同形状的料长计算法，计算料长以重心径为准，下面举例。

一、等边角钢内、外弯曲90°料长计算

角钢弯曲成圆弧的料长，按重心径计算。如图7-13所示，设料长为l。

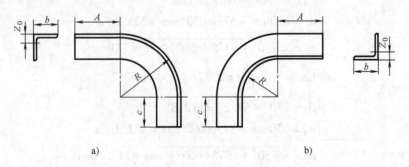

图 7-13　等边角钢内外弯曲90°
a) 内弯90°　b) 外弯90°

计算公式为

$$l = \frac{\pi}{2}(R \pm Z_0) + A + c$$

式中 Z_0——角钢重心距离（cm）。外弯"+"、内弯"−"，可查附录A。

【例3】 设 $A = 200mm$，$c = 300mm$，$R = 240mm$，角钢规格为 $\angle 80 \times 80 \times 7$，求内外弯曲 $90°$ 料长。

【解】 查附录A，$Z_0 = 2.23cm$。

内弯 $90°$ 料长 $\quad l = \frac{\pi}{2}(240 - 22.3)mm + 200mm + 300mm = 842mm$

外弯 $90°$ 料长 $\quad l = \frac{\pi}{2}(240 + 22.3)mm + 200mm + 300mm = 912mm$

二、等边角钢内、外弯曲任意角度料长计算

图7-14所示为等边角钢内、外弯曲任意角度，设料长为 l。

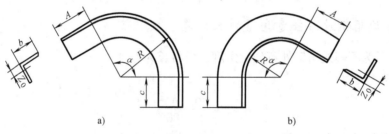

a)   b)

图7-14 等边角钢内外弯曲任意角度

a) 内弯任意角度 b) 外弯任意角度

计算公式为

$$l = A + c + \frac{\pi \alpha (R \pm Z_0)}{180°}$$

式中 α——圆弧中心角（°）；

Z_0——角钢重心距离（cm），外弯"+"、内弯"−"。

【例4】 设 $A = c = 200mm$，$R = 320mm$，角钢规格为 $\angle 70 \times 70 \times 7$，内外弯曲中心角 $\alpha = 120°$，求料长 l

【解】 查附录A，得 $Z_0 = 1.99cm$。

内弯料长 $\quad\quad l = 2 \times 200mm + \frac{120° \pi (320 - 19.9)}{180°}mm = 1028.5mm$

外弯料长 $\quad\quad l = 2 \times 200mm + \frac{120° \pi (320 + 19.9)}{180°}mm = 1111.9mm$

三、不等边角钢内弯任意角度料长计算

图7-15所示为不等边角钢内弯曲任意角度。设料长为 l。

计算公式为

$$l = A + c + \frac{\pi \alpha (R - Y_0)}{180°}$$

式中 Y_0——角钢短边重心距（cm），可由附录 B 查得。

【例 5】 设 $A = 250$mm，$c = 150$mm，$R = 400$mm，角钢规格为 $\angle 80 \times 50 \times 6$，内弯 $100°$，求料长 l。

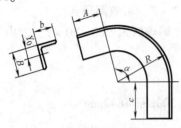 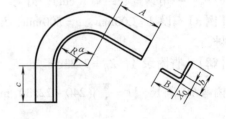

图 7-15 不等边角钢内弯任意角度 　　　 图 7-16 不等边角钢外弯任意角度

【解】 由附录 B 查得 $Y_0 = 2.65$cm

料长 $$l = 250\text{mm} + 150\text{mm} + \frac{100° \pi (400 - 26.5)}{180°}\text{mm} = 1051.9\text{mm}$$

四、不等边角钢外弯任意角度料长计算

图 7-16 所示为不等边角钢外弯任意角度，设料长为 l。

计算公式为

$$l = A + c + \frac{\pi \alpha (R + X_0)}{180°}$$

式中 X_0——角钢长边重心距离（cm），可由附录 B 查得。

【例 6】 设 $A = 300$mm，$c = 200$mm，$R = 250$mm，角钢规格 $\angle 90 \times 56 \times 7$，外弯 $120°$，求料长 l。

【解】 查附录 B，得 $X_0 = 1.33$cm。

料长 $$l = 300\text{mm} + 200\text{mm} + \frac{120° \pi (250 + 13.3)}{180°}\text{mm} = 1051.5\text{mm}$$

五、槽钢平弯任意角度料长计算

如图 7-17 所示，设料长为 l

计算公式为

$$l = A + c + \frac{\pi \alpha \left(R + \dfrac{h}{2} \right)}{180°}$$

例题计算从略。

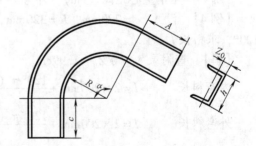

图 7-17 槽钢平弯任意角度

六、槽钢内、外弯曲任意角度料长计算

如图 7-18 所示，设料长为 l。

计算公式为

$$l = A + c + \frac{\pi \alpha (R \mp Z_0)}{180°}$$

式中 Z_0——槽钢重心距（cm），内弯"－"、外弯"＋"。

【**例7**】 设 $A=c=400\text{mm}$，$R=500\text{mm}$，槽钢规格为14b，内弯135°，外弯60°，求料长。

【**解**】 查附录C，得 $Z_0=1.67\text{cm}$。

内弯料长

$$l=2\times400\text{mm}+\frac{135°\pi(500-16.7)}{180°}\text{mm}=1938.8\text{mm}；$$

外弯料长

$$l=2\times400\text{mm}+\frac{60°\pi(500+16.7)}{180°}\text{mm}=1341.1\text{mm}。$$

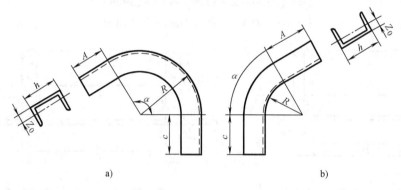

a)   b)

图7-18 槽钢内外弯曲任意角度

a) 内弯曲 b) 外弯曲

七、内、外弯等边角钢圈料长计算

如图7-19所示，设料长为 l。

计算公式为

内弯料长 $\qquad\qquad\qquad l=\pi(d-2Z_0)$

外弯料长 $\qquad\qquad\qquad l=\pi(D+2Z_0)$

式中 d——内弯角钢圈外径（mm）；

$\quad D$——外弯角钢圈内径（mm）；

$\quad Z_0$——角钢重心距离（cm）。

【**例8**】 用 $\angle100\times100\times10$ 的角钢内、外弯角钢圈，$d=2200\text{mm}$，$D=2240\text{mm}$，求料长 l。

【**解**】 查附录A，得 $Z_0=2.84\text{cm}$。

内弯角钢圈 $\qquad\qquad l=\pi(2200-2\times28.4)\text{mm}=6733\text{mm}$

外弯角钢圈 $\qquad\qquad l=\pi(2240+2\times28.4)\text{mm}=7215.6\text{mm}$

八、内、外弯不等边角钢圈料长计算

如图7-20所示，设料长为 l。

计算公式为

内弯料长 $\qquad\qquad\qquad l=\pi(d-2X_0)$

外弯料长 $\qquad\qquad\qquad l=\pi(D+2Y_0)$

式中 d——内弯角钢圈外径（mm）；

D——外弯角钢圈外径（mm）；

X_0——长边重心距离（cm）；

Y_0——短边重心距离（cm）。

【例9】 用∠$140 \times 90 \times 12$ 的不等边角钢，内外弯角钢圈，$d = 2800$mm、$D = 2840$mm，求料长 l。

【解】 查附录 B，$X_0 = 2.19$cm，$Y_0 = 4.66$cm。

内弯料长　　　　　　　$l = \pi(2800 - 2 \times 21.9)$mm $= 8659$mm

外弯料长　　　　　　　$l = \pi(2840 + 2 \times 46.6)$mm $= 9215$mm

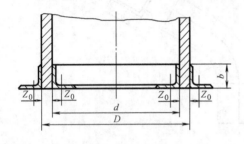

图 7-19　内、外弯等边角钢圈　　　　　　图 7-20　内、外弯不等边角钢圈

九、平弯槽钢圈料长计算

如图 7-21 所示，设料长为 l。

计算公式为

$$l = \pi(D + h)$$

式中 D——槽钢圈内径（mm）；

h——槽钢大面宽（mm）。

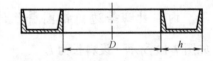

图 7-21　平弯槽钢圈

十、内、外弯槽钢圈料长计算

如图 7-22 所示，设料长为 l。

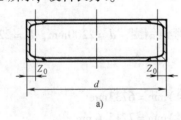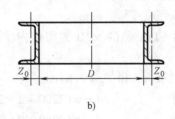

图 7-22　内外弯槽钢圈

a）内弯　b）外弯

计算公式为

内弯料长　　　　　　　　　　　$l = \pi(d - 2Z_0)$

外弯料长　　　　　　　　　　　$l = \pi(D + 2Z_0)$

式中 d——内弯槽钢圈外径（mm）；

D——外弯槽钢圈内径（mm）；

Z_0——槽钢重心距离（cm）。

【例 10】 设用 10 号槽钢内、外弯槽钢圈，$d = 2200\text{mm}$，$D = 1800\text{mm}$，分别求料长 l。

【解】 查附录 C，得 $Z_0 = 1.52\text{cm}$

内弯料长 $\qquad\qquad l = \pi(2200 - 2 \times 15.2)\text{mm} = 6816\text{mm}$

外弯料长 $\qquad\qquad l = \pi(1800 + 2 \times 15.2)\text{mm} = 5750.4\text{mm}$

第三节　型钢切口下料

型钢切口下料在现场下料工作中占有很大比重，特别是角钢和槽钢。下料时一般按图样要求在地面上画出实样图，把直角尺的一边紧贴于角钢底的轮廓线上，另一边对准里角点后画直角线，求出里角点至立面里口角点距离 f。料长按里皮线，等于 $a + c$；切口长度等于 $2f$。图 7-23 所示属于折断式切口下料，是现场通常所采用。

折弯下料切口形状及切口尺寸与折断式相同，切口两侧长度尺寸稍有差异。立板在折弯过程中外层受拉力作用延伸，每折弯一个直角增加 0.35δ（见第三章断面呈折线形状板料构件的板厚处理）；为消除立板内层受挤压变形，在切口至根部时可作圆根处理，其直径应小于板厚 δ。

对折断切口下料件，如按折弯件加工成形时，其长度尺寸有所不足，折角处外形也欠平整，均须加工修整。

由于型钢切口下料比较简单，可通过图例直接领会作图方法。因此，这里仅以角钢和槽钢为例（角钢、槽钢切口下料方法相同），通过图示说明折断与折弯料长及切口形状。

一、角钢内弯 90° 料长及切口形状

料长及切口形状如图 7-23 所示。上面所注长度尺寸 $a + c$ 为折断料长；下面所注长度尺寸 $a + c + \Delta$ 为折弯料长。

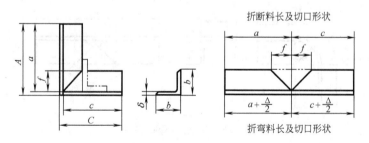

图 7-23　角钢内弯 90°

图中：$f = b - \delta$

二、角钢内弯任意角度（锐角）料长及切口形状

料长及切口形状如图 7-24 所示。上面所注长度尺寸 $a + b$ 为折断料长；下面所注长度尺寸 $a + b + \Delta$ 为折弯料长。

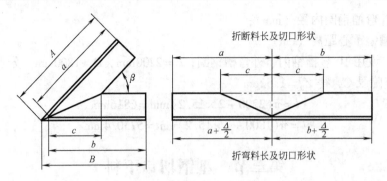

图 7-24 角钢内弯任意角度

图中：$c = (b - \delta) \cot \dfrac{\beta}{2}$

$$\Delta = 0.35\delta \left(\dfrac{180° - \beta}{90°} \right)$$

【例 11】 设用 $\angle 50 \times 50 \times 5$ 的角钢内弯 $45°$，$A = 800\text{mm}$，$B = 650\text{mm}$，求切口尺寸及料长。

【解】 切口尺寸 $c = (50 - 5) \cot \dfrac{45°}{2} \text{mm} = 108.6\text{mm}$

折断料长 $\qquad l = 800\text{mm} + 650\text{mm} - 2 \times 5 \cot \dfrac{45°}{2} \text{mm}$

$\qquad\qquad\qquad = 1425.9\text{mm}$

折弯料长 $\qquad L = 800\text{mm} + 650\text{mm} - 2 \times 5 \cot \dfrac{45°}{2} \text{mm} + 0.35 \times 5 \left(\dfrac{180° - 45°}{90°} \right) \text{mm}$

$\qquad\qquad\qquad = 1428.5\text{mm}$

三、角钢内弯 90° 圆角料长及切口形状

料长及切口形状如图 7-25 所示。

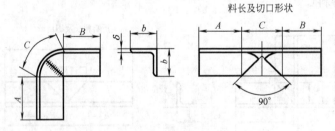

图 7-25 角钢内弯 90° 圆角

图中：$c = \dfrac{\pi}{2} \left(b - \dfrac{\delta}{2} \right)$

四、角钢内弯矩形框料长及切口形状

料长及切口形状如图 7-26 所示。上面所注长度尺寸 $2(a + b)$ 为折断料长；下面所注长度尺寸 $2(a + b) + 3\Delta$ 为折弯料长。

图中：$c = b - \delta \qquad \Delta = 0.35\delta$

式中　b——角钢面宽（mm）;

　　　δ——角钢边厚（mm）;

　　　Δ——折一直角附加值（mm）。

【例12】 设用∠70×70×6的角钢内弯矩形框，$A=1200\text{mm}$，$B=820\text{mm}$，求切口尺寸及料长。

【解】　切口尺寸　$C=(70-6)\text{mm}=64\text{mm}$

　　　折断料长　$l=2(1200+820)\text{mm}-8\times6\text{mm}=3992\text{mm}$

　　　折弯料长　$L=l+3\Delta\delta=3992\text{mm}+3\times6\times0.35\text{mm}=3998.3\text{mm}$

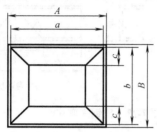

折断料长及切口形状

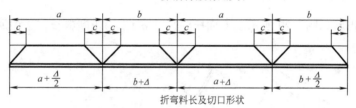

折弯料长及切口形状

图7-26　角钢内弯矩形框

五、角钢外弯矩形框

料长及切口形状如图7-27所示，上面所注长度尺寸$2(a+b)$为折断料长；下面所注长度尺寸$2(a+b)+3\Delta$为折弯料长。

矩形框外四角四分之一圆为补料板，与角钢平面焊接。

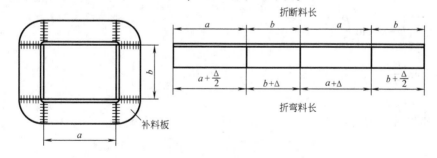

图7-27　角钢外弯矩形框

图中：Δ——折一直角附加值（mm）。

六、槽钢平弯90°料长及切口形状

料长及切口形状如图7-28所示。上面所注尺寸$a+b$为折断料长，下面所注尺寸$a+b+$

Δ 为折弯料长。

图中：$c = h - \delta$

$$\Delta = 0.35\delta$$

式中　h——槽钢高度（mm）；

　　　δ——平均腿厚（mm）；

　　　Δ——折一直角附加值（mm）。

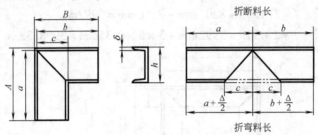

图 7-28　槽钢平弯 90°

七、槽钢平弯任意角度料长及切口形状

料长及切口形状如图 7-29 所示。上面所注尺寸 $a + b$ 为折断料长；下面所注尺寸 $a + b + \Delta$ 为折弯料长。

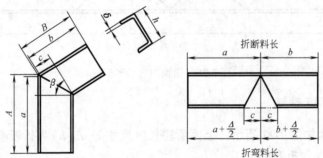

图 7-29　槽钢平弯任意角度

图中：$c = (h - \delta)\tan\dfrac{\beta}{2}$

$$a = A - \delta\tan\dfrac{\beta}{2}$$

$$b = B - \delta\tan\dfrac{\beta}{2}$$

$$\Delta = 0.35\delta\dfrac{\beta}{90°}$$

【例 13】　设用 10 号槽钢平弯 60°，$A = 1500\text{mm}$，$B = 1200\text{mm}$，求料长及切口尺寸。

【解】　查附录 C，$h = 100\text{mm}$，$\delta = 8.5\text{mm}$，

切口尺寸　$c = (100 - 8.5)\text{mm}\tan\dfrac{60°}{2}\text{mm} = 52.8\text{mm}$

折断料长 $l = 1500\text{mm} + 1200\text{mm} - 2 \times 8.5\tan\dfrac{60°}{2}\text{mm} = 2690\text{mm}$

折弯料长 $L = l + 0.35 \times 8.5 \times \dfrac{60°}{90°}\text{mm} = 2690\text{mm} + 2\text{mm} = 2692\text{mm}$

八、槽钢平弯任意角圆角料长及切口形状

料长及切口形状如图 7-30 所示。

图中：$c = \dfrac{\pi\beta\left(h - \dfrac{\delta}{2}\right)}{180°}$

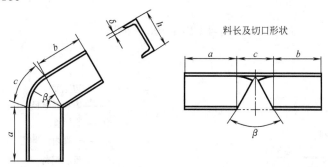

图 7-30 槽钢平弯任意角圆角

九、槽钢弯圆角矩形框料长及切口形状

料长及切口形状如图 7-31 所示。

图中：$c = \dfrac{\pi}{2}\left(h - \dfrac{\delta}{2}\right)$

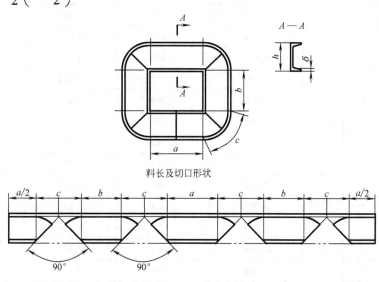

图 7-31 槽钢弯圆角矩形框

附　　录

附录 A　热轧等边角钢的规格

（摘自 GB/T 706—2008）

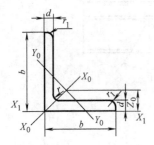

b——边宽度
r——内圆弧半径
d——边厚度
r_1——边端内弧半径（$=1/3d$）
Z_0——重心距离

型号	截面尺寸/mm			截面面积 /cm²	理论重量 /(kg/m)	外表面积 /(m²/m)	重心距离 /cm
	b	d	r				
2	20	3	3.5	1.132	0.889	0.078	0.60
		4		1.459	1.145	0.077	0.64
2.5	25	3		1.432	1.124	0.098	0.73
		4		1.859	1.459	0.097	0.76
3.0	30	3	4.5	1.749	1.373	0.117	0.85
		4		2.276	1.786	0.117	0.89
3.6	36	3		2.109	1.656	0.141	1.00
		4		2.756	2.163	0.141	1.04
		5		3.382	2.654	0.141	1.07
4	40	3	5	2.359	1.852	0.157	1.09
		4		3.086	2.422	0.157	1.13
		5		3.791	2.976	0.156	1.17
4.5	45	3		2.659	2.088	0.177	1.22
		4		3.486	2.736	0.177	1.26
		5		4.292	3.369	0.176	1.30
		6		5.076	3.985	0.176	1.33

（续）

型号	截面尺寸/mm			截面面积 /cm²	理论重量 /(kg/m)	外表面积 /(m²/m)	重心距离 /cm
	b	d	r				
5	50	3	5.5	2.971	2.332	0.197	1.34
		4		3.897	3.059	0.197	1.38
		5		4.803	3.770	0.196	1.42
		6		5.688	4.465	0.196	1.46
5.6	56	3	6	3.343	2.624	0.221	1.48
		4		4.390	3.446	0.220	1.53
		5		5.415	4.251	0.220	1.57
		6		6.420	5.040	0.220	1.61
		7		7.404	5.812	0.219	1.64
		8		8.367	6.568	0.219	1.68
6	60	5	6.5	5.829	4.576	0.236	1.67
		6		6.914	5.427	0.235	1.70
		7		7.977	6.262	0.235	1.74
		8		9.020	7.081	0.235	1.78
6.3	63	4	7	4.978	3.907	0.248	1.70
		5		6.143	4.822	0.248	1.74
		6		7.288	5.721	0.247	1.78
		7		8.412	6.603	0.247	1.82
		8		9.515	7.469	0.247	1.85
		10		11.657	9.151	0.246	1.93
7	70	4	8	5.570	4.372	0.275	1.86
		5		6.875	5.397	0.275	1.91
		6		8.160	6.406	0.275	1.95
		7		9.424	7.398	0.275	1.99
		8		10.667	8.373	0.274	2.03
7.5	75	5	9	7.412	5.818	0.295	2.04
		6		8.797	6.905	0.294	2.07
		7		10.160	7.976	0.294	2.11
		8		11.503	9.030	0.294	2.15
		9		12.825	10.068	0.294	2.18
		10		14.126	11.089	0.293	2.22
8	80	5		7.912	6.211	0.315	2.15
		6		9.397	7.376	0.314	2.19
		7		10.860	8.525	0.314	2.23
		8		12.303	9.658	0.314	2.27

（续）

型号	截面尺寸/mm			截面面积	理论重量	外表面积	重心距离
	b	d	r	/cm²	/(kg/m)	/(m²/m)	/cm
8	80	9	9	13.725	10.774	0.314	2.31
		10		15.126	11.874	0.313	2.35
9	90	6	10	10.637	8.350	0.354	2.44
		7		12.301	9.656	0.354	2.48
		8		13.944	10.946	0.353	2.52
		9		15.566	12.219	0.353	2.56
		10		17.167	13.476	0.353	2.59
		12		20.306	15.940	0.352	2.67
10	100	6	12	11.932	9.366	0.393	2.67
		7		13.796	10.830	0.393	2.71
		8		15.638	12.276	0.393	2.76
		9		17.462	13.708	0.392	2.80
		10		19.261	15.120	0.392	2.84
		12		22.800	17.898	0.391	2.91
		14		26.256	20.611	0.391	2.99
		16		29.627	23.257	0.390	3.06
11	110	7	12	15.196	11.928	0.433	2.96
		8		17.238	13.535	0.433	3.01
		10		21.261	16.690	0.432	3.09
		12		25.200	19.782	0.431	3.16
		14		29.056	22.809	0.431	3.24
12.5	125	8		19.750	15.504	0.492	3.37
		10		24.373	19.133	0.491	3.45
		12		28.912	22.696	0.491	3.53
		14		33.367	26.193	0.490	3.61
		16		37.739	29.625	0.489	3.68
14	140	10	14	27.373	21.488	0.551	3.82
		12		32.512	25.522	0.551	3.90
		14		37.567	29.490	0.550	3.98
		16		42.539	33.393	0.549	4.06
15	150	8		23.750	18.644	0.592	3.99
		10		29.373	23.058	0.591	4.08
		12		34.912	27.406	0.591	4.15

（续）

型号	截面尺寸/mm			截面面积 /cm²	理论重量 /(kg/m)	外表面积 /(m²/m)	重心距离 /cm
	b	d	r				
15	150	14	14	40.367	31.688	0.590	4.23
		15		43.063	33.804	0.590	4.27
		16		45.739	35.905	0.589	4.31
16	160	10	16	31.502	24.729	0.630	4.31
		12		37.441	29.391	0.630	4.39
		14		43.296	33.987	0.629	4.47
		16		49.067	38.518	0.629	4.55
18	180	12		42.241	33.159	0.710	4.89
		14		48.896	38.383	0.709	4.97
		16		55.467	43.542	0.709	5.05
		18		61.055	48.634	0.708	5.13
20	200	14	18	54.642	42.894	0.788	5.46
		16		62.013	48.680	0.788	5.54
		18		69.301	54.401	0.787	5.62
		20		76.505	60.056	0.787	5.69
		24		90.661	71.168	0.785	5.87
22	220	16	21	68.664	53.901	0.866	6.03
		18		76.752	60.250	0.866	6.11
		20		84.756	66.533	0.865	6.18
		22		92.676	72.751	0.865	6.26
		24		100.512	78.902	0.864	6.33
		26		108.264	84.987	0.864	6.41
25	250	18	24	87.842	68.956	0.985	6.84
		20		97.045	76.180	0.984	6.92
		24		115.201	90.433	0.983	7.07
		26		124.154	97.461	0.982	7.15
		28		133.022	104.422	0.982	7.22
		30		141.807	111.318	0.981	7.30
		32		150.508	118.149	0.981	7.37
		35		163.402	128.271	0.980	7.48

注：截面图中的 $r_1 = 1/3d$ 及表中 r 的数据用于孔型设计，不做交货条件。

附录 B 热轧不等边角钢的规格

（摘自 GB/T 706—2008）

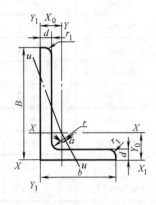

B——长边宽度

d——边厚

b——短边宽度

r——内圆弧半径

r_1——边端内圆弧半径（$=\frac{1}{3}d$）

X_0——长边重心距离

Y_0——短边重心距离

型号	截面尺寸/mm				截面面积 /cm²	理论重量 /(kg/m)	外表面积 /(m²/m)	重心距离/cm	
	B	b	d	r				X_0	Y_0
2.5/1.6	25	16	3	3.5	1.162	0.912	0.080	0.42	0.86
			4		1.499	1.176	0.079	0.46	1.86
3.2/2	32	20	3		1.492	1.171	0.102	0.49	0.90
			4		1.939	1.522	0.101	0.53	1.08
4/2.5	40	25	3	4	1.890	1.484	0.127	0.59	1.12
			4		2.467	1.936	0.127	0.63	1.32
4.5/2.8	45	28	3	5	2.149	1.687	0.143	0.64	1.37
			4		2.806	2.203	0.143	0.68	1.47
5/3.2	50	32	3	5.5	2.431	1.908	0.161	0.73	1.51
			4		3.177	2.494	0.160	0.77	1.60
5.6/3.6	56	36	3	6	2.743	2.153	0.181	0.80	1.65
			4		3.590	2.818	0.180	0.85	1.78
			5		4.415	3.466	0.180	0.88	1.82
6.3/4	63	40	4	7	4.058	3.185	0.202	0.92	1.87
			5		4.993	3.920	0.202	0.95	2.04
			6		5.908	4.638	0.201	0.99	2.08
			7		6.802	5.339	0.201	1.03	2.12
7/4.5	70	45	4	7.5	4.547	3.570	0.226	1.02	2.15
			5		5.609	4.403	0.225	1.06	2.24
			6		6.647	5.218	0.225	1.09	2.28
			7		7.657	6.011	0.225	1.13	2.32

（续）

型号	截面尺寸/mm				截面面积 /cm²	理论重量 /(kg/m)	外表面积 /(m²/m)	重心距离/cm	
	B	b	d	r				X_0	Y_0
7.5/5	75	50	5	8	6.125	4.808	0.245	1.17	2.36
			6		7.260	5.699	0.245	1.21	2.40
			8		9.467	7.431	0.244	1.29	2.44
			10		11.590	9.098	0.244	1.36	2.52
8/5	80	50	5		6.375	5.005	0.255	1.14	2.60
			6		7.560	5.935	0.255	1.18	2.65
			7		8.724	6.848	0.255	1.21	2.69
			8		9.867	7.745	0.254	1.25	2.73
9/5.6	90	56	5	9	7.212	5.661	0.287	1.25	2.91
			6		8.557	6.717	0.286	1.29	2.95
			7		9.880	7.756	0.286	1.33	3.00
			8		11.183	8.779	0.286	1.36	3.04
10/6.3	100	63	6	10	9.617	7.550	0.320	1.43	3.24
			7		11.111	8.722	0.320	1.47	3.28
			8		12.534	9.878	0.319	1.50	3.32
			10		15.467	12.142	0.319	1.58	3.40
10/8	100	80	6		10.637	8.350	0.354	1.97	2.95
			7		12.301	9.656	0.354	2.01	3.0
			8		13.944	10.946	0.353	2.05	3.04
			10		17.167	13.476	0.353	2.13	3.12
11/7	110	70	6	10	10.637	8.350	0.354	1.57	3.53
			7		12.301	9.656	0.354	1.61	3.57
			8		13.944	10.946	0.353	1.65	3.62
			10		17.167	13.476	0.353	1.72	3.70
12.5/8	125	80	7	11	14.096	11.066	0.403	1.80	4.01
			8		15.989	12.551	0.403	1.84	4.06
			10		19.712	15.474	0.402	1.92	4.14
			12		23.351	18.330	0.402	2.00	4.22
14/9	140	90	8		18.038	14.160	0.453	2.04	4.50
			10		22.261	17.475	0.452	2.12	4.58
			12		26.400	20.724	0.451	2.19	4.66
			14	12	30.456	23.908	0.451	2.27	4.74
15/9	150	90	8		18.839	14.788	0.473	1.97	4.92
			10		23.261	18.260	0.472	2.05	5.01
			12		27.600	21.666	0.471	2.12	5.09

（续）

型号	截面尺寸/mm				截面面积 /cm²	理论重量 /(kg/m)	外表面积 /(m²/m)	重心距离/cm	
	B	b	d	r				X_0	Y_0
15/9	150	90	14	12	31.856	25.007	0.471	2.20	5.17
			15		33.952	26.652	0.471	2.24	5.21
			16		36.027	28.281	0.470	2.27	5.25
16/10	160	100	10	13	25.315	19.872	0.512	2.28	5.24
			12		30.054	23.592	0.511	2.36	5.32
			14		34.709	27.247	0.510	0.43	5.40
			16		29.281	30.835	0.510	2.51	5.48
18/11	180	110	10	14	28.373	22.273	0.571	2.44	5.89
			12		33.712	26.440	0.571	2.52	5.98
			14		38.967	30.589	0.570	2.59	6.06
			16		44.139	34.649	0.569	2.67	6.14
20/12.5	200	125	12		37.912	29.761	0.641	2.83	6.54
			14		43.687	34.436	0.640	2.91	6.62
			16		49.739	39.045	0.639	2.99	6.70
			18		55.526	43.588	0.639	3.06	6.78

注：截面图中的 $r_1 = 1/3d$ 及表中 r 的数据用于孔型设计，不做交货条件。

附录 C　热轧普通槽钢的规格

（摘自 GB/T 706—2008）

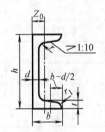

h——高度
b——腿宽
d——腰厚
t——平均腿厚
r——内圆弧半径
r_1——腿端圆弧半径
Z_0——重心距离

型号	截面尺寸/mm						截面面积 /cm²	理论重量 /(kg/m)	重心距离 /cm
	h	b	d	t	r	r_1			
5	50	37	4.5	7.0	7.0	3.5	6.928	5.438	1.35
6.3	63	40	4.8	7.5	7.5	3.8	8.451	6.634	1.36
6.5	65	40	4.3	7.5	7.5	3.8	8.547	6.709	1.38
8	80	43	5.0	8.0	8.0	4.0	10.248	8.045	1.43

（续）

型号	截面尺寸/mm						截面面积	理论重量	重心距离
	h	b	d	t	r	r_1	/cm^2	/(kg/m)	/cm
10	100	48	5.3	8.5	8.5	4.2	12.748	10.007	1.52
12	120	53	5.5	9.0	9.0	4.5	15.362	12.059	1.62
12.6	126	53	5.5	9.0	9.0	4.5	15.692	12.318	1.59
14a	140	58	6.0	9.5	9.5	4.8	18.516	14.535	1.71
14b		60	8.0				21.316	16.733	1.67
16a	160	63	6.5	10.0	10.0	5.0	21.962	17.24	1.80
16b		65	8.5				25.162	19.752	1.75
18a	180	68	7.0	10.5	10.5	5.2	25.699	20.174	1.88
18b		70	9.0				29.299	23.000	1.84
20a	200	73	7.0	11.0	11.0	5.5	28.837	22.637	2.01
20b		75	9.0				32.837	25.777	1.95
22a	220	77	7.0	11.5	11.5	5.8	31.846	24.999	2.10
22b		79	9.0				36.246	28.453	2.03
24a	240	78	7.0	12.0	12.0	6.0	34.217	26.860	2.10
24b		80	9.0				39.017	30.628	2.03
24c		82	11.0				43.817	34.396	2.00
25a	250	78	7.0				34.917	27.410	2.07
25b		80	9.0				39.917	31.335	1.98
25c		82	11.0				44.917	35.260	1.92
27a	270	82	7.5	12.5	12.5	6.2	39.284	30.838	2.13
27b		84	9.5				44.684	35.077	2.06
27c		86	11.5				50.084	39.316	2.03
28a	280	82	7.5				40.034	31.427	2.10
28b		84	9.5				45.634	35.823	2.02
28c		86	11.5				51.234	40.219	1.95
30a	300	85	7.5	13.5	13.5	6.8	43.902	34.463	2.17
30b		87	9.5				49.902	39.173	2.13
30c		89	11.5				55.902	43.883	2.09
32a	320	88	8.0	14.0	14.0	7.0	48.513	38.083	2.24
32b		90	10.0				54.913	43.107	2.16
32c		92	12.0				61.313	48.131	2.09
36a	360	96	9.0	16.0	16.0	8.0	60.910	47.814	2.44
36b		98	11.0				68.110	53.466	2.37
36c		100	13.0				75.310	59.118	2.34
40a	400	100	10.5	18.0	18.0	9.0	75.068	58.928	2.49
40b		102	12.5				83.068	65.208	2.44
40c		104	14.5				91.068	71.488	2.42

注：表中 r、r_1 的数据用于孔型设计，不做交货条件。